Miriam Noemí Valenzuela

Untersuchungen und Berechnungsverfahren zur Klangqualität von Klaviertönen

2., unveränderte Auflage

Herbert Utz Verlag · München

Mensch-Maschine-Kommunikation

Zugl.: Diss., München, Techn. Univ., 1998

Bibliografische Information der Deutschen Nationalbibliothek:
Die Deutsche Nationalbibliothek verzeichnet diese Publikation in der Deutschen Nationalbibliografie; detaillierte bibliografische Daten sind im Internet über http://dnb.d-nb.de abrufbar.

ISBN 978-3-8316-8000-9

Printed in EC
Herbert Utz Verlag GmbH, München
089-277791-00 · www.utzverlag.de

Danksagung

An dieser Stelle möchte ich allen danken, die zum Gelingen der vorliegenden Arbeit beigetragen haben.

Mein besonderer Dank gilt meinem Doktorvater Herrn Prof. Dr.-Ing. E. Terhardt, der mir die Psychoakustik nahegebracht und mich unterstützt hat, auf diesem Gebiet wissenschaftlich tätig zu werden. Er hat mich stets gefördert und durch anregende Gespräche herausgefordert. Seine Ratschläge auch über die Arbeit hinaus waren für mich ein großer Gewinn.

Herrn Prof. Dr.-Ing. H. Fleischer möchte ich für die Übernahme des Mitberichts und sein Engagement in der Endphase dieser Arbeit danken.

Ganz besonders danke ich meinem Kollegen Herrn Dipl.-Ing. C. von Rücker, der nicht nur das Manuskript mit größter Sorgfalt durchgesehen hat. Als überaus wichtiger Gesprächspartner hat er durch seine Ideen und Anregungen wie auch durch die Gewährung jeder Hilfestellung bei diversen technischen Problemen mich stets tatkräftig unterstützt.

Weiterhin gilt mein Dank den Herren Dipl.-Phys. G. Wittner, Dipl.-Ing. R. Trißl und Dipl.-Ing. K. Menzl für ihre Mitwirkung im Rahmen ihrer Diplomarbeiten.

Meinen Versuchspersonen, die an den nicht immer einfachen Experimenten mit großem Einsatz und Ausdauer teilnahmen, spreche ich meinen Dank aus.

Gerne erinnere ich mich an die angenehme, freundschaftliche Atmosphäre in der Arbeitsgruppe Akustische Kommunikation wie auch am Lehrstuhl für Mensch-Maschine-Kommunikation und danke allen Kollegen und Mitarbeitern, die dazu beigetragen haben.

Bei Herrn Peter Schneider bedanke ich mich herzlich für die abschließende gründliche Durchsicht des Manuskripts.

Meiner Familie möchte ich meinen ganz herzlichen Dank für ihren Beistand und ihre Unterstützung während der gesamten Doktorarbeit aussprechen. Insbesondere meiner lieben Schwester Ruth danke ich für ihre unermüdliche Mithilfe in der Schlußphase dieser Arbeit.

Verlaß dich auf den Herrn von ganzem Herzen,
und verlaß dich nicht auf deinen Verstand,
sondern gedenke an ihn in allen deinen Wegen,
so wird er dich recht führen.

(Sprüche 3: 5,6)

Inhaltsverzeichnis

Einführung

Der Prototyp des modernen Klaviers, bei dem die Saiten durch Hämmer angeschlagen werden, wurde im 18. Jahrhundert vom italienischen Cembalohersteller Bartolommeo Cristofori aus Florenz fabriziert. Technische sowie akustische Weiterentwicklungen dieses Prototyps haben schließlich zu den beiden heute weit verbreiteten Bauformen des Klaviers mit aufrecht bzw. waagerecht liegenden Saiten geführt. In neuerer Zeit wurden daneben im Zuge der Weiterentwicklung elektrotechnischer Möglichkeiten auch mechanisch-elektroakustische und elektronische Nachbildungen des Klaviers gebaut, wobei die Digitaltechnik eine weite Verbreitung elektronischer Digitalpianos bewirkte.

Die realitätsnahe Imitation des Klavierklangs in den heutigen Digitalpianos beruht insbesondere auf den Fortschritten in der Entwicklung größerer und leistungsfähigerer Datenspeicher, die es ermöglichen, direkt reale Klavierklänge als Folgen von Abtastwerten zu verwenden (*Sampling*). Auf diese Weise konnte die noch immer ungeklärte Frage nach den spezifischen, einen Klavierklang charakterisierenden Schallsignaleigenschaften umgangen werden. Da der Speicherbedarf für Audio-Samples recht hoch ist, werden bei kommerziellen Klangerzeugern verschiedene Methoden eingesetzt, um den Speicherbedarf zu reduzieren [2]. Beispielsweise wird ein Sample durch Variation der Sampling-Frequenz mehrfach verwendet, wobei dies jedoch immer nur innerhalb eines jeweils eng begrenzten Tonbereichs möglich ist.

Neben dem Sampling werden auch noch weitere digitale Klangerzeugungstechniken in kommerziellen Synthesizern verwendet, wobei die zwei geläufigsten die *additive Synthese* und die Frequenzmodulations-Synthese (*FM-Synthese*) sind [1]. Während die FM-Synthese insbesondere für die Erzeugung neuartiger synthetischer Klänge[1] eingesetzt wird, können mit Hilfe der additiven Synthese sowohl authentische Nachbildungen von Naturinstrumenten als auch neuartige komplexe Klänge erzeugt werden. Der wesentliche Vorteil der additiven Synthesetechnik besteht also in der größtmöglichen Kontrolle über den resultierenden Klang. Da jedoch noch weitgehend unklar ist, welche Schallsignalparameter im Spektrum für das Gehör informationstragend sind, benötigt man für eine überzeugende Imitation eines Klaviertons eine Vielzahl von Informationen über Amplituden- und Frequenzverläufe jedes Partialtons. Sowohl der Speicherbedarf als auch die Rechenzeit für die additive Syn-

1. Mittels Frequenzmodulation synthetisierte Klänge haben ihren eigenen Charakter, so daß entsprechend der Zweckbestimmung des Verfahrens auch keine überzeugende, realitätsnahe Nachahmung akustischer Instrumente möglich ist.

these steigen mit der Anzahl der anzusteuernden Oszillatoren, so daß für Echtzeit-Systeme nur eine begrenzte Anzahl Partialtöne zur Verfügung stehen [2].

Die Verbesserung der akustischen Klaviere erfolgte vorwiegend durch die handwerkliche Erfahrung der Instrumentenbauer. Erst Fortschritte in der Entwicklung der Meßtechnik erlaubten sinnvolle wissenschaftliche Untersuchungen mit praktischer Bedeutung für den Klavierbauer. Die ersten grundlegenden wissenschaftlichen Untersuchungen wurden von Hermann von Helmholtz (1821 – 1894) durchgeführt [44]. Diesen folgten bis heute sehr viele umfangreiche Untersuchungen zu akustischen und schwingungstechnischen Eigenschaften von Klavieren. Sowohl theoretische als auch experimentelle Forschungsergebnisse fließen heutzutage bei der industriellen Fertigung von Klavieren ein [47]. Die wissenschaftlichen Untersuchungen zum Klavier lassen sich grob in folgende Bereiche einteilen [31, 82, 4]:

- Anschlagmechanik
- Eigenschaften des Hammers
- Saitenanregung durch den Hammer
- Saitenschwingung
- Eigenschaften des Resonanzbodens
- Schallabstrahlung
- Analyse- und Synthesetechniken für Klaviertöne
- Auditive Klangbeurteilungen

Wie bereits aus dieser Aufzählung ersichtlich wird, liegt der Schwerpunkt bisheriger Untersuchungen auf Seiten der Quelle, dem Klavier. Weitgehend ungeklärt sind dagegen die Auswirkungen des Schallsignals auf den Empfänger, das Gehör. Daher liegt der Schwerpunkt in dieser Arbeit auf Seiten der Psychoakustik und damit der Informationsverarbeitung des Schallsignals im Gehör.

In der vorliegenden Arbeit wird der Frage – die insbesondere bei der realitätsnahen elektronischen Nachahmung des Klavierklangs in den Vordergrund rückt – nachgegangen, welche Schallsignalparameter für einen spezifischen Klavierklang und dessen Klangqualität charakteristisch sind. Die wesentliche Grundfrage hierbei ist zunächst, worin überhaupt die wahrnehmbaren Unähnlichkeiten im Klang verschiedener Klaviertöne bestehen, da allein hörbare Unterschiede zu Qualitätsunterschieden beitragen können. Erst die meßtechnische Erfassung derjenigen Kriterien, die zur Unterscheidung verschiedener Klaviertöne beitragen, ermöglicht die gezielte Verbesserung sowohl elektronischer als auch akustischer Klaviere. Da bereits umfangreiche Kenntnisse (einen Überblick geben [31, 82, 24, 25, 26]) über typische, physikalisch begründete Merkmale von Klaviertönen vorhanden sind, deren Auswirkungen auf die Hörwahrnehmung jedoch noch weitgehend ungeklärt sind, wird in der vorliegenden Arbeit der Einfluß dieser Merkmale auf hörbare Unähnlichkeiten gezielt untersucht. Mit der Kenntnis derjenigen Kriterien, die hauptsächlich zur klanglichen Unterscheidung verschiedener Klaviertöne beitragen, können schließlich diejenigen Schallsignalparameter ermittelt werden, die für die authentische Nachbildung des spezifischen Klavierklangs notwendig sind. Die Extraktion dieser gehörrelevanten Schallsignalparameter kann zu einer Irrelevanzreduktion des Schallsignals verwendet werden. Diese Datenreduktion kann insbesondere bei der digitalen Klangerzeugung mittels additiver Synthese den gegenwärtig noch hohen Speicherbedarf deutlich reduzieren, ohne die Authentizität des Klangs zu schmälern. Die Möglichkeit, klangliche Unterschiede objektiv zu messen, legt es schließlich nahe, ein psychoakustisch begründetes Berechnungsverfahren für die automatische Qualitätskontrolle zu entwickeln, mit der eine erste klangliche Grobselektion von Klavieren auf Grund einzelner Töne durchgeführt werden kann.

Das Ziel der vorliegenden Arbeit beinhaltet somit folgende drei eng zusammenhängende Aspekte:

- die objektive Messung wahrnehmbarer Unähnlichkeiten zwischen Tönen verschiedener Klaviere;
- die Extraktion der gehörrelevanten und damit informationstragenden Schallsignalparameter, die für einen spezifischen Klavierklang charakteristisch sind;
- die Entwicklung eines Modells für die Berechnung der Klangqualität einzelner Klaviertöne.

Die Vorgehensweise beruht auf physikalisch-systemtheoretischen, ingenieurwissenschaftlichen und psychoakustischen Lösungsansätzen, wobei die fundamentale Grundlage der Arbeit das von Terhardt [91] formulierte Modell für die hierarchische Informationsverarbeitung von Sinnesreizen bildet. Da die wesentliche Information über die Schallquelle, die robust gegenüber Störungen auf der Übertragungsstrecke ist, im Schallsignal enthalten ist, kann diese vom Gehör, im Sinne einer Informationsreduktion, in den untersten Verarbeitungsstufen der Hierarchie extrahiert werden. Die Nachbildung dieser ersten Verarbeitungsstufen erfolgt mit einer von Heinbach [42] entwickelten gehörgerechten Schallsignalrepräsentation in Form von zeitvarianten Sinustönen. Aufbauend auf dieser Darstellung werden in dieser Arbeit weitere, in der Hierarchie der Hörwahrnehmung höher liegende Verarbeitungsstufen nachgebildet. Das Ziel ist dabei, die zu Unähnlichkeiten und Qualitätsunterschieden führenden quellentypischen Schallsignaleigenschaften, unter Berücksichtigung ihrer psychoakustischen Umsetzung in Hörempfindungen, objektiv zu erfassen.

Im 1. Kapitel wird ausgehend von der hierarchischen Signalverarbeitung im Gehör jeweils ein Konzept für die Unähnlichkeit und für die Qualität von Klaviertönen erarbeitet. Diese Konzepte sind wesentlich für das Gesamtverständnis der Arbeit. Im zweiten Teil wird der psychophysikalische Ansatz dieser Arbeit erläutert. Dieser Ansatz wie auch die Konzepte werden im dritten Teil mit auditiven Voruntersuchungen zur Unähnlichkeit und Qualität von Klaviertönen überprüft. Daneben werden die verwendeten Meßmethoden erläutert.

Im 2. Kapitel werden mit Hilfe von Hörversuchen diejenigen Kriterien ermittelt, die bei der Beurteilung der Unähnlichkeit von Klaviertönen maßgebend sind. Um diese Kriterien objektiv aus dem Schallsignal erfassen zu können, werden entsprechende Verfahren erarbeitet und implementiert. Mit Hilfe der objektiven Meßbarkeit dieser Kriterien wird zum Schluß ein Modell zur Berechnung subjektiv meßbarer Unähnlichkeiten von Klaviertönen entwickelt und erprobt.

Im 3. Kapitel wird untersucht, inwieweit die Inharmonizität und das Ausklingverhalten der Partialtöne bei der Beurteilung der Unähnlichkeit von Klaviertönen eine Rolle spielen. Es wird jeweils eine Modellvorstellung entwickelt, mit deren Hilfe der Zusammenhang zwischen Veränderungen der Inharmonizität bzw. des Ausklingverhaltens und der Hörwahrnehmung verstanden und erklärt werden kann. Die Verifikation der beiden Modellvorstellungen erfolgt mittels verschiedener psychoakustischer Experimente.

Im 4. Kapitel werden zwei Verfahren entwickelt, implementiert und überprüft, mit denen die gehörrelevanten, informationstragenden Schallsignalparameter extrahiert werden können, die für einen spezifischen Klavierklang und dessen Qualität charakteristisch und damit für dessen authentische Nachbildung notwendig sind.

Im 5. Kapitel werden mit Hörversuchen die Auswirkungen verschiedener Kriterien auf Qualitätsbeurteilungen gemessen. Mit Hilfe der Versuchsergebnisse wird zum Schluß ein Modell zur Berechnung der Klangqualität einzelner Klaviertöne hergeleitet, das mit einzelnen Tönen von vier Instrumenten erprobt wird.

Kapitel 1

Konzepte und Voruntersuchungen zur Unähnlichkeit und Tonqualität

Im ersten Teil dieses Kapitels wird ausgehend vom Modell der Informationsverarbeitung nach Terhardt [91] jeweils ein Konzept für die Unähnlichkeit und die Qualität von Klaviertönen erarbeitet. Im zweiten Teil wird der psychophysikalische Ansatz dieser Arbeit erläutert. Dieser basiert auf einer von Heinbach [41, 42] entwickelten, gehörorientierten Repräsentation von Audiosignalen, die eine unmittelbare Bearbeitung des Schallsignals in dieser konturierten Repräsentation ermöglicht. Zum Schluß werden die in dieser Arbeit verwendeten Meßmethoden erläutert und Voruntersuchungen zur Unähnlichkeit und Qualität von Klaviertönen durchgeführt. Mit Hilfe dieser Voruntersuchungen werden sowohl die Konzepte wie auch der psychophysikalische Ansatz überprüft.

1.1 Konzepte

In diesem Abschnitt wird zunächst das konzeptionelle Fundament der gesamten Arbeit, nämlich die von Terhardt [91] entwickelte Modellvorstellung für die Informationsverarbeitung von sensorischen Reizen, kurz dargestellt. Ausgehend von dieser Modellvorstellung wird in den Abschnitten 1.1.2 und 1.1.3 jeweils ein Konzept für die Unähnlichkeit und für die Qualität von Klaviertönen erarbeitet.

1.1.1 Modell der Informationsverarbeitung

Das konzeptionelle Fundament der vorliegenden Arbeit bildet das von Terhardt [91] formulierte Modell der hierarchischen Informationsverarbeitung von Sinnesreizen. Demnach werden sensorische Reize, nachdem sie der untersten Hierarchieebene zugeführt wurden, in einer hierarchischen Kette wissensbasierter Entscheidungsprozesse in zunehmend abstraktere Wahrnehmungsobjekte umgeformt. Die mittels autonomer Entscheidungen gebildeten Objekte einer tieferen Hierarchieebene werden der nächsthöheren Verarbeitungsstufe zur Verfügung gestellt. Da für die Bildung neuer Wahrnehmungsobjekte in den einzelnen Stufen im allgemeinen mehrere Unterobjekte in sukzessiver Reihenfolge für die Verarbeitung benötigt werden, sind im Modell Zwischenspeicher für die Ergebnisse der einzelnen Interpretationsschritte vorgesehen. Im Gegensatz zu dem auf lange Zeit angesammelten Wissen in den einzelnen Verarbeitungsstufen stellen die Zwischenspeicher nur Kurzzeitgedächtnisse dar. Die Verweildauer der Objekte in den Kurzzeitgedächtnissen wird zu höheren Verarbeitungsstufen und dementsprechend mit zunehmendem Abstraktionsgrad länger.

Das erforderliche Wissen für die Interpretation eines sensorischen Reizes ist über die gesamte Hierarchie verteilt, so daß die einzelnen Verarbeitungsprozesse autonom ablaufen, ohne auf eine Rückwirkung höherer Hierarchieebenen angewiesen zu sein. Die hierarchische Kette der informationsverarbeitenden Prozesse ist nach höheren Abstraktionsgraden der interpretierten Wahrnehmungsobjekte hin offen. Der Abstraktionsgrad, bis zu dem eine Information verarbeitet wird, kann also sehr unterschiedlich sein, denn das Bewußtsein, das im Modell durch einen passiven Beobachter berücksichtigt wird, kann wahlweise auf die in verschiedenen Hierarchieebenen gebildeten Objekte zugreifen. In der Regel wird die Aufmerksamkeit auf hohe Abstraktionsgrade eingestellt sein; dennoch kann der Beobachter seine Aufmerksamkeit auf niedrigere Hierarchiestufen lenken. Beispielsweise wird bei der auditiven Informationsverarbeitung ein mit einer Mixtur auf einer Orgel gespielter Ton nur auf einer bestimmten Hierarchieebene als *ein* akustisches Objekt wahrgenommen. Lenkt der Beobachter die Aufmerksamkeit auf eine tiefer gelegene Stufe der auditiven Hierarchie, so können die Tonhöhen der einzelnen Pfeifen, aus denen die Mixtur zusammengesetzt ist, herausgehört werden. Ebenso kann der einzelne Orgelton als Bestandteil eines musikalischen Akkords, als Unterobjekt verstanden werden, das mit weiteren Sub-Objekten ein abstrakteres Wahrnehmungsobjekt, nämlich den als eine akustische Einheit wahrnehmbaren musikalischen Akkord, auf einer höheren Hierarchieebene bildet.

Je nachdem, welches Ziel mit der Verarbeitung der Information verfolgt wird, kann die dafür notwendige Reduktion auf das Wesentliche in unterschiedlichen Hierarchieebenen bewerkstelligt werden. Sinn und Zweck jeglicher Informationsverarbeitung von sensorischen Reizen ist letztlich immer eine Reduktion der Informationsfülle auf das – für eine adäquate Reaktion – Wesentliche. Dementsprechend wird *nicht* die exakte Übertragung des sensorischen Reizes angestrebt, sondern die Übermittlung der wesentlichen Information, so daß bereits auf der untersten hierarchischen Ebene der erste Abstraktionsschritt vorgenommen wird. In der Regel wird jedoch die Aufmerksamkeit auf möglichst hohe Abstraktionsgrade eingestellt sein.

1.1.2 Unähnlichkeit

Ausgehend von der hierarchischen Informationsverarbeitung akustischer Schallsignale können zwei unterschiedliche Schallreize in verschiedenen Hierarchieebenen zu unterschiedlichen akustischen Objekten führen, anhand derer ihre Unähnlichkeit bewertet werden kann. Stellt man eine Versuchsperson vor die Aufgabe, zwei Schallreize miteinander zu vergleichen und ihre Unähnlichkeit zu bewerten, so wird sie als Beobachter des informationsverarbeitenden Gehörs die Aufmerksamkeit auf diejenigen Hierarchiestufen lenken, die für die gestellte Aufgabe – und damit für das Erreichen des gesteckten Ziels – die notwendigen Informationen enthalten. Sinn und Zweck der Informationsverarbeitung ist also auch in diesem Fall, die Informationsfülle auf das, was für die Unterscheidung notwendig ist, zu reduzieren. Da die Aufmerksamkeit des Beobachters normalerweise auf hohe Abstraktionsgrade eingestellt ist, wird eine Versuchsperson für die Beurteilung der Unähnlichkeit zweier Schallreize ihre Aufmerksamkeit auf die höchst mögliche Hierarchieebene lenken, die die wesentlichen Informationen für die Beurteilung enthält. Die Informationen, die in tieferen Ebenen extrahiert werden, bleiben bei der Beurteilung der Unähnlichkeit außer Acht.

Weil die Aufmerksamkeit eines Beobachters üblicherweise auf hohe Abstraktionsgrade eingestellt ist, bedeutet das Lenken der Aufmerksamkeit auf niedrigere Stufen einen gewissen Aufwand. Der notwendige Aufwand wird dabei um so größer, je mehr Konzentration vom Beobachter erfordert wird, um seine Aufmerksamkeit auf noch tiefere Ebenen zu lenken. Demnach werden zwei Schallreize, die bereits auf einer hohen Hierarchiestufe die wesentlichen Informationen für ihre Unterscheidung enthalten, als unähnlicher empfunden und beurteilt werden, als zwei Reize, die erst auf einer niedrigen Ebene unterscheidbare Objekte aufweisen. Da die Verweildauer der Objekte in den Zwischenspeichern der einzelnen Verarbeitungsstufen mit abnehmendem Abstraktionsgrad kürzer wird, kann beim Vergleich zweier sukzessiv dargebotener Schallreize die Aufmerksamkeit nicht auf beliebig niedrige Hierarchiestufen gelenkt werden.

1.1.3 Qualität

Der Begriff *Qualität* wird in der vorliegenden Arbeit im Sinne einer "Wertstufe" verwendet, die auf einer Skala "gering, schlecht" bis "hoch, sehr gut" gemessen werden kann. Die Beurteilung der Qualität auf dieser Skala setzt die Kenntnis eines *qualitativ definierten* Referenzschalls voraus, der entweder mit dem zu beurteilenden Schallreiz im Vergleich dargeboten wird, oder bereits als klare Vorstellung im Gedächtnis der beurteilenden Person abgespeichert sein muß. Dabei steht die *Klangqualität eines Klaviertons* im Vordergrund, also diejenige Qualität, die

- allein mit Hilfe der auditiven Informationsverarbeitung beurteilt werden kann;
- der "kleinsten" Einheit der gesamten akustischen Qualität eines Klaviers, nämlich dem einzelnen Klavierton, zukommt.

Bei der Beurteilung der Qualität eines Musikinstruments können verschiedene sensorische Reize eine Rolle spielen, so daß nicht nur die Ergebnisse der auditiven Informationsverarbeitung, sondern beispielsweise auch taktile und visuelle Informationen von Bedeutung sein können. Zum Beispiel kann die äußere Erscheinungsform einen ästhetischen Reiz ausstrahlen, der die Bewertung der Qualität beeinflussen kann. Taktile Informationen werden insbesondere dann von Bedeutung für die Qualitätsbeurteilung sein, wenn die Versuchsperson das zu bewertende Instrument selbst spielen darf. In diesem Fall kann die Beurteilung der klanglichen Eigenschaften des Instruments nicht von mechanischen Einflüssen getrennt werden. Auch aus der Zuhörerperspektive können neben den rein akustischen Eigenschaften noch weitere Aspekte bei der Bewertung der Qualität eine Rolle spielen, wie beispielsweise die Wahl des Musikstücks, die musikalische Art der Darbietung und die musikalische Interpretation des Musikstücks durch den Spieler. Demnach muß also bei der Diskussion der Qualität eines Musikinstruments zwischen spielerspezifischen, mechanischen, psychologischen und rein akustischen Aspekten unterschieden werden. Aber selbst bei der Berücksichtigung rein akustischer Merkmale kann die Beurteilung der Qualität eines Instruments durch verschiedene Aspekte beeinflußt werden, wobei nicht zuletzt auch der raumakustische Einfluß auf die Interaktion gespielter Töne von Bedeutung sein wird. Dennoch kann man davon ausgehen, daß die einzelnen Töne – und damit die "kleinste" akustische Grundeinheit, die zur auditiven Qualität eines Instruments beitragen kann – im Sinne einer hierarchischen Informationsverarbeitung spezifische Grundeigenschaften erfüllen müssen, um auch im Zusammenspiel mit weiteren Tönen eine hochwertige Klangqualität zu gewährleisten. Beispielsweise wird ein Klavier, dessen Einzeltöne als qualitativ minderwertig beurteilt werden, auch im Zusammenspiel mehrerer Töne in einem Musikstück nicht von hochwertiger Qualität sein. Deshalb wird in dieser Arbeit das Augenmerk auf die Qualität des einzelnen Klaviertons gelegt, um zunächst die Grundvoraussetzungen für eine insgesamt hochwertige Qualität zu verstehen.

Da die Beurteilung der Qualität eines Klaviertons immer im Vergleich zu einem qualitativ definierten Referenzreiz erfolgt, kann man davon ausgehen, daß allein die wahrnehmbaren Unähnlichkeiten für die Qualitätsbewertung ausschlaggebend sein werden. Demnach kann man folgende Grundannahme, auf die sich die gesamte Arbeit stützt, formulieren:

> ***Nur wahrnehmbare Unähnlichkeiten zwischen Klaviertönen können zu Qualitätsunterschieden führen. Dabei wird nicht jede Unähnlichkeit in gleichem Maße zur Bewertung der Qualität beitragen, so daß durchaus wahrnehmbare Unähnlichkeiten vorhanden sein können, die dennoch keine Qualitätsunterschiede bewirken. Umgekehrt werden bei Qualitätsunterschieden immer wahrnehmbare Unähnlichkeiten vorhanden sein.***

Dieser Annahme folgend sollte die Bildung des Qualitätsurteils auf einer höheren Verarbeitungsstufe erfolgen als die Bewertung der Unähnlichkeiten. Die Bewertung der gesamten akustischen Qualität eines Klaviers wird entsprechend der hierarchischen Informationsverarbeitung auf einem noch höheren Abstraktionsniveau erfolgen als die Qualitätsbeurteilung der Einzeltöne. Dabei werden neben den Qualitäten der Einzeltöne auch noch weitere, durch das informationsverarbeitende System extrahierte Informationen einfließen. Ebenso wird die Bewertung der allgemeinen Qualität eines Klaviers, bei der nicht nur die akustischen Informationen sondern auch taktile und visuelle Informationen einfließen, auf einem noch sehr viel höheren Abstraktionsniveau erfolgen als die Bewertung der akustischen Qualität. Je höher das Abstraktionsniveau, desto komplizierter wird die Beschreibung der Verarbeitung interagierender Informationen, so daß die Vorherbestimmung von Qualitätsurteilen ungleich schwieriger wird.

1.2 Psychophysikalischer Ansatz

Für die Beurteilung der auditiven Unähnlichkeit und Qualität von Klaviertönen kommen nur solche Schallsignalmerkmale in Frage, die erstens typisch für die Schallquelle und zweitens robust gegenüber Störungen auf dem Weg von der Quelle zum Gehör sind. Diese Bedingungen erfüllen die zeitvariablen Frequenzen der Fourier-Komponenten, die das Gehör als Spektralanalysator bereits in der Peripherie ermittelt. Entsprechend der hierarchischen Informationsverarbeitung beginnt nämlich die Extraktion der informationstragenden Schallsignalparameter bereits auf der untersten Verarbeitungsstufe und damit bei der Frequenz-Orts-Transformation[1] im Innenohr. Mittels einer von Terhardt [89] angegebenen gehörangepaßten Kurzzeitspektralanalyse und einer anschließenden spektralen Konturierung nach Heinbach [41, 42] kann eine im Sinne dieses ersten Verarbeitungsschritts gehörorientierte Repräsentation von Audiosignalen durch zeitvariante Sinustöne gebildet werden, die als *Teiltonzeitmuster* (TTZM) bezeichnet wird. Damit können die für das Gehör relevanten, quellentypischen Merkmale aus dem Schallsignal extrahiert werden. Für die auditive Überprüfung, ob tatsächlich alle gehörrelevanten Informationen im TTZM enthalten sind, kann durch Fourier-Synthese (Resynthese) das TTZM wieder in ein Zeitsignal überführt werden. Ein weiterer wesentlicher Vorteil der TTZM-Repräsentation, die sich durch die Darstellung der Schallsignalmerkmale in Form von diskreten Elementen – den Teiltönen, die durch ihre Frequenz, Amplitude und Dauer charakterisiert sind – ergibt, ist die Möglichkeit, die Signalmerkmale unmittelbar zu beeinflussen und zu verändern. Auf diese Weise können gezielte Veränderungen in der konturierten Repräsentation des Audiosignals vorgenommen werden. Mittels Resynthese des modifizierten TTZM kann schließlich der Einfluß der Veränderungen auf die Wahrnehmung überprüft werden.

Der psychophysikalische Ansatz, der für die Untersuchung der Klaviertöne in dieser Arbeit verwendet wird, geht also davon aus, daß die gehörrelevanten und damit informationstragenden, quellentypischen Schallsignalparameter auf dem Weg von der Aufnahme des Schallreizes bis zu ihrer Repräsentation als TTZM erhalten bleiben, so daß die Resynthese des TTZM im Hörvergleich nicht von der Originalaufnahme unterschieden werden kann. Um den Einfluß quellentypischer Merkmale auf die Beurteilung der Unähnlichkeit und Qualität von Klaviertönen zu untersuchen, kann man demnach, statt Veränderungen am Instrument selbst vorzunehmen, die entsprechenden Änderungen direkt in der TTZM-Repräsentation vornehmen und mittels Resynthese die Auswirkungen der Modifikation auf die Wahrnehmung überprüfen. Außerdem kann die TTZM-Darstellung als Grundlage für die Nachbildung höherer Verarbeitungsstufen der hierarchischen Informationsverarbeitung im Gehör verwendet werden. Beispielsweise können ausgehend von der TTZM-Repräsentation, die den untersten Hierarchieebenen des Gehörs entspricht, mit Hilfe psychoakustischer Erkenntnisse die höheren Verarbeitungsstufen nachgebildet werden, die für die Beurteilung der Unähnlichkeiten notwendig sind, so daß die Unähnlichkeit zweier Klaviertöne direkt

1. Ein Sinuston ruft im Innenohr eine Reizverteilung entlang dem Cortischen Organ hervor, die an einer mit der Tonfrequenz eindeutig zusammenhängenden Stelle ein Maximum hat.

aus ihren TTZM berechnet werden kann. In den folgenden Abschnitten werden die drei Grundschritte des psychophysikalischen Ansatzes, nämlich die Aufnahme der Schallreize, die Grundlagen der gehörgerechten Spektralanalyse mit anschließender Konturierung zur Bildung der TTZM-Repräsentation der Audiosignale und die Modifikation und Resynthese der TTZM-Darstellungen der Klaviertöne erläutert.

1.2.1 Aufnahmen

Für die psychoakustischen Untersuchungen in dieser Arbeit wurden einzelne, laut angeschlagene Töne[2] von vier etwa gleich großen Flügeln (rund 2 m Länge) unterschiedlicher Hersteller und Preisklassen verwendet. Die vier Instrumente waren vom selben Klavierstimmer gestimmt. Da die Auswahl der Instrumente zufällig erfolgte, ist es unzulässig, aus den Ergebnissen dieser Arbeit allgemeine Schlüsse auf das Qualitätsniveau einzelner Hersteller zu ziehen. Um Schlußfolgerungen hinsichtlich verschiedener Hersteller zu vermeiden, werden die vier Flügel im folgenden mit den Abkürzungen (b, i, s, y) bezeichnet. Diese Abkürzungen für die untersuchten Instrumente werden in dieser Arbeit synonym für deren Einzeltöne in den untersuchten Tonlagen verwendet, so daß beispielsweise der Ton b der tiefen Tonlage C_2, der auf dem Klavier b gespielte Ton C_2 ist[3].

Für die Aufnahmen auf einen DAT-Recorder wurde ein dynamisches Mikrofon mit Nierencharakteristik verwendet, das vertikal etwa 32 cm oberhalb des D_4-Saitenchors und rund 30 cm hinter dem Anschlagpunkt des Hammers aufgestellt war, um Einflüsse der Raumcharakteristik weitgehend zu vermeiden. Aus demselben Grund wurden alle Instrumente für die Aufnahme an derselben Stelle in der Mitte des Raumes, dessen Akustik durch Teppichboden und Vorhänge relativ "trocken" war, positioniert. Der Öffnungswinkel des Flügeldeckels betrug jeweils etwa 30º.

Von jedem Instrument wurden die drei Töne C_2, C_4 und C_6, stellvertretend für tiefe, mittlere und hohe Tonlagen, mit lautem Anschlag aufgenommen. Diese Töne besitzen eine Grundfrequenz von etwa 65 Hz (C_2), 262 Hz (C_4) und 1047 Hz (C_6). Da bei laut angeschlagenen Tönen deutlich mehr Anteile im Spektrum meßbar sind als bei geringen Anschlagstärken [7] und somit mehr Kriterien für die Beurteilung der Unähnlichkeiten zur Verfügung stehen, wurden für die Untersuchungen in dieser Arbeit laut angeschlagene Töne verwendet. Auf eine spezielle Anschlagvorrichtung wurde verzichtet, da ein geübter Klavierspieler eine sehr hohe Reproduzierbarkeit des Anschlags erzielt [59]. Jeder Pianist stellt seine Spielweise auf das jeweilige Instrument ein, um seine klanglichen Vorstellungen verwirkli-

2. Im Gegensatz zur bevorzugten Ausdrucksweise der Psychoakustik soll in dieser Arbeit der Begriff "Ton" im gleichen Sinn wie im täglichen Leben und in der Musik gebraucht werden. Demnach wird ein Schallsignal, das eine ausgeprägte Tonhöhenempfindung hervorruft, als Ton bezeichnet, auch wenn es sich nicht um ein sinusförmiges Schallsignal handelt. Der Sinuston ist damit ein Sonderfall dieses allgemeineren Tonbegriffs.

3. In dieser Arbeit wird für die musikalische Tonbezeichnung die internationale Nomenklatur verwendet. Das c^1 (eingestrichene c) der europäisch traditionellen Tonbezeichnung entspricht dem C_4 der internationalen Tonbezeichnung. Der Tonumfang eines modernen Klaviers mit 88 Tasten umfaßt demnach die Töne A_0 bis C_8 in der internationalen Schreibweise und entsprechend A_2 bis c^5 in der europäischen Bezeichnungsweise.

chen zu können. Um einen Ton laut zu spielen, wird der Pianist also an verschiedenen Instrumenten auch einen verschieden starken Anschlag wählen, was mit einem an den Tasten angreifenden konstanten Drehmoment nicht möglich ist. Für die Aufnahmen sollte der Pianist die Anschlagstärke so wählen, daß alle Einzeltöne der verschiedenen Instrumente unabhängig von der Tonlage in etwa als *gleich laut* empfunden werden, wobei der Pianist selbst und eine weitere Testperson über die Gleichheit der einzelnen Lautheiten vor Ort zu entscheiden hatten.

Nach dem Anschlagen einer Taste sollte der Pianist diese so lange niedergedrückt lassen, bis der Ton vollständig ausgeklungen war. Es wurde keines der Pedale verwendet. Zur Datenreduktion für die anschließende Spektralanalyse wurden die Töne der tiefen Tonlage (C_2) auf eine Dauer von 3 s, die der mittleren (C_4) und hohen (C_6) Tonlage auf 2 s gekürzt. Diese Zeitbeschränkungen wurden so gewählt, daß die für die musikalische Aufführungspraxis üblichen Tondauern und damit die dafür relevanten Klangeigenschaften erfaßt werden.

1.2.2 Gehörgerechte Spektralanalyse und Konturierung

Die von Heinbach [41, 42] entwickelte, gehörorientierte Repräsentation von Audiosignalen in Form von TTZM extrahiert im Sinne der hierarchischen Informationsverarbeitung die für das Gehör wesentlichen Informationen auf einer niedrigen Hierarchieebene. Dafür wird das Zeitsignal *p(t)* zunächst mit der von Terhardt [89] eingeführten, gehörgerechten Kurzzeitspektralanalyse, der sogenannten *Fourier-t-Transformation* (FTT), analysiert. Das komplexe, zeit- und frequenzabhängige FTT-Spektrum des Zeitsignals *p(t)* ist definiert als

$$P(f,t) = \int_{\tau=0}^{t} p(\tau) e^{-a(f) \cdot (t-\tau)} e^{-j2\pi f\tau} d\tau \quad , \tag{1.1}$$

wobei per Definition $p(\tau) = 0$ für $\tau < 0$ gilt. Die Gewichtung des Zeitsignals mit der exponentiell abklingenden Fensterfunktion $\exp[-a(f) \cdot (t-\tau)]$ bewirkt einerseits die Dämpfung zeitlich weiter zurückliegender Signalanteile entsprechend einer natürlichen "Vergessenskurve". Andererseits wird durch die Frequenzabhängigkeit der Dämpfungskonstante *a(f)* die Analysebandbreite proportional zur Frequenzgruppenbreite[4] gewählt, so daß auf diese Weise das frequenzabhängige Auflösungsvermögen des Gehörs nachgebildet werden kann. Die Frequenzgruppenbreite kann zwar als ein Maß der wirksamen Analysebandbreite des Gehörs angesehen werden, sie darf aber nicht ohne weiteres als "3 dB-Bandbreite" von Bandpaßfiltern interpretiert werden. Da die von Terhardt [89] gewählte exponentiell abklingende Fensterfunktion bei fester Frequenz *f* der Impulsantwort eines Tiefpasses erster Ord-

4. Die Frequenzgruppe (z.B. Zwicker [105, S.46 ff.]) ist eine für die Psychoakustik wichtige, charakteristische Frequenzbandbreite des Gehörs. Sie ist dadurch gekennzeichnet, daß sich das Gehör verschieden verhält, je nachdem, ob die spektrale Intensitätsverteilung eines Schallsignals innerhalb oder außerhalb einer Frequenzgruppenbreite liegt. Die Breite der Frequenzgruppen – etwa 24 aneinandergereihte Frequenzgruppen können im Hörbereich bis 16 kHz untergebracht werden – hängt von der Mittenfrequenz ab. Für Frequenzen unterhalb 500 Hz sind die Frequenzgruppen etwa 100 Hz breit, oberhalb 500 Hz beträgt die Breite rund 20% der Mittenfrequenz.

nung entspricht, nennt man die in Gleichung (1.1) angegebene Transformation *FTT 1. Ordnung*. Durch den Einsatz von Fensterfunktionen höherer Ordnung kann nach Schlang und Mummert [74] das Zeitverhalten und die Frequenzselektivität der FTT als gehörgerechte Spektralanalyse weiter optimiert werden.

Für die gehörgerechte Dimensionierung der FTT gibt Heinbach [41, 42] eine Analysebandbreite von 0,1 Bark[5] bei Verwendung der FTT 1. Ordnung an, da die Grenze für die Wahrnehmung nur einer Tonhöhe bei simultaner Darbietung zweier Sinustöne, bei tiefen Frequenzen etwa 0,2 Bark beträgt [83]. Bei Verwendung einer Fensterfunktion zweiter Ordnung, wie sie von Schlang und Mummert [74] vorgeschlagen wird, kann auf Grund der verbesserten Weitabselektion die Analysebandbreite 0,25 Bark gewählt werden. Die Berechnung des FTT-Spektrums nach Gleichung (1.1) kann an jeder beliebigen Analysefrequenz f vorgenommen werden. Da der eben wahrnehmbare Frequenzunterschied für frequenzmodulierte Sinustöne nach Zwicker [106, S. 68] etwa 0,02 bis 0,04 Bark beträgt, wählt Heinbach [42, S.23] eine Berechnung der spektralen Stützwerte in äquidistanten Tonheitsabständen von 0,05 Bark. Die Anpassung der Spektralanalyse an das Verhalten des Gehörs betrifft also insbesondere die Analysebandbreite und die Skalierung der Frequenz. Speziellere Eigenschaften des Gehörs wie beispielsweise die Asymmetrie der Mithörschwellenverläufe[6] bleiben allerdings unberücksichtigt.

Als informationstragende Merkmale kommen hauptsächlich die Frequenzen der Spektralkomponenten des Schallsignals in Frage, da die Amplituden und Phasen der Komponenten durch den Frequenzgang der Übertragungsstrecke beeinflußt werden. Daher verwendet Heinbach [41, 42] für die Extraktion der informationstragenden Schallsignalmerkmale einen Konturierungsalgorithmus, der die Maxima im zeitlich geglätteten Leistungsspektrum $|P(f,t)|^2$ detektiert. Die Maximumsextraktion erfolgt hierbei in äquidistanten Zeitabständen, den sogenannten *Auswerteintervallen* T_A. Die detektierten Maxima werden im Auswerteintervall durch Sinustöne konstanter Frequenz und konstanten Pegels repräsentiert und als *Teiltöne* bezeichnet. Die Phasenbeziehungen bleiben unberücksichtigt. Zum gleichen Auswerteintervall gehörige Teiltöne werden als *Teiltonmuster* (TTM) bezeichnet. Die sequentielle Folge der Teiltonmuster bildet das sogenannte *Teiltonzeitmuster* (TTZM) [42], das, als gehörorientierte Repräsentation von Audiosignalen, die für das Gehör wesentlichen Informationen durch die Frequenzen und Amplituden zeitvariabler Teiltöne ohne Auswertung der Phasenbeziehungen darstellt.

1.2.3 Teiltonzeitmuster von Klaviertönen, Modifikation und Resynthese

Als Grundvoraussetzung des psychophysikalischen Ansatzes muß die gehörgerechte TTZM-Repräsentation eines Schallsignals mittels der weiter unten angegebenen Resyn-

---

5. Durch das Aneinanderreihen der Frequenzgruppen erhält man eine Frequenzgruppenskala, die als Tonheit z bezeichnet wird [105, S.53]. Die Maßeinheit dieser Tonheitsskala wird "Bark" genannt. Die Breite einer Frequenzgruppe beträgt also 1 Bark.
6. Genauere Erläuterungen zu Mithörschwellen finden sich im Abschnitt 2.3.2.

these in ein Zeitsignal überführt werden können, das im auditiven Vergleich mit dem Originalsignal nicht von diesem unterschieden werden kann. Nur unter dieser Voraussetzung kann das TTZM des Schallsignals als "Synthesemuster" verwendet werden, mit dem der Einfluß verschiedener Schallsignalparameter durch entsprechende, gezielte Modifikationen im TTZM überprüft werden kann. Demnach müssen die Analyseparameter für die Berechnung der TTZM von Klaviertönen so gewählt werden, daß sie einerseits gehörgerecht sind; andererseits muß das mit ihnen berechnete TTZM bei der Resynthese ein Audiosignal ergeben, das die typischen Eigenschaften der originalen Klaviertöne richtig wiedergibt. Hierbei muß sowohl der impulshafte Anschlag als auch das quasistationäre Ausklingverhalten des Klaviertons originalgetreu wiedergegeben werden. Das bedeutet, daß das Zeit- wie auch das Frequenzauflösungsvermögen und damit die Analysebandbreite geeignet gewählt werden muß. Für die Analyse der Klaviertöne aller Tonlagen liefert die FTT 2. Ordnung gute Ergebnisse. Durch den Einsatz der Fensterfunktion höherer Ordnung genügen sowohl das Zeitverhalten als auch die Frequenzselektivität der FTT den Vorgaben.

In Tabelle 1.1 sind die für die Klaviertöne mittlerer (C_4) und hoher (C_6) Tonlage verwendeten Analyseparameter (nur die für das Verständnis dieser Arbeit wesentlichen Parameter) angegeben, die zu den besten Ergebnissen bei der auditiven Überprüfung führten. Diese Werte entsprechen den von Heldmann [43] angegebenen Analyseparametern für die TTZM-Repräsentation technischer Schalle.

Tabelle 1.1: Ausgewählte Analyseparameter für die Berechnung der TTZM von Klaviertönen mittlerer (C_4, Grundfrequenz etwa 262 Hz) und hoher (C_6, Grundfrequenz etwa 1047 Hz) Tonlage. Dieselben Parameter werden auch für die Analyse des **Anschlags** tiefer Klaviertöne (C_2, Grundfrequenz etwa 65 Hz), also für den ersten Zeitabschnitt von etwa 30 bis 50 ms verwendet.

Analysefrequenzbereich	20 Hz bis 16 kHz
Abtastintervall	1 / (32 kHz)
Auswerteintervall T_A	2,5 ms
Tonheitsabstand der Analysefrequenzen	0,03 Bark
Analysebandbreite	0,25 Bark

Durch die relativ große Analysebandbreite, die mit einer hohen Zeitauflösung einhergeht, kann der impulshafte Anschlag der Klaviertöne ausreichend genau erfaßt werden. Die im Vergleich zu Heinbach [42, S.25] etwas feinere Frequenzdiskretisierung mit Tonheitsabständen von 0,03 Bark – entsprechend dem von Zwicker [106, S.68] angegebenen Mittelwert für ebenwahrnehmbare Frequenzunterschiede bei frequenzmodulierten Sinustönen – ist notwendig, um das für Klaviertöne typische Anschlaggeräusch [58, S.88] ausreichend genau zu erfassen und somit den Anschlag im resynthetisierten Schallsignal originalgetreu wiederzugeben. Auch das quasistationäre Ausklingverhalten der Töne mittlerer und hoher Tonlage kann mit den in Tabelle 1.1 angegebenen Werten mit hoher Genauigkeit erfaßt werden, da die gewählte Analysebandbreite, im Hinblick auf die entsprechend den Grundfrequenzen großen Frequenzabstände zwischen den einzelnen Partialtönen, eine ausreichend feine Frequenzauflösung gewährleistet.

Bei Klaviertönen der tiefen Tonlagen C_2, deren Partialtöne entsprechend der Grundfrequenz von rund 65 Hz relativ nahe beieinanderliegen, erweist sich ein Vorgehen in zwei Schritten als notwendig. Der Grund liegt darin, daß die Analysebandbreite von 0,25 Bark nicht ausreicht, um die einzelnen Partialtöne getrennt aufzulösen. Demnach wird das quasistationäre Ausklingverhalten im Sinne des psychophysikalischen Ansatzes nur unzureichend erfaßt. Das hohe Zeitauflösungsvermögen, das mit dieser Analysebandbreite einhergeht, reicht jedoch aus, um den impulshaften Anschlag der Klaviertöne gut zu erfassen. Daher wurden für die Analyse der tiefen Klaviertöne zwei verschiedene Parametersätze verwendet, die mit Hilfe auditiver Überprüfungen optimiert wurden. Die nötige zeitliche Auflösung während des Anschlags im Einschwingvorgang von etwa 30 bis 50 ms erreicht man mit den in Tabelle 1.1 angegebenen Analyseparametern. Die im quasistationären Ausklingverhalten nötige Frequenzauflösung erhält man mit den in Tabelle 1.2 angegebenen Analyseparametern.

Tabelle 1.2: Analyseparameter für die Berechnung der TTZM des **Ausklingverhaltens** von Klaviertönen tiefer Tonlage (C_2, Grundfrequenz etwa 65 Hz), also für den an das Einschwingen von etwa 30 bis 50 ms anschließenden Zeitabschnitt.

Analysefrequenzbereich	20 Hz bis 16 kHz
Abtastintervall	1 / (32 kHz)
Auswerteintervall T_A	2,5 ms
Tonheitsabstand der Analysefrequenzen	0,05 Bark[a]
Analysebandbreite	0,1 Bark

a. Da das Anschlaggeräusch während des Ausklingverhaltens der tiefen Klaviertöne keine Rolle mehr spielt, kann wieder die von Heinbach [42, S.25] angegebene gröbere Frequenzdiskretisierung verwendet werden.

Das TTZM eines Klaviertons der tiefen Tonlage (C2) erhält man durch das Zusammensetzen des

- mit den Parametern von Tabelle 1.1 analysierten Anschlags und
- mit den Parametern von Tabelle 1.2 analysierten quasistationären Ausklingverhaltens.

Da das “Umschalten” zwischen den beiden unterschiedlichen Analysebandbreiten im Zeitraum des impulshaften Anschlags erfolgt, werden bei der Resynthese keine Störungen wahrnehmbar.

Im folgenden werden die bei Verwendung der genannten Analyseparameter berechneten TTZM von jeweils einem Klavierton jeder Tonlage beispielhaft dargestellt und erläutert. Außerdem wird das dem psychophysikalischen Ansatz zugrundegelegte Modifikationsprinzip an einem Beispiel demonstriert.

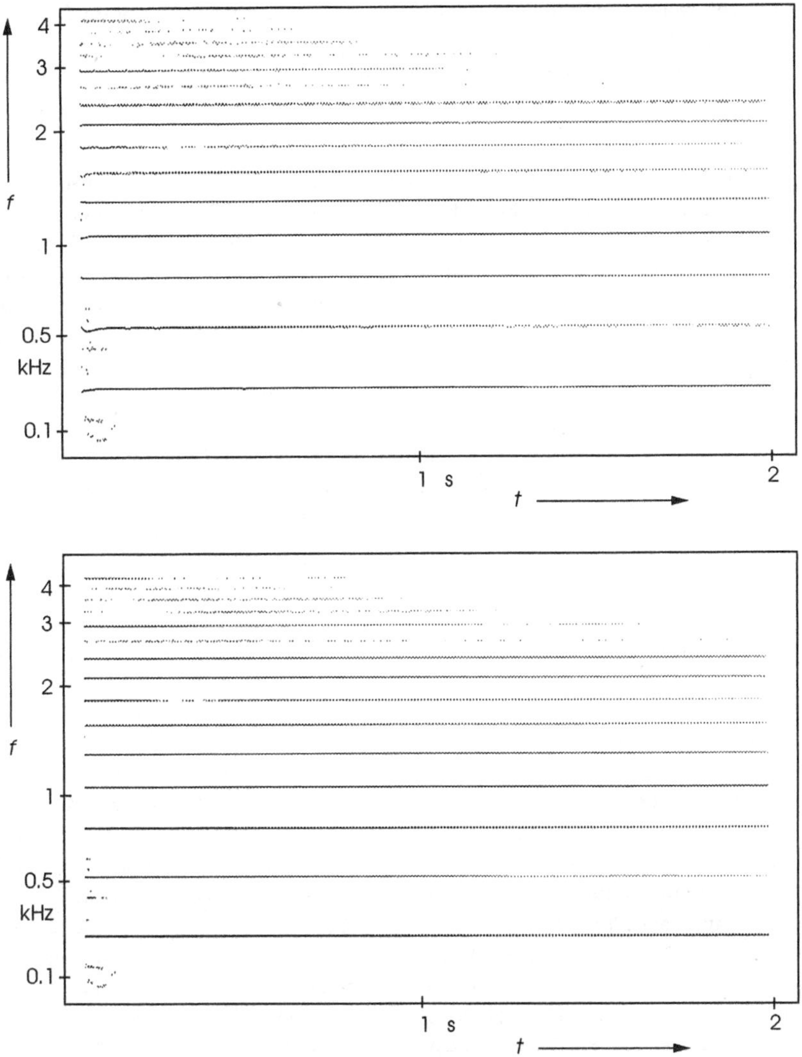

Bild 1.1: Oben: Teiltonzeitmuster (TTZM) des auf dem Flügel b laut gespielten Tons der mittleren Tonlage C_4 (internationale Tonbezeichnung für das "eingestrichene c", Grundfrequenz etwa 262 Hz); im folgenden als Ton b der mittleren Tonlage C_4 bezeichnet. Entlang der Abszisse ist die Zeit in Sekunden aufgetragen, an der Ordinate die in Bark skalierte Frequenz in Hertz. Die Pegel der Teiltöne sind in Grauwerten kodiert. *Unten*: Durch Ausgleichen von Frequenzschwankungen der Partialtöne modifiziertes TTZM. Auf diese Weise vereinfachte TTZM dienen als Ausgangsbasis für die weiteren Untersuchungen.

In Bild 1.1 oben ist das TTZM des Klaviertons b der mittleren Tonlage (C_4) dargestellt. Die einzelnen Linien in der Abbildung beschreiben den Verlauf der einzelnen Teiltöne über der Zeit. Demnach werden "tonale" Komponenten, nämlich die Partialtöne eines Klaviertons, durch Linien im TTZM repräsentiert. Geräuschhafte Anteile des Anschlags werden durch kurze, zufällig verteilte Teiltöne repräsentiert (Mummert [61]), die sich bei der Konturierung von selbst ergeben. Damit ist die Schallsignaldarstellung durch das TTZM nicht auf "tonale" Signale beschränkt.

Typisch für die TTZM von Klaviertönen [42, S.78] sind also die zur Zeitachse parallelen Teiltonverläufe. Bei einigen (z.B. Partialton 2, 7, 9) treten Abweichungen vom geradlinigen Verlauf auf, die auf Frequenzmodulationen hindeuten. Nach Heinbach [42, S.78] sind diese Frequenzschwankungen auf das Schallsignal selbst und nicht auf die verwendete Spektralanalyse oder die Konturierung zurückzuführen. Diese Feststellung wird durch die Ergebnisse verschiedener Autoren (beispielsweise Bachmann et al. [10], Alfredson und Steinke [3], Nakamura und Naganuma [64]) bestätigt, die auch bei Verwendung anderer Analyseverfahren die Frequenzschwankungen in den Kurzzeitspektren detektieren. Die Ursache dieser Frequenzschwankungen ist zur Zeit noch weitgehend unklar. Auch über die Hörbarkeit dieser Schwankungen liegen noch keine gesicherten Ergebnisse vor. Daher wurde in dieser Arbeit, in der die Gehörrelevanz der Schallsignalparameter im Vordergrund steht, zunächst die psychoakustische Signifikanz dieser Frequenzschwankungen überprüft.

Psychoakustische Untersuchungen mit frequenzmodulierten Sinustönen [105, S.54 ff.] zeigen eine deutliche Abhängigkeit der eben wahrnehmbaren Frequenzänderung von der Trägerfrequenz und der Modulationsfrequenz. Die größte Empfindlichkeit des Gehörs gegenüber Frequenzänderungen findet man bei Modulationsfrequenzen von 4 Hz. Bei dieser Modulationsfrequenz kann eine Frequenzänderung (zweifacher Frequenzhub) von 3,6 Hz wahrgenommen werden, wenn die Trägerfrequenz unterhalb 500 Hz liegt. Nach höheren Trägerfrequenzen ist eine relative Änderung von 0,7% notwendig, um die Frequenzänderung wahrzunehmen. Für die Abhängigkeit von der Modulationsfrequenz kann man davon ausgehen, daß die eben wahrnehmbare Frequenzänderung oberhalb von 7 Hz Modulationsfrequenz ungefähr mit der Wurzel aus der Modulationsfrequenz ansteigt. Da der Modulationsindex (Quotient aus Frequenzhub und Modulationsfrequenz) der Frequenzschwankungen in den Teiltonverläufen wesentlich kleiner als 1 ist (vgl. auch Bachmann et al. [10]), kann man davon ausgehen, daß die zugehörigen Frequenzänderungen maximal im eben wahrnehmbaren Bereich liegen. Berücksichtigt man zudem, daß die oben angegebenen Grenzwerte für die eben wahrnehmbaren Frequenzänderungen bei der Überlagerung eines Störschalls deutlich größer werden [110, S.172], so kann man davon ausgehen, daß die Frequenzschwankungen der Partialtöne in den TTZM-Repräsentationen der Klaviertöne – auf Grund der gegenseitigen, verdeckenden Wirkung der einzelnen Partialtöne – unterhalb der eben wahrnehmbaren Schwellen liegen und somit gehörirrelevant sein müssen.

Für die Überprüfung dieser Annahme werden die TTZM der Klaviertöne, entsprechend dem psychophysikalischen Ansatz, geeignet modifiziert. Mittels Resynthese wird anschließend auditiv getestet, ob die modifizierten und originalen Schallsignale voneinander zu unterscheiden sind. Das Ausgleichen der Frequenzschwankungen der Teiltonverläufe in Bild 1.1 oben führt zu dem in Bild 1.1 unten dargestellten, modifizierten TTZM des Tons b der mittleren Tonlage (C_4). Da unabhängig von der Tonlage bei keinem der analysierten Klaviertöne ein Unterschied zwischen dem resynthetisierten Audiosignal vor und nach der Modifikation wahrgenommen werden kann, werden für die weiteren Untersuchungen die modifizierten TTZM-Darstellungen, die also keine Frequenzschwankungen in den Partialtonverläufen aufweisen, verwendet.

Da die TTZM-Repräsentationen der Klaviertöne – wie im Abschnitt 1.3.1 mit einem Hörversuch gezeigt wird – alle gehörrelevanten Schallsignalparameter beinhalten, können aus der Literatur (beispielsweise [58, 7]) bekannte charakteristische Eigenschaften von Klaviertönen verschiedener Tonlagen in den TTZM-Darstellungen wiedergefunden werden. Beispielsweise ist die mit tiefer werdenden Tonlagen zunehmende Partialtonanzahl deutlich im Bild 1.2 zu erkennen, das ein durch ausgeglichene Frequenzschwankungen modifiziertes TTZM der tiefen Tonlage C_2 zeigt.

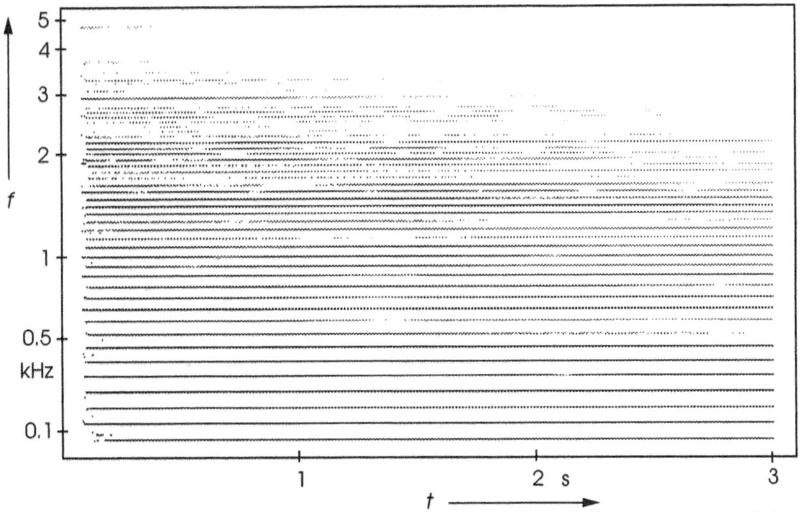

Bild 1.2: Durch Ausgleichen von Frequenzschwankungen der Partialtöne modifiziertes TTZM des auf dem Flügel b laut gespielten Tons C_2 (internationale Tonbezeichnung für das "große c", Grundfrequenz etwa 65 Hz) als Beispiel für die tiefe Tonlage; im folgenden als Ton b der *tiefen Tonlage C_2* bezeichnet. Die Pegel der Teiltöne sind in Grauwerten kodiert.

Im Vergleich zu Klaviertönen der mittleren Tonlage (Bild 1.1), bei denen im Mittel 18 Partialtöne in den TTZM zu finden sind, wobei der höchste extrahierte Partialton (im Ton i) mit der Ordnungszahl $n = 27$ bei einer Frequenz von etwa 7,7 kHz liegt (vgl. Askenfelt und Jansson [7]), werden deutlich mehr Partialtöne in der tiefen Tonlage extrahiert. In den TTZM der Tonlage C_2 sind im Mittel 51 Partialtöne zu finden. Der höchste extrahierte Partialton in der tiefen Tonlage (beim Ton i) mit der Ordnungszahl $n = 75$ liegt entsprechend den Angaben in [7] bei einer Frequenz von etwa 6,1 kHz. Bei den Klaviertönen der hohen Tonlage C_6 sind deutlich weniger Partialtöne in den TTZM zu finden als in den beiden unteren Tonlagen. Im

Mittel sind 6 Partialtöne in den TTZM der Tonlage C_6 zu erkennen. Der höchste extrahierte Partialton in der hohen Tonlage (beim Ton y) mit der Ordnungszahl $n = 7$ liegt bei einer Frequenz von etwa 8 kHz. In Bild 1.3 ist ein TTZM der hohen Tonlage als Beispiel dargestellt, bei dem Frequenzschwankungen der Partialtöne ausgeglichen worden sind.

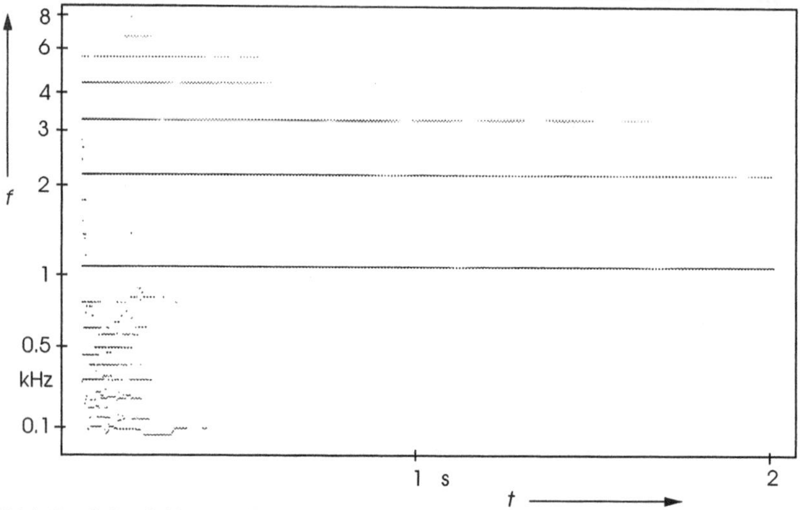

Bild 1.3: Durch Ausgleichen von Frequenzschwankungen der Partialtöne modifiziertes TTZM des auf dem Flügel b laut gespielten Tons C_6 (internationale Tonbezeichnung für das "dreigestrichene c", Grundfrequenz etwa 1047 Hz) als Beispiel für die hohe Tonlage; im folgenden als Ton b der *hohen Tonlage* C_6 bezeichnet. Unhörbare Spektralkomponenten des Anschlaggeräusches, deren Pegel 50 dB unterhalb des stärksten Partialtons liegen, sind nicht dargestellt. Die Pegel der Teiltöne sind in Grauwerten kodiert.

In dieser Abbildung erkennt man deutlich eine weitere charakteristische Eigenschaft von Klaviertönen hoher Tonlagen, nämlich das sogenannte *Anschlaggeräusch* [5, 58, 31, 20]. Neben den als Linien repräsentierten Partialtönen ist ein breitbandiges Geräusch vorhanden, das im wesentlichen unterhalb des Grundtons liegt. Das sowohl wahrnehmbare wie auch deutlich im TTZM erkennbare Anschlaggeräusch ist auf die impulsartige Anregung des Instruments zurückzuführen, die insbesondere eine Anregung der Eigenschwingungen des Resonanzbodens verursacht [58, 99]. Untersuchungen zum Abklingverhalten der Resonanzboden-Eigenschwingungen [82] zeigen, daß diese bis zu 1 s andauern können. Askenfelt und Jansson [6] konnten nachweisen, daß auch Eigenschwingungen des Hammerstiels mit Frequenzen zwischen 200 und 400 Hz zu geräuschhaften Komponenten führen können. Ebenso führt insbesondere bei einem *staccato*-Anschlag die Tastenbewegung, die über den Klaviaturboden einen Kraftimpuls auf den Rahmen und den Resonanzboden überträgt, zu einem hörbaren "Klopfgeräusch" [5].

Auf Grund der gewählten Mikrofonposition – senkrecht über dem geöffneten Flügel – in der entsprechend den Untersuchungen von Bork et al. [20] bevorzugten Abstrahlrichtung für das Anschlaggeräusch ist dieses recht stark in den TTZM der hohen Klaviertöne enthalten. Bei den Klaviertönen der beiden unteren Tonlagen wird das Anschlaggeräusch größtenteils durch die intensitätsmäßig stärkeren Partialtöne verdeckt, da diese im Gegensatz zur hohen Tonlage im Frequenzbereich des Anschlaggeräusches liegen. Dementsprechend wird das kaum wahrnehmbare Anschlaggeräusch in der mittleren Tonlage (Bild 1.1) nur ansatzweise in den TTZM repräsentiert. In den TTZM der tiefen Tonalge (Bild 1.2) fehlt das Anschlaggeräusch fast vollständig.

Für die Überführung der TTZM in entsprechende Audiosignale wird das von Mummert [62, S.14 ff.] angegebene Resyntheseprinzip verwendet. Demnach werden die Teiltonverläufe als zeitvariante Sinusschwingungen aufgefaßt, die entsprechend der Fouriersynthese zu überlagern sind. Da die Information über die Phasenbeziehungen fehlt, werden die Phasen mittels eines Korrekturverfahrens so gewählt, daß die Stetigkeit des Zeitsignals, das durch einen Teiltonverlauf erzeugt wird, zwischen den Auswerteintervallen gewährleistet ist. Die im Prinzip frei wählbaren Startphasen für die Teiltonverläufe sind bei der Resynthese von Klavierton-TTZM recht unkritisch, da die Phasen der Eigenschwingungen einer frei schwingenden realen Saite auf Grund der Inharmonizität[7] sowieso “statistisch” verteilt sind.

1.3 Meßmethoden und Voruntersuchungen

Bei der Beurteilung der auditiven Unähnlichkeit zweier Schallreize verwenden Versuchspersonen nach Handel [40, S.222] alle detektierbaren Unterscheidungsmerkmale. Dabei richten sie jedoch ihre Aufmerksamkeit entsprechend dem Modell der hierarchischen Informationsverarbeitung auf die höchst mögliche Hierarchieebene, die die wesentlichen Informationen für die Beurteilung enthält. Demnach muß für die Untersuchung der Unähnlichkeit von Schallreizen darauf geachtet werden, daß sie sich nur in den Eigenschaften unterscheiden, die untersucht werden sollen. Für die Untersuchung der *klanglichen* Unähnlichkeit von Klaviertönen, bei denen weder Tonhöhenunterschiede noch Lautheitsunterschiede eine Rolle spielen sollen, muß also darauf geachtet werden, daß die zu beurteilenden Klaviertöne keine derartigen Unterschiede aufweisen. Deshalb werden für die Unähnlichkeits- und Qualitätsuntersuchungen in dieser Arbeit nur Klaviertöne gleicher Tonlagen miteinander verglichen, bei denen bereits während der Aufnahme (Abschnitt 1.2.1) darauf geachtet wurde, daß sie in etwa gleich laut sind.

Für die Durchführung der psychoakustischen Versuche wurde eine Silicon Graphics Indigo Workstation verwendet, die sowohl für die Generierung der Versuchsschalle wie auch für die Steuerung des Versuchsablaufs eingesetzt wurde. Die Ausgabe der Versuchsschalle erfolgte über den integrierten Digital/Analog-Wandler mit einer Abtastfrequenz von 32 kHz und einer Auflösung von 16 bit. Die Versuchsperson befand sich in einer schallisolierten Meßkabine. Die Versuchsschalle wurden der Versuchsperson in zufälliger Reihenfolge über einen freifeldentzerrten [106, S.38 ff.] Kopfhörer (Beyer DT 48) diotisch dargeboten. Die Darbietungspegel der Töne richteten sich nach dem bei der Aufnahme jeweils gemessenen

7. Die Ursachen für die Partialtoninharmonizität bei einer frei ausschwingenden realen Saite werden im Abschnitt 3.1.1 erläutert.

Schalldruckpegel an der Stelle des Mikrofons.

Für die Hörversuche haben sich während der gesamten Arbeit 28 normalhörende Personen im Alter von etwa 20 bis 50 Jahren zur Verfügung gestellt, von denen über 85% über eine gute bis sehr umfassende musikalische Bildung verfügen. Benedini [13, S.23 f.] konnte bei der Untersuchung von Klangfarbenunterschieden synthetischer Schalle zeigen, daß die Klangfarbenwahrnehmung nicht von der musikalischen Vorbildung abhängig ist und demnach auch bezüglich der Urteilssicherheit kein wesentlicher Unterschied zwischen Musikern und Nichtmusikern besteht. Dennoch wurden in dieser Arbeit musikalisch vorgebildete Versuchspersonen bevorzugt, da es bei einer Reihe von Hörversuchen (insbesondere denjenigen in Abschnitt 4.1 und 4.2) darum ging, kaum wahrnehmbare Unterschiede zu detektieren und diese zu bewerten. An den einzelnen Hörversuchen nahmen in der Regel acht Versuchspersonen teil.

Die beiden in dieser Arbeit verwendeten Versuchsmethoden, also diejenige für die Ermittlung der Unähnlichkeiten und diejenige für die Bewertung der Qualitäten, werden im folgenden am Beispiel von Voruntersuchungen erläutert, die für die Beantwortung folgender grundsätzlicher Fragen durchgeführt wurden:

- Können die aufgenommenen, originalen Schallreize von denjenigen Schallsignalen, die durch Resynthese aus den entsprechend Abschnitt 1.2.3 modifizierten TTZM hervorgehen, unterschieden werden oder sind wirklich *alle gehörrelevanten Informationen* in diesen TTZM enthalten?
- Wie gut können einzelne Töne identischer Tonlage von verschiedenen Klavieren unterschieden werden (*Unterscheidbarkeit*)?
- Wie groß sind die *Unähnlichkeiten* zwischen Einzeltönen verschiedener Klaviere?
- Können einzelne Klaviertöne hinsichtlich ihrer *Qualität* in eine Rangfolge gebracht werden?

1.3.1 Messung der Unähnlichkeit

Wie bereits aus den oben genannten Fragestellungen ersichtlich wird, beinhaltet die Messung der Unähnlichkeit zwei Aspekte: die prinzipielle Unterscheidbarkeit und die Größe der wahrnehmbaren Unähnlichkeit. Dementsprechend wird für die Ermittlung der Unähnlichkeit eine Versuchsmethode nach Grey und Moorer [36] verwendet, mit der beide Aspekte psychoakustisch gemessen werden können.

Versuchsmethode

Für die psychoakustische Bestimmung der *Unterscheidbarkeit* zweier Klaviertöne A und B werden diese als eine aus vier Tönen bestehende Schallgruppe dargeboten, bei der mindestens drei Töne identisch sind, also beispielsweise AAAB. Die Position des gegebenenfalls andersartigen Tons wird dabei beliebig innerhalb der Gruppe variiert. Durch eine etwas längere Pause von 2 s zwischen dem zweiten und dritten Ton, im Gegensatz zu einer Pause von 1 s zwischen den beiden ersten und den beiden letzten Tönen, wird die Schallgruppe in zwei Paare unterteilt. Entsprechend dieser Vorgehensweise werden für alle möglichen Vergleiche zwischen den zu untersuchenden Tönen derartige Schallgruppen gebildet, die den Versuchspersonen mehrmals in zufälliger Reihenfolge dargeboten werden. Die Aufgabe der Versuchspersonen besteht darin, nach der Darbietung einer Schallgruppe anzugeben, ob sie einen Unterschied hören konnten. Bei Bejahung dieser Frage sollen sie dasjenige Paar der Schallgruppe nennen, in dem sich ihrer Meinung nach der andersartige Ton befand. Als Maß für die psychoakustische Unterscheidbarkeit zweier Klaviertöne dient die relative Häufigkeit der richtigen Nennungen, in welchem Paar der entsprechenden Schallgruppen sich der andersartige Ton befand.

Für die Charakterisierung der *Unähnlichkeit* des andersartigen Tons zu den übrigen drei der Schallgruppe sollen die Versuchspersonen neben der Beantwortung der Unterscheidungsfrage eine Zahl entsprechend der in Tabelle 1.3 angegebenen Skala vergeben, wobei dies relativ zu den anderen dargebotenen Schallgruppen erfolgen soll.

Tabelle 1.3: Skala für die Charakterisierung der Unähnlichkeit zweier Klaviertöne durch Zahlenwerte. Die Skala wurde in Anlehnung an die Meßmethode von Grey und Moorer [35, 36] gewählt.

kein Unterschied	0
sehr ähnlich	1 – 3
mittlere Ähnlichkeit	4 – 6
sehr unterschiedlich	7 – 9

Als Maß für die Unähnlichkeit zweier Klaviertöne dient der Median[8] aller abgegebenen Zahlenbewertungen, wobei jedoch nur diejenigen Beurteilungen berücksichtigt werden, zu denen auch eine korrekte Nennung des Paares mit dem andersartigen Ton gehören.

Wenn die Unterscheidbarkeit der zu untersuchenden Klaviertöne offenkundig ist und demnach nur deren Unähnlichkeiten durch Zahlenwerte charakterisiert werden sollen, können diese nach dem gleichen Prinzip durch direkte AB-Vergleiche ermittelt werden.

Unähnlichkeit von Klaviertönen

Mit der beschriebenen Versuchsmethode wurde zum einen die Unterscheidbarkeit zwischen den aus den modifizierten TTZM (nach Abschnitt 1.2.3) resynthetisierten Schallsignalen und den zugehörigen originalen Aufnahmen überprüft. Im gleichen Hörversuch wurden zum anderen die Unähnlichkeiten zwischen den Tönen verschiedener Klaviere gemessen. Für die Bestimmung der Unterscheidbarkeit original aufgenommener und resynthetisierter Töne waren insgesamt 12 Schallgruppen zu untersuchen, entsprechend den vier Instrumenten in drei Tonlagen. Zur Ermittlung der Unähnlichkeiten zwischen Tönen verschiedener

8. Der Median ist derjenige Wert in der nach der Größe der Einzelwerte geordneten Reihe, der die Reihe halbiert [73, S.154 ff.].

Klaviere wurden die resynthetisierten Töne in 18 verschiedenen Schallgruppen miteinander verglichen. Jeder der insgesamt 30 Vergleiche wurde achtmal von jeder Versuchsperson bewertet. An dem Hörversuch nahmen acht normalhörende Versuchspersonen im Alter von 22 bis 52 Jahren teil, von denen sieben über eine gute bis sehr umfangreiche musikalische Vorbildung verfügen.

Versuchsergebnisse zur Unterscheidbarkeit

In allen drei Tonlagen können die aufgenommenen, originalen Schallreize nicht von denjenigen Schallsignalen unterschieden werden, die durch Resynthese aus den entsprechend Abschnitt 1.2.3 modifizierten TTZM hervorgehen. Das zeigt sich in den gemessenen Unterscheidbarkeiten (relative Häufigkeiten der richtigen Nennungen), die in allen drei Tonlagen unterhalb der Ratewahrscheinlichkeit liegen. Demnach kann man also davon ausgehen, daß wirklich alle gehörrelevanten Informationen in den modifizierten TTZM enthalten sind. Das bedeutet aber auch, daß die im Abschnitt 1.2.3 beschriebenen Frequenzschwankungen der Partialtöne gehörirrelevant sind und ausgeglichen werden können, ohne dabei wahrnehmbare Unähnlichkeiten zu verursachen. Für die weiteren Untersuchungen werden deshalb die aus den TTZM mit ausgeglichenen Frequenzschwankungen resynthetisierten Schallsignale verwendet. Diese werden im weiteren als die originalen Klaviertöne bezeichnet.

Die Unterscheidung zwischen den Tönen der verschiedenen Instrumente ist in der tiefen und mittleren Tonlage eindeutig möglich. In der tiefen Tonlage liegt die Unterscheidbarkeit zwischen 97% und 100%, in der mittleren Tonlage zwischen 91% und 100%. In der hohen Tonlage können die Versuchspersonen die einzelnen Töne schlechter voneinander unterscheiden. Die relative Häufigkeit der richtig genannten Paare liegt in der hohen Tonlage im Mittel bei 76%. Der wahrscheinliche Grund für die schlechtere Unterscheidbarkeit in der hohen Tonlage ist die deutlich geringere Partialtonanzahl (Abschnitt 1.2.3).

Versuchsergebnisse zur Unähnlichkeit

In Bild 1.4 sind Mediane und Interquartilbereiche[9] der gemessenen Unähnlichkeiten zwischen den Tönen verschiedener Klaviere für die drei Tonlagen dargestellt. Es sind nur diejenigen Beurteilungen berücksichtigt, zu denen auch eine korrekte Nennung des Paares mit dem andersartigen Ton gehören.

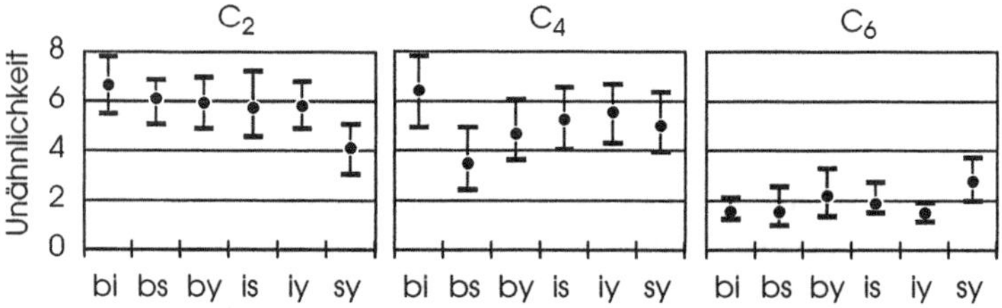

Bild 1.4: Mediane und Interquartilbereiche der gemessenen Unähnlichkeiten zwischen Tönen identischer Tonlage von verschiedenen Klavieren (b, i, s, y) für die tiefe (C_2), mittlere (C_4) und hohe (C_6) Tonlage.

9. Der Bereich, der zu beiden Seiten des Medians je 25% der Meßwerte enthält, wird als Interquartilbereich bezeichnet [73, S.165 f.].

In allen drei Tonlagen weisen die Beurteilungen durch die einzelnen Versuchspersonen nur geringe intraindividuelle Schwankungen auf, so daß eine hohe Konstanz der einzelnen Versuchspersonen bei den Bewertungen festgestellt werden kann. Die sich mit allen Versuchspersonen ergebenden Interquartilbereiche und somit die interindividuellen Schwankungen sind relativ klein. Die Unähnlichkeit der einzelnen Vergleiche in den drei Tonlagen werden demnach von allen Versuchspersonen recht einheitlich beurteilt. Außerdem zeigt sich, daß die Unähnlichkeiten zwischen den Tönen verschiedener Klaviere zu hohen Tonlagen hin abnehmen. Während die meisten Unähnlichkeiten in der tiefen Tonlage bei einem Wert von etwa 6 liegen, sinkt die Bewertung in der mittleren Tonlage auf ein Maß von etwa 5, in der hohen Tonlage auf Werte von nurmehr 2.

Zusammenhang zwischen Unterscheidbarkeit und Unähnlichkeit

In Bild 1.5 sind die in den drei Tonlagen gemessenen Unähnlichkeiten zwischen den Tönen der vier verschiedenen Klaviere im Vergleich zur jeweils ermittelten Unterscheidbarkeit dargestellt.

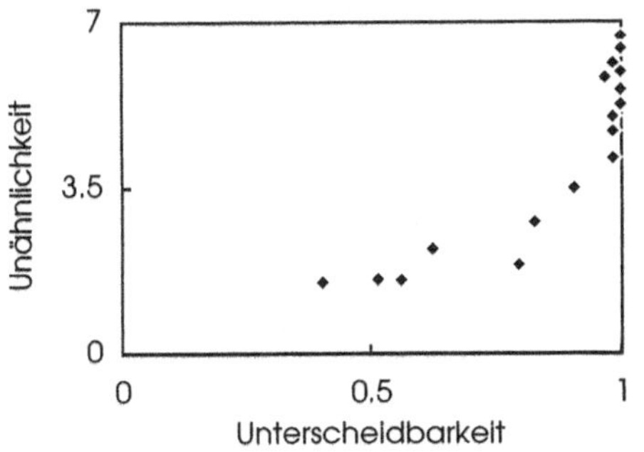

Bild 1.5: In den drei Tonlagen gemessene Unähnlichkeiten zwischen den Tönen der vier verschiedenen Klaviere im Vergleich zur jeweils gemessenen Unterscheidbarkeit.

In Übereinstimmung mit dem Konzept der Unähnlichkeit (Abschnitt 1.1.2) nehmen die Unähnlichkeitsbewertungen für geringere Unterscheidbarkeiten ab. Die Unterscheidbarkeit zweier Schallreize wird um so geringer, je niedriger die Hierarchiestufe liegt, die die wesentlichen Informationen für ihre Unterscheidung enthält. Dies hängt damit zusammen, daß eine höhere Konzentration des Beobachters notwendig ist, um seine Aufmerksamkeit auf niedrigere Stufen zu lenken. Ebenso erfordert die Beurteilung der Unähnlichkeit zweier Schallreize, die erst auf einer niedrigen Hierarchiestufe die wesentlichen Informationen für ihre Unterscheidung enthalten, eine hohe Konzentration des Beobachters. Je höher die notwendige Konzentration ist, desto geringer wird die Unähnlichkeit bewertet.

1.3.2 Messung der Qualität

In Anlehnung an das von Meyer [57] angegebene Verfahren wird in dieser Arbeit eine Versuchsmethode verwendet, bei der die Qualitäten einzelner Klaviertöne relativ zueinander bestimmt werden. Neben den relativen Qualitäten der untersuchten Töne kann dabei auch die Urteilssicherheit der Versuchspersonen bei der Bewertung der Qualitäten ermittelt werden.

Versuchsmethode

Für die psychoakustische Ermittlung der Qualitäten einzelner Klaviertöne werden alle möglichen Kombinationen der zu untersuchenden Töne in Paaren dargeboten, wobei niemals ein und derselbe Ton mit sich selbst verglichen wird. Die Pause zwischen den beiden Tönen eines Paares beträgt etwa 1 s. Jedes Paar wird nach einer Pause von etwa 2 s einmal wiederholt, bevor die Versuchsperson anzugeben hat, welcher der beiden Töne im dargebotenen Paar als *qualitativ hochwertiger* einzustufen ist (entsprechend der Methode der Präferenzbefragung in [47, S.351]). Eine Bewertung der beiden Töne als qualitativ gleichwertig ist dabei nicht erlaubt. Um die Urteilssicherheit der einzelnen Versuchspersonen zu erfassen, wird jeder Vergleich mehrmals zur Beurteilung dargeboten.

Als Maß für die Qualität eines Klaviertons dient die *relative Häufigkeit*, mit der dieser Ton vor allen anderen untersuchten Tönen bevorzugt wird. Im folgenden wird dieses Maß als *relative Qualität* bezeichnet. Für die Bestimmung der *Urteilssicherheit* der Versuchspersonen wird die *Konstanz* K_{AB}, mit der die Versuchspersonen den Vergleich der beiden Klaviertöne A und B während des gesamten Hörversuchs beurteilen, eingeführt als

$$K_{AB} = \frac{1}{N_{VP}} \sum_{i=1}^{N_{VP}} H_{AB,i} \quad . \tag{1.2}$$

Dabei bezeichnet H_{AB} die relative Häufigkeit des im Vergleich AB qualitativ bevorzugten Tons; N_{VP} steht für die Anzahl der am Hörversuch teilnehmenden Versuchspersonen. Die Konstanz eines AB-Vergleichs kann als die Wahrscheinlichkeit interpretiert werden, bei erneuter Beurteilung dieses Paares zum gleichen Ergebnis zu gelangen. Damit ist sie ein Maß für die Urteilssicherheit der Versuchspersonen bei der Bewertung der Qualität im Vergleich AB.

Qualitätsbeurteilung von Klaviertönen

Um zu prüfen, ob einzelne Klaviertöne hinsichtlich ihrer Qualität in eine Rangfolge gebracht werden können, wurden die Qualitäten der vier originalen Klaviertöne (b, i, s, y) für die drei Tonlagen (C_2, C_4, C_6) mit der im vorhergehenden Abschnitt erläuterten Versuchsmethode bestimmt. Jedes Paar wurde sechsmal in zufälliger Reihenfolge dargeboten. An dem Hörversuch nahmen acht normalhörende Versuchspersonen im Alter von 22 bis 52 Jahren teil, von denen sieben musikalisch vorgebildet sind.

In Bild 1.6 sind die gemessenen, relativen Qualitäten (relative Häufigkeiten der qualitativen Bevorzugung) der einzelnen Töne in den drei Tonlagen dargestellt.

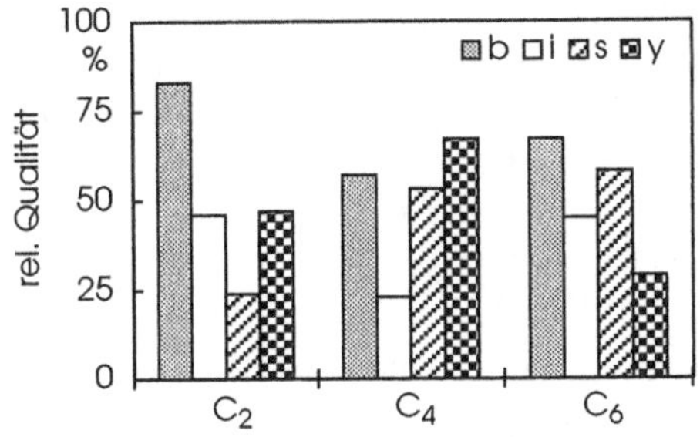

Bild 1.6: Psychoakustisch ermittelte relative Qualitäten (relative Häufigkeiten der qualitativen Bevorzugung) der einzelnen originalen Klaviertöne (b, i, s, y) in der tiefen (C_2), mittleren (C_4) und hohen (C_6) Tonlage.

Die Konstanz K_{AB}, mit der die einzelnen Vergleiche in der tiefen Tonlage beurteilt wurden, beträgt im Mittel 80%. In der mittleren Tonlage wird eine durchschnittliche Konstanz von rund 82% berechnet, in der hohen Tonlage liegt sie im Mittel bei 79%. Auf Grund der in allen drei Tonlagen gleichbleibenden, relativ hohen Konstanz kann man von einer guten Reproduzierbarkeit der gemessenen Qualitätsrangfolgen ausgehen. Die Versuchspersonen können demnach die Qualitäten einzelner Klaviertöne mit einer hohen Urteilssicherheit bewerten.

In der tiefen Tonlage wurde eindeutig der Ton b als der qualitativ hochwertigste und der Ton s als der minderwertigste der vier untersuchten Töne bewertet. In der mittleren Tonlage wurde der Ton i als eindeutig schlechtester beurteilt. Die anderen drei untersuchten Töne der mittleren Tonlage zeigen eine recht ähnliche Qualität. In der hohen Tonlage weist der Ton y die geringste Qualität auf. Die beste Qualität wurde auch in der hohen Tonlage dem Ton des Instruments b zugeordnet. Bemerkenswert erscheint die mit höher werdender Tonlage deutlich zunehmende Qualität der Einzeltöne des Instruments s. Allein die Einzeltöne des Instruments b gehören einheitlich in allen drei Tonlagen mit zu den besten.

Dem im Abschnitt 1.1.3 erarbeiteten Konzept folgend, ist die klangliche Qualität der einzelnen Töne eines Instruments maßgebend für die Klangqualität des gesamten Instruments. Mit der Einschränkung, daß die Qualitätsbeurteilungen nur mit drei Einzeltönen aus verschiedenen Tonlagen je Instrument durchgeführt wurden, kann man aus den über die drei untersuchten Tonlagen gemittelten relativen Qualitäten eine erste Aussage über die Qualitätsrangfolge der vier untersuchten Instrumente treffen. Bildet man aus den gemessenen Daten ein von den Tonlagen unabhängiges Qualitätsurteil, indem man die Mittelwerte der relativen Qualitäten berechnet, ergibt sich für das Instrument b die höchste relative Qualität (Mittelwert 69%). Die Mittelwerte der beiden Instrumente s (45%) und y (48%) deuten auf eine recht ähnliche über alle Tonlagen gemittelte Qualität hin. Die geringste relative Qualität (Mittelwert 38%) ergibt sich für das Instrument i.

Qualitätsbeurteilung der Instrumente vor Ort

Um die Aussagekraft der mit den einzelnen Tönen gewonnenen Ergebnisse zu überprüfen, werden im folgenden diese Versuchsergebnisse mit Untersuchungen verglichen, die vor

Ort durchgeführt wurden.

In einem informellen Hörversuch mit zwei Musikern und einem im Verkauf von Flügeln und Klavieren tätigen Experten wurde am Aufnahmeort die klangliche Qualität der vier Instrumente relativ zueinander bewertet. Außerdem wurden die qualitativen Klangeigenheiten der vier Instrumente in verschiedenen Tonlagen untersucht und miteinander verglichen. An dieser Stelle sei nochmals darauf hingewiesen, daß die vier untersuchten Instrumente zufällig ausgewählt wurden. Daher ist es unzulässig, aus den Versuchsergebnissen allgemeine Schlüsse auf das Qualitätsniveau einzelner Hersteller zu ziehen.

Alle drei Versuchspersonen beurteilten den Flügel b im Vergleich zu den anderen drei Instrumenten als den qualitativ hochwertigsten. Insbesondere der Baßbereich wurde auf Grund seines "vollen, klaren" Klangs gegenüber den anderen Instrumenten deutlich bevorzugt. Als wesentliches Merkmal dieses Instruments wurde die klangliche Ausgewogenheit über alle Tonlagen genannt. Ebenfalls einstimmig wurde der Flügel i als der minderwertigste der vier Instrumente eingestuft. Der Klang wurde als "nicht sehr voll", "teilweise matt" und "teilweise sehr spitz" im Vergleich zu den anderen drei Instrumenten beurteilt. Die Beurteilung der beiden Instrumente b und i bestätigt die zuvor aus den untersuchten Einzeltönen bestimmte Qualitätsrangfolge.

Die klangliche Qualitätsbewertung der beiden Instrumente s und y führte nicht zu einem einheitlichen Urteil. Zwei der Versuchspersonen ordneten dem Flügel s eine höhere Qualität als dem Flügel y zu. Die dritte Versuchsperson entschied sich für die umgekehrte Rangfolge. Die Beschreibung der Klangeigenheiten dieser beiden Instrumente stimmt jedoch bei den drei Versuchspersonen überein. Im Unterschied zu den beiden Flügeln b und i ergab sich bei den beiden Instrumenten s und y eine mit der Tonlage variierende Klangbeschreibung.

Die Klangeigenschaften des Instruments s wurden mit höher werdender Tonlage zunehmend besser bewertet. Während der Klang im Baß als "matt" und "eher dumpf" gegenüber dem Baßbereich der anderen Instrumente beurteilt wurde, ergab die Bewertung im Diskant eine Beschreibung als "sehr hellen, brillanten" Klang. Insgesamt wurde der Klang des Flügels s im Vergleich zum Flügel y als "voller" bezeichnet. Beim Instrument y wurde der Klang in der tiefen und mittleren Tonlage als "hell" bezeichnet, in der hohen Tonlage jedoch als "blechern" und "spitz". Gegenüber dem Flügel s wurde der Flügel y als "weniger matt" bewertet. Während das Instrument y insbesondere in der tiefen und in der mittleren Tonlage gute Klangeigenschaften aufweist, zeichnet sich das Instrument s vor allem in der mittleren und in der hohen Tonlage durch hochwertige Klangmerkmale aus. Das abweichende Qualitätsurteil der einen Versuchsperson bei diesen beiden Instrumenten hängt vermutlich mit der beschriebenen tonlagenabhängigen Klangbewertung zusammen.

Die vor Ort bestimmte Qualitätsrangfolge der vier untersuchten Instrumente und die Bewertung ihrer Klangeigenheiten stimmt weitgehend mit den Versuchsergebnissen der drei Einzeltöne je Instrument in Bild 1.6 und der daraus bestimmten Rangfolge der Instrumente überein. Daraus kann geschlossen werden, daß die klangliche Qualität eines Instruments maßgeblich durch die Qualität der einzelnen Töne bestimmt wird. Daher ist es möglich, aus den Qualitätsbeurteilungen der einzelnen Töne einen Mittelwert über die untersuchten Tonlagen zu bilden und daraus die Qualität des Instruments abzuschätzen. Da benachbarte Töne eines Klaviers in der Regel ähnliche Klangeigenschaften aufweisen [60, 1], kann man davon ausgehen, daß die Qualität eines Instruments bereits mit den gemessenen Qualitäten weniger Einzeltöne aus verschiedenen Tonlagen abgeschätzt werden kann. Die Untersuchung der vier Instrumente bestätigt, daß man schon mit drei Tönen aus verschiedenen Tonlagen je Instrument die Qualitätsrangfolge der Instrumente abschätzen kann.

1.4 Zusammenfassung

In diesem Kapitel wurden die wesentlichen Grundlagen dieser Arbeit unter drei Gesichtspunkten behandelt: die Konzepte, der psychophysikalische Ansatz und die Meßmethoden. In Voruntersuchungen zur Unähnlichkeit und Qualität von Klaviertönen wurden die erarbeiteten Konzepte wie auch der psychophysikalische Ansatz überprüft und bestätigt.

Im ersten Teil wurde ausgehend vom Modell der Informationsverarbeitung nach Terhardt jeweils ein Konzept für die zwei wesentlichen Aspekte dieser Arbeit – die Unähnlichkeit und die Qualität von Klaviertönen – erarbeitet. Das Konzept der Unähnlichkeit weist einen engen Zusammenhang zur hierarchischen Informationsverarbeitung auf. Aus dem Konzept der Qualität folgt, daß die klangliche Qualität eines Instruments maßgeblich durch die Klangqualität der Einzeltöne bestimmt wird. Daher wird der Begriff "Qualität" für diese Arbeit als Klangqualität eines isolierten Klaviertons definiert. Die Grundannahme dieser Arbeit ist, daß nur wahrnehmbare Unähnlichkeiten zwischen Klaviertönen zu Qualitätsunterschieden führen können.

Im zweiten Teil wurde der psychophysikalische Ansatz dieser Arbeit erläutert. Der Ansatz geht davon aus, daß die gehörrelevanten und somit informationstragenden, quellentypischen Schallsignalparameter auf dem Weg von der Aufnahme des Schallreizes bis zur gehörgerechten Repräsentation im Teiltonzeitmuster (TTZM)[10] erhalten bleiben. Diese Annahme wurde mit einem Hörversuch bestätigt. Der Einfluß quellentypischer Merkmale auf die Beurteilung der Unähnlichkeit und Qualität von Klaviertönen kann demnach durch entsprechende Änderungen in den jeweiligen TTZM-Repräsentationen und anschließender Resynthese der TTZM untersucht werden. In den TTZM von Klaviertönen sind in Übereinstimmung mit den Meßergebnissen anderer Autoren bei einigen Partialtönen Frequenzschwankungen erkennbar. Anhand psychoakustischer Abschätzungen, wie auch mittels einer geeigneten, auditiven Überprüfung konnte gezeigt werden, daß diese Frequenzschwankungen nicht gehörrelevant sind.

Zum Schluß wurden die in dieser Arbeit verwendeten Meßmethoden erläutert und Voruntersuchungen zur Unähnlichkeit und Qualität von Klaviertönen vier verschiedener In-

10. Die von Heinbach entwickelte, gehörorientierte Repräsentation von Audiosignalen in Form von TTZM ist im Abschnitt 1.2.2 kurz erklärt.

strumente in drei Tonlagen (C_2, C_4, C_6) durchgeführt. Die Messung der Unterscheidbarkeit und der Unähnlichkeit von Klaviertönen zeigte, daß

- die Unterscheidung zwischen den Tönen verschiedener Instrumente in der tiefen und mittleren Tonlage (C_2, C_4) eindeutig möglich ist;
- Töne der hohen Tonlage C_6 schlechter voneinander zu unterscheiden sind;
- die Unähnlichkeit von Klaviertönen recht einheitlich beurteilt wird;
- die Unähnlichkeiten zwischen den Tönen verschiedener Klaviere zu hohen Tonlagen hin abnehmen;
- die gemessenen Unähnlichkeiten mit geringer werdender Unterscheidbarkeit abnehmen.

Die Messung der Qualität von Klaviertönen zeigte, daß die Versuchspersonen die Qualitäten mit hoher Urteilssicherheit bewerten können. Dementsprechend kann man von einer guten Reproduzierbarkeit bei gemessenen Qualitätsrangfolgen von einzelnen Klaviertönen ausgehen. Die Qualitätsbeurteilungen der untersuchten Einzeltöne wie auch die daraus bestimmte Qualitätsrangfolge der vier untersuchten Instrumente stimmen weitgehend mit den Qualitätsbeurteilungen derselben Instrumente vor Ort überein. Dieses Ergebnis bestätigt, daß die klangliche Qualität eines Instruments maßgeblich durch die Qualität der einzelnen Töne bestimmt wird. Die Untersuchung der vier Instrumente zeigte, daß bereits mit drei Tönen aus verschiedenen Tonlagen je Instrument die Qualitätsrangfolge der Instrumente abgeschätzt werden kann. Für die vier untersuchten Instrumente ergab sich folgende Rangfolge: Das Instrument b wurde im Vergleich zu den drei anderen untersuchten Instrumenten als das qualitativ hochwertigste beurteilt. Für die beiden Instrumente s und y ergab sich über alle Tonlagen gemittelt eine recht ähnliche, mittlere Qualität. Die geringste Qualität wurde dem Instrument i zugeordnet.

Kapitel 2

Unähnlichkeit von Klaviertönen

In diesem Kapitel werden diejenigen Kriterien ermittelt, die bei der Beurteilung der Unähnlichkeit verschiedener Klaviertöne maßgebend sind. Dazu wird zuerst der Einfluß der spektralen Hüllkurve auf Unähnlichkeitsbeurteilungen untersucht. Da sich die spektralen Hüllkurven von Klaviertönen zeitlich ändern, wird der Einfluß der zeitlich gemittelten spektralen Hüllkurven auf die Unähnlichkeit mit einem Hörversuch untersucht (Abschnitt 2.2). Die Ergebnisse des Hörversuchs liefern erstens Aussagen über die Anzahl der Kriterien, die hauptsächlich bei der Beurteilung der Unähnlichkeiten herangezogen werden. Für die Bestimmung der Anzahl werden die gemessenen Unähnlichkeiten mit einem statistischen Verfahren ausgewertet, das in Abschnitt 2.1 erläutert wird. Zweitens geben die Ergebnisse einen Anhaltspunkt für die Interpretation des ersten Kriteriums. In Abschnitt 2.3 wird die Interpretation dieses Kriteriums mit einem Hörversuch überprüft und ein Verfahren entwikkelt und erprobt, das eine objektive Messung des ersten Kriteriums aus dem Schallsignal ermöglicht.

Im nächsten Schritt wird der Beitrag einzelner Spektralbereiche bei der Beurteilung von Unähnlichkeiten mit einem Hörversuch untersucht (Abschnitt 2.4). Die Ergebnisse des Hörversuchs lassen eine Interpretation des zweiten Kriteriums zu. Die Interpretation des zweiten Kriteriums mit verbalen Attributen wie auch der Zusammenhang zum Schallsignal werden in Abschnitt 2.5 hergeleitet.

Beide Kriterien können mit den erarbeiteten Methoden objektiv aus dem Schallsignal bestimmt werden. Somit kann in Abschnitt 2.6 ein Modell zur Berechnung subjektiv meßbarer Unähnlichkeiten von Klaviertönen hergeleitet werden. Am Schluß dieses Abschnitts wird das Berechnungsmodell an einzelnen Beispielen überprüft.

2.1 Multidimensionale Skalierung

Bei der Bewertung von Unähnlichkeiten können Versuchspersonen beliebige Kriterien heranziehen. Die Struktur, die ihren Urteilen zugrunde liegt, hängt mit den verwendeten Kriterien zusammen. Diese Struktur kann mit Hilfe des nachfolgend beschriebenen mathematisch-statistischen Verfahrens, der *multidimensionalen Skalierung*, ermittelt und als geometrische Konfiguration dargestellt werden. Der Vorteil dieses Verfahrens liegt darin, daß zunächst weder Annahmen über die Anzahl oder die Art möglicher Beurteilungskriterien getroffen werden müssen, noch sind verbale Umschreibungen der Kriterien notwendig.

Zunächst werden einige Grundlagen des Verfahrens erläutert, die für das Verständnis dieser Arbeit notwendig sind. Als Anwendungsbeispiel werden in Abschnitt 2.1.2 die gemessenen Unähnlichkeiten der Originaltöne mit diesem Verfahren ausgewertet.

2.1.1 Einige Grundlagen

Die Bearbeitung psychoakustisch ermittelter Unähnlichkeiten zwischen Klaviertönen mit dem von Kruskal [50, 51] und Shepard et al. [77, 78] angegebenen Skalierungsverfahren liefert eine Darstellung der untersuchten Töne als Punkte in einem mehrdimensionalen, geometrischen Raum. Die Abstände zwischen den Punkten im geometrischen Raum entsprechen den gemessenen Unähnlichkeiten zwischen den entsprechenden Schallreizen. Die gemessenen Unähnlichkeiten werden als *subjektive Distanzen* δ_{ij} interpretiert[1], die das Verfahren unter Verwendung der euklidischen Metrik in geeignete *geometrische Distanzen* d_{ij} eines p-dimensionalen Raums transformiert. Daher wird die berechnete räumliche Konfiguration im folgenden als *euklidisches Distanzmodell* bezeichnet. Die berechnete Distanz d_{ij} zwischen zwei Schallen i und j ist entsprechend der euklidischen Metrik definiert als

$$d_{ij} = \sqrt{\sum_{k=1}^{p} (x_{ik} - x_{jk})^2} \,, \qquad (2.1)$$

wobei x_{ik} bzw. x_{jk} die Koordinaten der Punkte i bzw. j in der Dimension k bezeichnet.

Die monotone Transformation gemessener Unähnlichkeiten δ_{ij} in euklidische Distanzen d_{ij} (Einzelheiten in [50]) erfolgt iterativ, wobei die Abweichungen zwischen subjektiven und euklidischen Distanzen minimiert wird. Da die Iteration auf einen monotonen Zusammenhang zwischen gemessenen Unähnlichkeiten und euklidischen Distanzen abzielt, wird nicht zwangsläufig ein proportionaler Zusammenhang zwischen subjektiven und euklidischen Distanzen vorhanden sein. Als Maß für die Güte der geometrischen Repräsentation subjektiver Distanzen dient der von Kruskal [50] angegebene *Streß*-Index, der um so kleiner ist, je besser die monotone Übereinstimmung zwischen subjektiven und euklidischen Distanzen ist. Die von Kruskal [50] angegebenen verbalen Bewertungen einzelner Streß-Werte können

1. Die Begriffe "Unähnlichkeit" und "subjektive Distanz" werden in dieser Arbeit als Synonyme verwendet.

der Tabelle 2.1 entnommen werden.

Tabelle 2.1: Verbale Bewertung der Übereinstimmung subjektiver und euklidischer Distanzen für einzelne Streß-Werte nach Kruskal [50].

Streß [%]	Güte des Distanzmodells
20	schlecht
10	mittelmäßig
5	gut
2,5	ausgezeichnet
0	"perfekt"

Je größer die Anzahl von Dimensionen für die geometrische Repräsentation gewählt wird, desto geringer wird der Streß-Index, wobei eine "perfekte" Repräsentation (Streß = 0%) von q Objekten in einem (q-1)-dimensionalen Raum erreicht wird. "Perfekt" bedeutet hier, daß ein streng monotoner Zusammenhang zwischen gemessenen und euklidischen Distanzen vorliegt. Für die Bestimmung, wieviele Dimensionen für eine sinnvolle Repräsentation der ermittelten Unähnlichkeiten notwendig sind, gibt Kruskal [50] folgende drei Hilfsregeln an:

- Wenn eine p-dimensionale Konfiguration mit einem ausreichend kleinen Streß erreicht wird und eine Erhöhung der Dimensionalität keine signifikante Verbesserung des Streß bewirkt, kann die p-dimensionale Darstellung als sinnvolle Repräsentation verwendet werden.
- Wenn für eine p-dimensionale Lösung die einzelnen Koordinaten überzeugend interpretiert werden können, aber die (p+1)-dimensionale Lösung keine weitere Struktur aufdeckt, ist es sinnvoll, sich auf die p-dimensionale Lösung und die sich daraus ergebenden Erkenntnisse zu beschränken.
- Je genauer die Ermittlung der Unähnlichkeitsdaten möglich ist, desto mehr Dimensionen werden eine sinnvoll interpretierbare Struktur aufweisen.

Die minimal benötigte Anzahl von Dimensionen für eine adäquate Repräsentation der untersuchten Schalle mit einem ausreichend kleinen Streß-Index liefert also ein Distanzmodell, aus dem auf die Anzahl der zur Beurteilung der Unähnlichkeiten hauptsächlich verwendeten Kriterien geschlossen werden kann.

Da im Distanzmodell lediglich die Distanzen zwischen den Punkten festgelegt sind, können die Achsen des Koordinatensystems beliebig gespiegelt, vertauscht, rotiert und mit dem gleichen Faktor gestreckt werden. Eine Streckung einzelner Achsen mit unterschiedlichen Faktoren ist jedoch nicht erlaubt. Durch Rotation und Verschiebung des Koordinatensystems des Distanzmodells kann schließlich versucht werden, die Dimensionen mit physikalischen oder psychophysikalischen Parametern der Reize zu korrelieren. Die Überprüfung der gefundenen Interpretationen für die Dimensionen erfolgt durch geeignet modifizierte

Schalle, deren Lage im mehrdimensionalen Distanzmodell vorhersagbar sein sollte, wenn die Interpretationen korrekt sind [37, 96].

Für die Berechnung der Distanzmodelle wurde in dieser Arbeit der im Statistikprogramm "SPSS" implementierte Algorithmus verwendet. Nennenswerte spezifische Eigenschaften dieses Algorithmus sind zum einen die Normierung der Darstellung jeder Dimension k, so daß für ihre Mittelwerte

$$\sum_{i=1}^{q} x_{ik} = 0 \tag{2.2}$$

gilt, wobei x_{ik} die Koordinate des Schalls i in der Dimension k und q die Anzahl untersuchter Reize bezeichnet. Zum anderen wird die Ausdehnung der p Achsen auf die Anzahl dargestellter Schalle q gemäß

$$\sum_{i=1}^{q} \sum_{k=1}^{p} x_{ik}^2 = q \cdot p \tag{2.3}$$

normiert. Der Achse mit der größten Ausdehnung wird die Dimension I, der nächstgrößten die Dimension II, und so weiter, zugeordnet. Die Ausdehnung einer Dimension liefert einen Hinweis auf die Bedeutung des zugehörigen Kriteriums bei der Unähnlichkeitsbeurteilung. Die Ursache für eine größere Bedeutung, die einer weiter ausgedehnten Dimension zukommt, muß getrennt untersucht werden.

2.1.2 Repräsentation der Unähnlichkeiten in Distanzmodellen

Als Anwendungsbeispiel für das multidimensionale Skalierungsverfahren sind in Bild 2.1 die berechneten Distanzmodelle der Originaltöne für die drei Tonlagen dargestellt, die aus den Medianen der gemessenen Unähnlichkeiten in Bild 1.4 ermittelt wurden.

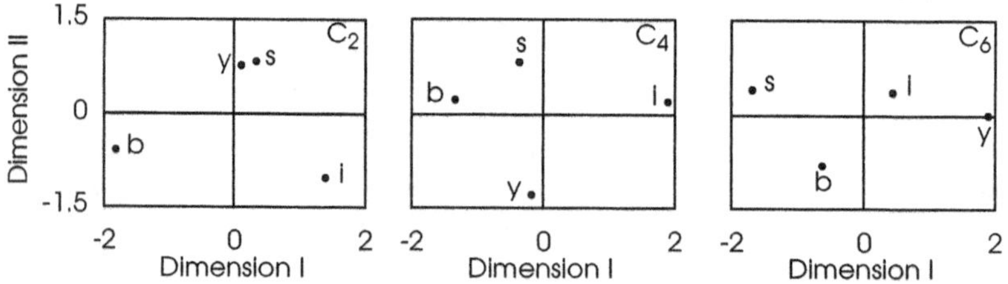

Bild 2.1: Mit Hilfe multidimensionaler Skalierung berechnete Repräsentation psychoakustisch ermittelter Unähnlichkeiten in zweidimensionalen euklidischen Distanzmodellen. Der Berechnung liegen die in Bild 1.4 angegebenen Mediane psychoakustisch ermittelter Unähnlichkeiten zwischen den Tönen b, i, s und y gleicher Tonlage zugrunde. *Links*: Tiefe Tonlage C_2, Streß = 0%. *Mitte*: Mittlere Tonlage C_4, Streß = 0%. *Rechts*: Hohe Tonlage C_6, Streß = 0%.

Für alle drei Tonlagen erhält man eine sehr gute Repräsentation (Streß = 0%) der subjektiven Distanzen in der Ebene. Das bedeutet, daß in den drei Tonlagen ein streng monotoner

Zusammenhang zwischen subjektiven und euklidischen Distanzen vorliegt. Es bedeutet aber nicht, daß zwangsläufig ein linearer Zusammenhang zwischen subjektiven und euklidischen Distanzen vorliegen muß. Die sehr gute Darstellbarkeit der Unähnlichkeiten in der Ebene läßt vermuten, daß in allen drei Tonlagen mindestens zwei Kriterien zur Beurteilung der Unähnlichkeiten und damit zur Unterscheidung herangezogen werden. Weil die Anzahl der dargestellten Schalle je Distanzmodell recht klein ist, kann an dieser Stelle noch keine Aussage über die tatsächlich verwendete Anzahl von Kriterien gemacht werden.

2.2 Der Einfluß der spektralen Hüllkurve

Da sich die spektrale Hüllkurve eines Klaviertons zeitlich ändert, wird mit dem nachfolgend beschriebenen Hörversuch der Einfluß der zeitlich gemittelten spektralen Hüllkurven auf die Unähnlichkeitsbeurteilungen untersucht. Die Auswertung der Versuchsergebnisse mittels multidimensionaler Skalierung läßt Aussagen darüber zu, wieviele Kriterien hauptsächlich bei der Beurteilung der Unähnlichkeiten maßgebend sind.

In den drei untersuchten Tonlagen deutet sich ein Zusammenhang zwischen der Grobstruktur der zeitlich gemittelten spektralen Hüllkurven und der Dimension I der Distanzmodelle an. Daher wird im Abschnitt 2.2.2 überprüft, ob dieser Zusammenhang mit der Lage der spektralen Energieschwerpunkte der Klaviertöne beschrieben werden kann.

2.2.1 Hörversuch

Um den Einfluß der zeitlich gemittelten spektralen Hüllkurven auf die Beurteilung von Unähnlichkeiten zu untersuchen, wurden synthetische, klavierähnliche Töne erzeugt. Die zeitlich gemittelten spektralen Hüllkurven der synthetischen Töne wurden so gewählt, daß sie denen der Originaltöne der vier untersuchten Instrumente entsprechen. Für jede der drei untersuchten Tonlagen wurden somit vier synthetische Töne erzeugt. Im Unterschied zu den Originaltönen wurden für die spektralen Hüllkurven der synthetischen Töne Zeitverläufe gewählt, die außer einem frequenzunabhängigen Pegelabfall keine zeitlichen Veränderungen aufweisen. Im Hörversuch wurden die Unähnlichkeiten zwischen den vier synthetischen und den vier originalen Klaviertönen jeder Tonlage gemessen.

Versuchsschalle

Für jede Tonlage wurde ein möglichst natürlich klingender, synthetischer Klavierton mit der gleichen Dauer wie die Originaltöne erzeugt, der aus 75 Partialtönen in der tiefen, 27 in der mittleren und 7 in der hohen Tonlage zusammengesetzt wurde. Auf Grund der von Meyer und Melka [60] gemessenen Dauern für die Anfangsnachklingzeiten[2] verschiedener

2. Das Ausklingverhalten eines Klaviertons ist durch zwei verschieden schnelle Abklingphasen gekennzeichnet. Die *Anfangsnachklingzeit* entspricht der Nachklingzeit für die erste Abklingphase. Sie wird aus dem Pegelabfall über die ersten 10 dB bestimmt und entsprechend der Steilheit dieses Kurventeils auf einen Abfall von 60 dB umgerechnet [58, S.90].

Tonlagen konnte davon ausgegangen werden, daß zumindest für die tiefe und mittlere Tonlage ein linear abfallender Schallpegel einen ausreichend natürlichen Klangeindruck ergeben sollte. Daher wurde für diese beiden Tonlagen aus den Steigungen, die sich bei Näherung der Pegelverläufe der vier Originaltöne der jeweiligen Tonlage durch Geraden ergeben, eine mittlere Steigung für den Pegelverlauf der Partialtöne ermittelt. In der tiefen Tonlage ergab sich eine Steigung von –7 dB/s, in der mittleren eine Steigung von –10 dB/s. Für jeden Partialton wurde der gleiche Zeitverlauf gewählt. In Bild 2.2 sind die damit festgelegten Zeitverläufe aller Partialtöne dieser beiden Tonlagen dargestellt[3].

Bei den Tönen der hohen Tonlage zeigte sich, daß mit einem linear abnehmenden Teiltonpegel kein ausreichend natürlicher Klangeindruck zu erzielen ist. Daher wurde für den synthetischen Klavierton der hohen Tonlage der Zeitverlauf der Teiltonpegel aus zwei linear abfallenden Teilen unterschiedlicher Steigungen zusammengesetzt (Bild 2.2). Entsprechend den gemittelten Steigungen der Originaltöne wurde für die Steigung des ersten linearen Abfalls –73 dB/s, für die des zweiten langsameren linearen Abfalls –15 dB/s verwendet.

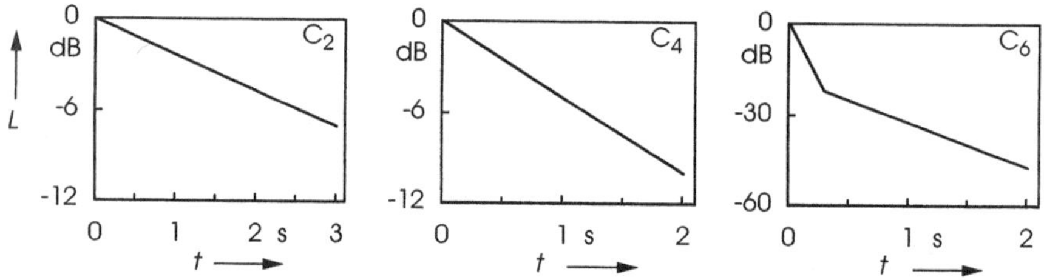

Bild 2.2: Zeitverlauf der Partialtöne der drei synthetischen Klaviertöne tiefer (C_2), mittlerer (C_4) und hoher (C_6) Tonlage. Die Steigung des linearen Abfalls in der tiefen Tonlage beträgt –7 dB/s, in der mittleren Tonlage –10 dB/s. In der hohen Tonlage beträgt die Steigung des ersten linearen Abfalls –73 dB/s und die des zweiten langsameren Abfalls –15 dB/s.

Insbesondere in der hohen Tonlage verringerte das Fehlen des typischen Anschlaggeräusches die Authentizität des synthetischen Klangs. Auch Untersuchungen von Chaigne und Askenfelt [23] zeigen, daß das Anschlaggeräusch nicht ohne einer deutlichen Minderung der Authentizität weggelassen werden kann. Deshalb wurde, zur Verbesserung des natürlichen Klangeindrucks, den drei synthetischen Klaviertönen ein aus jeweils einem der originalen Klaviertöne herausgefiltertes Anschlaggeräusch hinzugefügt. Außerdem wurden die synthetischen Töne durch Berücksichtigung einer weiteren typischen Eigenschaft von Klaviertönen – die Inharmonizität der Partialtöne, auf die in Abschnitt 3.1 genauer eingegangen wird – an die Originaltöne angepaßt. Die Partialtoninharmonizitäten der synthetischen Töne wurden entsprechend dem Mittelwert der vier Originaltöne jeder Tonlage gewählt.

Aus dem für jede Tonlage erzeugten, synthetischen Klavierton wurden schließlich vier den untersuchten Instrumenten entsprechende, synthetische Töne erzeugt. Dazu wurde die

3. Im Vergleich zu typischen Ausklingverläufen *realer* Klaviertöne, auf die in Abschnitt 3.2.1 näher eingegangen wird, sind die in Bild 2.2 dargestellten Pegelverläufe der Partialtöne der *synthetischen* Klaviertöne sehr grobe Vereinfachungen.

flächenbezogene Gesamtenergie der einzelnen Partialtöne E'_n an die Werte der vier Originaltöne jeder Tonlage angeglichen. Die flächenbezogene Gesamtenergie eines Partialtons wird definiert als

$$E'_n = \int_{t_a}^{t_e} I_n(t)\,dt \quad , \tag{2.4}$$

wobei $I_n(t)$ die zeitvariable Schallintensität des n-ten Partialtons, t_a den Anfangs- und t_e den Endzeitpunkt des Schallsignals bezeichnet. Das Angleichen der Werte E'_n erfolgte durch eine Parallelverschiebung des Pegelverlaufs des entsprechenden Partialtons um einen konstanten Betrag ΔL, wobei sich eine Normierung der flächenbezogenen Gesamtenergie der einzelnen Partialtöne auf die Schallsignaldauer erübrigte, da die Töne einer Tonlage stets gleich lang gemacht wurden.

Im nachfolgenden Hörversuch entspricht somit jedem Originalton (b, i, s, y) ein synthetischer Ton (B, I, S, Y), der die gleiche, zeitlich gemittelte spektrale Hüllkurve aufweist. Im Unterschied zu den Originaltönen bleibt jedoch die Form der spektralen Hüllkurve bei den synthetischen Tönen zu jedem Zeitpunkt gleich, weil die Pegel aller Partialtöne den gleichen Zeitverlauf besitzen. Die Bewertung der synthetischen Töne durch Versuchspersonen ergab, daß sie eindeutig als Klaviertöne identifiziert werden können, jedoch im Vergleich zu den Originaltönen als "leblos" und "starr" empfunden werden.

Versuchsdurchführung

Zur Ermittlung der Unähnlichkeiten zwischen den vier originalen und den vier synthetischen Klaviertönen wurden entsprechend der in Abschnitt 1.3.1 erläuterten Versuchsmethode drei nach Tonlagen getrennte Hörversuche durchgeführt. Alle möglichen Kombinationen der acht Töne, bei denen niemals ein und derselbe Ton verglichen wird, wurden jeweils achtmal in zufälliger Folge dargeboten. Jedes Paar wurde einmal wiederholt, bevor die Versuchsperson ein Unähnlichkeitsmaß anzugeben hatte, das die subjektive Distanz zwischen den beiden unterschiedlichen Schallen im Paar beschreibt. Hierzu war eine Skala von 1 (kleine Unähnlichkeit) bis 9 (große Unähnlichkeit) vorgegeben. Eine vorangestellte Übung ermöglichte den Versuchspersonen eine Anpassung der wahrgenommenen Unterschiede an den vorgegebenen Wertebereich. An den Hörversuchen nahmen acht normalhörende Versuchspersonen im Alter von 25 bis 53 Jahren teil, die über eine gute bis sehr umfassende musikalische Bildung verfügen.

Ergebnisse und Diskussion

Die Interquartilbereiche der Daten einzelner Versuchspersonen erstrecken sich für alle Vergleiche in den drei Tonlagen im Mittel über etwa 2 Einheiten der Unähnlichkeitsskala. Damit sind die Beurteilungen der einzelnen Versuchspersonen mit nur geringen intraindividuellen Schwankungen beaufschlagt. Auch die interindividuellen Schwankungen, also die sich mit allen Versuchspersonen ergebenden Interquartilbereiche, überstreichen im Mittel bei allen drei Tonlagen nur etwa 2,5 Einheiten. Die Unähnlichkeit der einzelnen Vergleiche wurde damit von allen Versuchspersonen in allen drei Tonlagen mit ähnlichen Werten bewertet. Die im nachfolgenden dargestellten Distanzmodelle, die anhand multidimensionaler Skalierung aus den Medianen aller Unähnlichkeitsbeurteilungen berechnet wurden, stimmen daher auch mit den geometrischen Repräsentationen für die Daten der einzelnen Versuchspersonen gut überein.

Tiefe Tonlage

In Bild 2.3 ist links die aus den Medianen ermittelte Konfiguration für die bestmögliche Repräsentation der subjektiven Distanzen in der Ebene dargestellt. Rechts ist zum Vergleich nochmals das bereits in Bild 2.1 abgebildete Distanzmodell für die vier Originaltöne der tiefen Tonlage dargestellt.

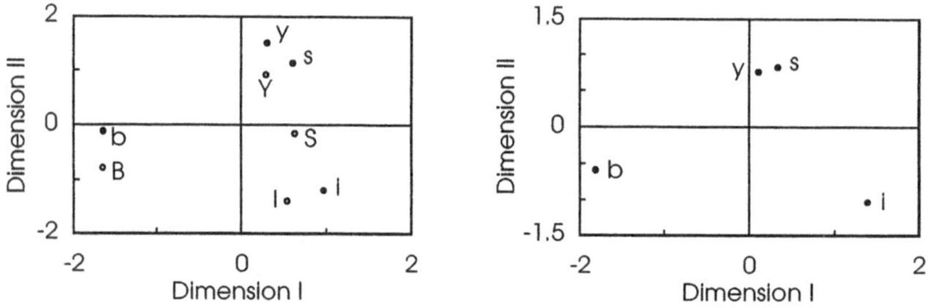

Bild 2.3: Links: Mit Hilfe multidimensionaler Skalierung aus den Medianen der Unähnlichkeitsbeurteilungen zwischen synthetischen (B, I, S, Y) und originalen (b, i, s, y) Klaviertönen berechnetes zweidimensionales euklidisches Distanzmodell für die tiefe Tonlage (C_2). Synthetische und originale Töne mit gleichen Buchstaben besitzen die gleiche, zeitlich gemittelte spektrale Hüllkurve, jedoch weisen die synthetischen Töne bis auf einen frequenzunabhängigen Pegelabfall keine zeitlichen Veränderungen in den spektralen Hüllkurven auf. Streß = 9,4%. *Rechts:* Euklidisches Distanzmodell für die vier Originaltöne der tiefen Tonlage zum Vergleich (identisch zu Bild 2.1 links). Streß = 0%.

Aus der Darstellbarkeit der Ergebnisse mit zwei Dimensionen bei ausreichend kleinem Streß (9,4%) folgt, daß in der tiefen Tonlage hauptsächlich zwei Kriterien bei der Beurteilung der Unähnlichkeiten maßgebend sind. Die Anordnung der originalen und der synthetischen Töne mit jeweils identischen, zeitlich gemittelten spektralen Hüllkurven (also b-B, i-I, s-S, y-Y) entlang der beiden Dimensionen stimmt weitgehend mit der rechts dargestellten Konfiguration überein. Daraus kann geschlossen werden, daß bei der Beurteilung der Unähnlichkeiten der acht Töne offenbar die gleichen Kriterien maßgebend waren, die auch zur Unterscheidung der vier Originaltöne verwendet wurden. Ein Vergleich der zeitlich gemittelten spektralen Hüllkurven der einzelnen Töne mit ihrer Aufteilung entlang der Dimension I läßt einen Zusammenhang zwischen der Grobstruktur der zeitlich gemittelten spektralen Hüllkurven und der Dimension I vermuten.

Die synthetischen Töne liegen in beiden Dimensionen in der Nähe der ihnen entsprechenden Originaltöne. Daraus kann man folgern, daß die wesentlichen Informationen für die Beurteilung der Unähnlichkeiten in den zeitlich gemittelten spektralen Hüllkurven enthalten sind. Das bedeutet weiter, daß das Fehlen zeitlicher Veränderungen in den spektralen Hüllkurven der synthetischen Töne zwar wahrgenommen wird, aber anscheinend nicht als maßgebendes Kriterium zur Bewertung der Unähnlichkeiten beiträgt.

Die Darstellung der gemessenen Unähnlichkeiten in einem dreidimensionalen Raum ergibt das in Bild 2.4 auf zwei Ebenen projizierte euklidische Distanzmodell.

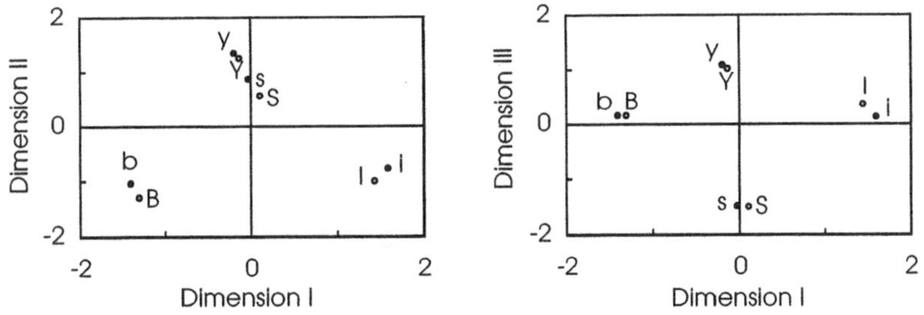

Bild 2.4: Dreidimensionales euklidisches Distanzmodell für die tiefe Tonlage (C_2), das mit Hilfe multidimensionaler Skalierung aus den Medianen der Unähnlichkeitsbeurteilungen zwischen synthetischen (B, I, S, Y) und originalen (b, i, s, y) Klaviertönen berechnet wurde. Bei den Tönen handelt es sich um die gleichen, die im Bild 2.3 als zweidimensionale Konfiguration dargestellt sind. Streß = 1,5%. *Links:* Projektion auf die Ebene der Dimension I und II. *Rechts:* Projektion auf die Ebene der Dimension I und III.

Da die synthetischen Töne in allen drei Dimensionen in der Nähe der zugehörigen Originaltöne liegen, liefert auch die dreidimensionale Repräsentation keinen Hinweis darauf, daß das Vorhandensein oder Fehlen zeitlicher Veränderungen in den spektralen Hüllkurven die Bewertung der Unähnlichkeiten als maßgebendes Kriterium beeinflußt. Der zweiten Hilfsregel von Kruskal (Abschnitt 2.1.1) folgend, erschien es sinnvoll, sich auf die ersten beiden Dimensionen zu beschränken, da keine überzeugende Interpretation für die Dimension III gefunden werden konnte.

Für die tiefe Tonlage kann man festhalten, daß

- hauptsächlich zwei Kriterien bei der Beurteilung der Unähnlichkeiten maßgebend sind;
- beide Kriterien mit der spektralen Hüllkurve der Klaviertöne zusammenhängen;
- das Vorhandensein bzw. das Fehlen zeitlicher Veränderungen in den spektralen Hüllkurven der Töne offenbar keine maßgebende Rolle bei der Bewertung der Unähnlichkeiten spielt.

Mittlere Tonlage

Die aus den Medianen der ermittelten Unähnlichkeiten aller Versuchspersonen berechnete zweidimensionale Repräsentation ist, wieder im Vergleich zu dem in Bild 2.1 abgebildeten Distanzmodell für die vier Originaltöne der mittleren Tonlage, in Bild 2.5 dargestellt.

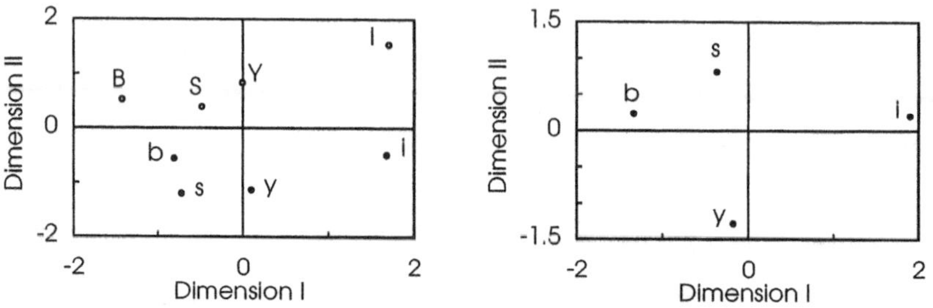

Bild 2.5: Links: Mit Hilfe multidimensionaler Skalierung aus den Medianen der Unähnlichkeitsbeurteilungen zwischen synthetischen (B, I, S, Y) und originalen (b, i, s, y) Klaviertönen berechnetes zweidimensionales euklidisches Distanzmodell für die mittlere Tonlage (C_4). Synthetische und originale Töne mit gleichen Buchstaben besitzen die gleiche zeitlich gemittelte spektrale Hüllkurve, jedoch weisen die synthetischen Töne bis auf einen frequenzunabhängigen Pegelabfall keine zeitlichen Veränderungen in den spektralen Hüllkurven auf. Streß = 11,7%. *Rechts:* Euklidisches Distanzmodell für die vier Originaltöne der mittleren Tonlage zum Vergleich (identisch zu Bild 2.1, Mitte). Streß = 0%.

Die Anordnung der synthetischen und der originalen Klaviertöne mit jeweils identischen, zeitlich gemittelten spektralen Hüllkurven (also b-B, i-I, s-S, y-Y) entlang der Dimension I entspricht weitgehend der Aufteilung der Originaltöne entlang der Dimension I in der rechten Darstellung. Daraus kann geschlossen werden, daß bei der Beurteilung der Unähnlichkeiten der acht Töne das erste hauptsächlich verwendete Kriterium anscheinend das gleiche ist, das bereits bei der Unterscheidung der vier Originaltöne als erstes Kriterium herangezogen wurde. Die Nähe der synthetischen Töne zu den entsprechenden Originaltönen entlang der Dimension I legt den Schluß nahe, daß das entsprechende Kriterium mit der spektralen Hüllkurve zusammenhängt. Ein Vergleich der zeitlich gemittelten spektralen Hüllkurven der einzelnen Töne mit ihrer Aufteilung entlang der Dimension I deutet auf einen Zusammenhang zwischen der Grobstruktur der spektralen Hüllkurve und der Dimension I.

Im Unterschied zur tiefen Tonlage zeigt sich eine Trennung zwischen synthetischen und originalen Tönen entlang der Dimension II. Daraus folgt, daß in der mittleren Tonlage das Fehlen (bei den synthetischen Tönen) bzw. das Vorhandensein (bei den originalen Tönen) zeitlicher Veränderungen in den spektralen Hüllkurven der Töne als wesentliches Kriterium bei der Beurteilung der Unähnlichkeiten eingeht. Deutliche Vereinfachungen im Zeitverlauf der spektralen Hüllkurve eines Klaviertons führen zu wahrnehmbaren Veränderungen des Tons, die bei der Beurteilung von Unähnlichkeiten eine Rolle spielen. Inwieweit dennoch Vereinfachungen möglich sind, die nicht zu Unähnlichkeiten führen, wird in den Abschnitten 3.2 und 4.2 untersucht.

Da mit der zweidimensionalen Repräsentation (Bild 2.5) entsprechend Tabelle 2.1 nur eine mittelmäßige Übereinstimmung subjektiver und euklidischer Distanzen erreicht wird (Streß = 11,7%), wurde auch ein dreidimensionales Distanzmodell berechnet. Die Darstellung der subjektiven Distanzen in einem dreidimensionalen Raum ergibt das in Bild 2.6 auf zwei Ebenen projizierte euklidische Distanzmodell.

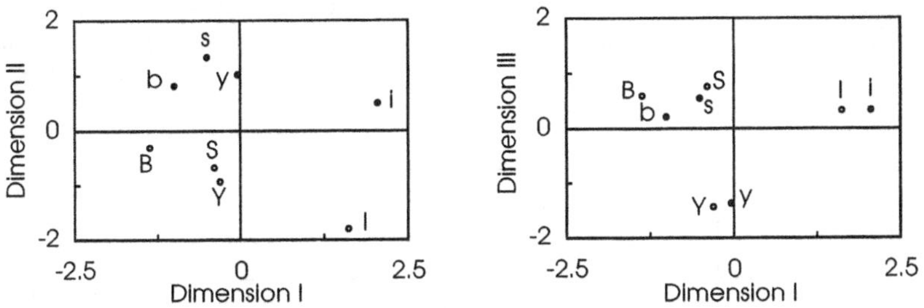

Bild 2.6: Dreidimensionales euklidisches Distanzmodell für die mittlere Tonlage (C_4), das mit Hilfe multidimensionaler Skalierung aus den Medianen der Unähnlichkeitsbeurteilungen zwischen synthetischen (B, I, S, Y) und originalen (b, i, s, y) Klaviertönen berechnet wurde. Bei den Tönen handelt es sich um die gleichen, die im Bild 2.5 als zweidimensionale Konfiguration dargestellt sind. Streß = 3,1%. *Links:* Projektion auf die Ebene der Dimension I und II. *Rechts:* Projektion auf die Ebene der Dimension I und III.

Erst die Berücksichtigung einer weiteren Dimension ergibt eine gute Repräsentation (Streß = 3,1%). Die Anordnung der Töne mit identischen, zeitlich gemittelten spektralen Hüllkurven entlang der Dimension III stimmt weitgehend mit der Aufteilung der Originaltöne entlang der Dimension II in Bild 2.5 rechts überein. Daraus kann man schließen, daß bei der Beurteilung der Unähnlichkeiten der acht Töne das dritte hauptsächlich verwendete Kriterium vermutlich das gleiche ist, das zur Unterscheidung der vier Originaltöne als zweites Kriterium herangezogen wurde. Da die synthetischen Töne entlang der Dimension III in der Nähe der ihnen entsprechenden Originaltöne liegen, folgt außerdem, daß das zugehörige Kriterium mit der zeitlich gemittelten spektralen Hüllkurve der Töne zusammenhängt.

Offenbar wurden in der mittleren Tonlage bei der Beurteilung der Unähnlichkeiten zwei Kriterien (Dimension I und III) verwendet, die mit der spektralen Hüllkurve der Töne zusammenhängen. Das dritte wesentliche Kriterium (Dimension II) hängt mit den unnatürlichen Vereinfachungen in den Zeitverläufen der spektralen Hüllkurven der synthetischen Töne zusammen. Daher kann man davon ausgehen, daß bei der Beurteilung der Unähnlichkeiten natürlicher Klaviertöne hauptsächlich die ersten beiden genannten Kriterien herangezogen werden.

Für die mittlere Tonlage kann man somit festhalten, daß

- hauptsächlich zwei Kriterien bei der Beurteilung der Unähnlichkeiten maßgebend sind;
- beide Kriterien mit der spektralen Hüllkurve der Klaviertöne zusammenhängen;
- das Fehlen bzw. das Vorhandensein zeitlicher Veränderungen in den spektralen Hüllkurven der Töne bei der Bewertung der Unähnlichkeiten eine Rolle spielt.

Hohe Tonlage

In Bild 2.7 ist wieder die aus den Medianen der ermittelten Unähnlichkeiten aller Versuchspersonen berechnete zweidimensionale Repräsentation im Vergleich zu dem bereits in Bild 2.1 rechts abgebildeten Distanzmodell für die vier Originaltöne der hohen Tonlage dargestellt.

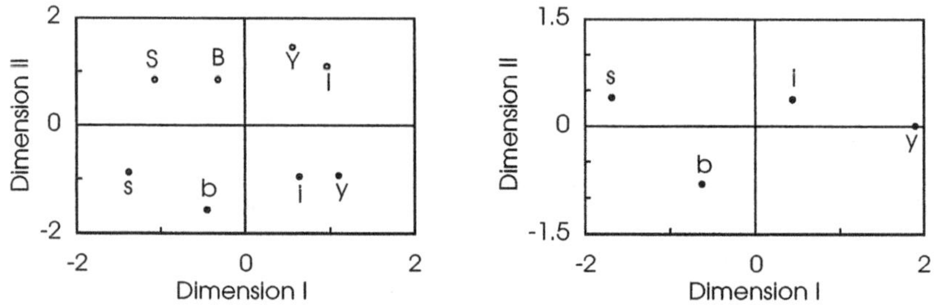

Bild 2.7: Links: Mit Hilfe multidimensionaler Skalierung aus den Medianen der Unähnlichkeitsbeurteilungen zwischen synthetischen (B, I, S, Y) und originalen (b, i, s, y) Klaviertönen berechnetes zweidimensionales euklidisches Distanzmodell für die hohen Tonlage (C_6). Synthetische und originale Töne mit gleichen Buchstaben besitzen die gleiche, zeitlich gemittelte spektrale Hüllkurve, jedoch weisen die synthetischen Töne bis auf einen frequenzunabhängigen Pegelabfall keine zeitlichen Veränderungen in den spektralen Hüllkurven auf. Streß = 1,3%. *Rechts:* Euklidisches Distanzmodell für die vier Originaltöne der hohen Tonlage zum Vergleich (identisch zu Bild 2.1 rechts). Streß = 0%.

Die Anordnung der synthetischen und der originalen Klaviertöne mit jeweils identischen, zeitlich gemittelten spektralen Hüllkurven (b-B, i-I, s-S, y-Y) entlang der Dimension I entspricht auch hier weitgehend der Aufteilung der Originaltöne entlang der Dimension I in der rechten Darstellung. Daraus folgt, daß das erste hauptsächlich verwendete Kriterium zur Unterscheidung der acht Töne anscheinend das gleiche ist, das bei der Unterscheidung der vier Originaltöne verwendet wurde. Vergleicht man die zeitlich gemittelten spektralen Hüllkurven der Töne mit ihrer Aufteilung entlang der Dimension I, so stellt man einen Zusammenhang zwischen der Grobstruktur der spektralen Hüllkurven und der Dimension I fest.

Entlang der Dimension II zeigt sich, wie in der mittleren Tonlage, eine Trennung zwischen synthetischen und originalen Klaviertönen. Daraus kann geschlossen werden, daß auch in der hohen Tonlage das Fehlen zeitlicher Veränderungen in den spektralen Hüllkurven der synthetischen Töne die Bewertung der Unähnlichkeiten beeinflußt.

In Bild 2.8 ist das dreidimensionale Distanzmodell für die gemessenen Unähnlichkeiten, auf zwei Ebenen projiziert, dargestellt.

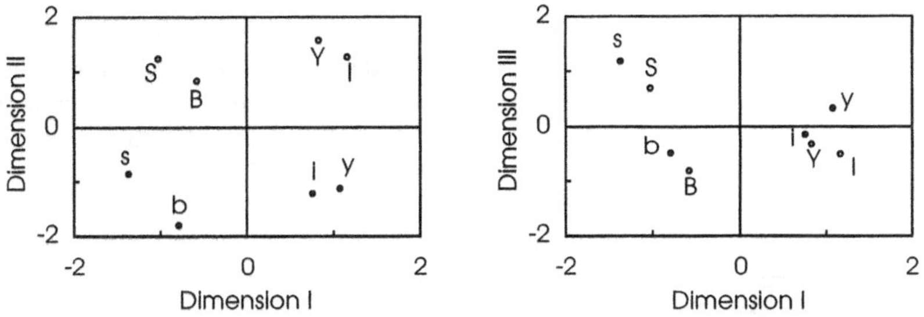

Bild 2.8: Dreidimensionales euklidisches Distanzmodell für die hohe Tonlage (C_6), das mit Hilfe multidimensionaler Skalierung aus den Medianen der Unähnlichkeitsbeurteilungen zwischen synthetischen (B, I, S, Y) und originalen (b, i, s, y) Klaviertönen berechnet wurde. Bei den Tönen handelt es sich um die gleichen, die im Bild 2.7 als zweidimensionale Konfiguration dargestellt sind. Streß = 0,3%. *Links:* Projektion auf die Ebene der Dimension I und II. *Rechts:* Projektion auf die Ebene der Dimension I und III.

Die Anordnung der Töne mit identischen, zeitlich gemittelten spektralen Hüllkurven entlang der Dimension III entspricht weitgehend der Aufteilung der Originaltöne entlang der Dimension II in Bild 2.7 rechts. Daraus folgt, daß das dritte Kriterium bei der Beurteilung der Unähnlichkeiten der acht Töne offenbar das gleiche ist, das als zweites Kriterium zur Unterscheidung der vier Originaltöne verwendet wurde. Diesem Kriterium scheint jedoch eine geringere Bedeutung als beispielsweise dem durch die Dimension I repräsentierten Kriterium zuzukommen, da nur eine geringe Verbesserung des Streß-Index zwischen der zwei- und der dreidimensionalen Darstellung der acht Töne erzielt wird. Die Nähe der synthetischen Töne zu den entsprechenden Originaltönen entlang der Dimension III legt den Schluß nahe, daß das zugehörige Kriterium mit den zeitlich gemittelten spektralen Hüllkurven der Töne zusammenhängt.

Da das Kriterium, das durch die Dimension II in Bild 2.8 repräsentiert wird, mit dem Fehlen zeitlicher Veränderungen in den spektralen Hüllkurven der synthetischen Töne zusammenhängt, kann man schließen, daß bei der Beurteilung der Unähnlichkeiten natürlicher Klaviertöne hauptsächlich die anderen zwei Kriterien (Dimension I und III in Bild 2.8) verwendet werden.

Für die hohe Tonlage kann man festhalten, daß

- hauptsächlich zwei Kriterien bei der Beurteilung der Unähnlichkeiten maßgebend sind;
- beide Kriterien mit der spektralen Hüllkurve der Klaviertöne zusammenhängen;
- das Fehlen bzw. das Vorhandensein zeitlicher Veränderungen in den spektralen Hüllkurven der Töne bei der Bewertung der Unähnlichkeiten eine Rolle spielt.

2.2.2 Spektraler Energieschwerpunkt und Dimension I

Da sich in allen drei Tonlagen ein Zusammenhang zwischen der Grobstruktur der spektralen Hüllkurven der Töne und der Dimension I der Distanzmodelle andeutet, wird im folgenden überprüft, ob dieser Zusammenhang mit der Lage der spektralen Energieschwerpunkte der Klaviertöne beschrieben werden kann. Der spektrale Energieschwerpunkt f_S eines Klaviertons wird definiert als

$$f_S = \frac{\sum_n f_n \cdot E'_n}{\sum_n E'_n} \quad , \tag{2.5}$$

wobei die flächenbezogene Gesamtenergie E'_n eines Partialtons n mit der Frequenz f_n nach Gleichung (2.4) definiert ist. Weil bei der Berechnung des spektralen Energieschwerpunkts nur die Energien der Partialtöne eingehen, bleibt die Energie geräuschhafter Komponenten und damit insbesondere das Anschlaggeräusch in der hohen Tonlage unberücksichtigt.

Die Lage der spektralen Energieschwerpunkte f_S der untersuchten synthetischen und originalen Klaviertöne von Abschnitt 2.2.1 stimmen in allen drei Tonlagen recht gut mit den entsprechenden Werten der Dimension I der zweidimensionalen Distanzmodelle überein. Die Koeffizienten für die Korrelation zwischen der Lage der Schwerpunkte und den entsprechenden Werten der Dimension I betragen für die tiefe Tonlage 0,95, für die mittlere Tonlage 0,84 und für die hohe Tonlage 0,90. Daraus kann geschlossen werden, daß das erste maßgebende Kriterium (durch die Dimension I in den Distanzmodellen repräsentiert) zur Unterscheidung verschiedener Klaviertöne in allen drei Tonlagen mit der Grobstruktur der spektralen Hüllkurve des akustischen Schallsignals zusammenhängt.

2.3 Interpretation des ersten Kriteriums

Für eine gehörgerechte Interpretation dieses ersten Kriteriums muß die Verarbeitung der akustischen Schallsignale durch das Gehör berücksichtigt werden. Erst durch eine solche Interpretation des Kriteriums ist eine gehörgerechte Beschreibung der auditiven Unähnlichkeiten gewährleistet, die sich durch Unterschiede bezüglich dieses Kriteriums ergeben.

Die Grobstruktur der spektralen Hüllkurve eines Schallsignals wird mit der psychoakustischen Empfindungsgröße *Schärfe* gehörgerecht charakterisiert. Im folgenden Abschnitt wird daher überprüft, ob die Schärfen der untersuchten Klaviertöne mit den gemessenen Unähnlichkeiten zusammenhängen. Des weiteren wird ein Verfahren entwickelt und erprobt, mit dem die Schärfe zeitvariabler Schallsignale aus den entsprechenden TTZM berechnet werden kann.

2.3.1 Korrelation der Schärfe mit der Dimension I

Die Schärfe eines Schallsignals hängt nach Bismarck [15] vor allem von der spektralen Umhüllenden ab. Ein Schall wird als scharf empfunden, wenn er vorwiegend hochfrequente Spektralanteile besitzt. Da die Dimension I der Distanzmodelle mit der Lage des spektralen Energieschwerpunkts des Schallsignals übereinstimmt, sollte die Beurteilung der Unähnlichkeiten zwischen den Klaviertönen auch mit der Schärfe der Töne zusammenhängen. Zur Überprüfung dieser Vermutung wurden die Schärfen der auf Unähnlichkeiten untersuchten Klaviertöne von Abschnitt 2.2.1 psychoakustisch ermittelt und mit den Werten der Dimension I der entsprechenden Distanzmodelle verglichen.

Versuchsdurchführung zur psychoakustischen Messung der Schärfe

Die Schärfe der synthetischen (B, I, S, Y) und originalen (b, i, s, y) Klaviertöne von Abschnitt 2.2.1 wurde für die drei Tonlagen getrennt, nach der Versuchsmethode "Größenschätzung mit Ankerschall" [105, S.12 f.] psychoakustisch ermittelt. Bei dieser Methode werden den Versuchspersonen die zu untersuchenden Schalle im Vergleich zu einem Ankerschall dargeboten, dem ein vom Versuchsleiter willkürlicher Wert der zu untersuchenden Empfindungsgröße zugeordnet wird. Die Versuchspersonen haben die Aufgabe, die Größe der gefragten Empfindung relativ zum Ankerschall anzugeben, also eine Verhältnisschätzung zum Ankerschall durchzuführen.

Als Ankerschall wurde bei den Versuchen jeweils einer der synthetischen Klaviertöne der entsprechenden Tonlage gewählt, dem willkürlich der Schärfewert 100 zugeordnet wurde. Jeder der restlichen sieben Töne je Tonlage wurde viermal in zufälliger Reihenfolge zum Vergleich dargeboten. Nach der jeweils zweimaligen Darbietung eines Vergleichschalls mit dem Ankerschall hatte die Versuchsperson die Schärfe des Klaviertons relativ zum Ankerschall zu bewerten. An den drei Teilversuchen nahmen jeweils elf normalhörende Versuchspersonen teil.

Weil man bei den nach Tonlagen getrennten Teilversuchen nur Schärfeverhältnisse der Klaviertöne innerhalb einer Tonlage erhält, wurden in einem weiteren, orientierenden Versuch mit zwei Versuchspersonen die Schärfeverhältnisse zwischen den Tonlagen ermittelt.

Ergebnisse

Für alle drei Tonlagen ergeben sich hohe Korrelationen zwischen den entsprechenden Werten der Dimension I der in Abschnitt 2.2.1 dargestellten, zweidimensionalen Distanzmodelle der jeweiligen Tonlage und den psychoakustisch ermittelten Schärfen der Klaviertöne. Der Korrelationskoeffizient in der tiefen Tonlage beträgt 0,97, in der mittleren 0,92 und in der hohen Tonlage 0,86. Somit ist der Schluß zulässig, daß zur Unterscheidung verschiedener Klaviertöne in allen drei Tonlagen hauptsächlich die Schärfe der Töne verwendet wird.

Es ist bemerkenswert, daß offensichtlich auch einem zeitvarianten Schallsignal mit hoher Reproduzierbarkeit *eine* über die gesamte Darbietungszeit "gemittelte" Schärfe zugeordnet werden kann. Im nachfolgenden wird diese “mittlere” Schärfe als *zeitbewertete Schärfe* oder schlicht als Schärfe des zeitvarianten Schalls bezeichnet. Die Beurteilung der Schärfe erfolgte entsprechend den gemessenen Interquartilbereichen für alle drei Tonlagen im Mittel mit einem relativen Fehler von ±18 %.

Die Ermittlung der Schärfeverhältnisse zwischen den Tonlagen ergab eine Zunahme der Schärfe um einen Faktor von etwa 1,3 für die zwei Oktaven höher liegende Tonlage.

2.3.2 Berechnungsverfahren für die Schärfe zeitvarianter Schalle auf der Grundlage des TTZM

Da das erste hauptsächlich verwendete Kriterium zur Unterscheidung verschiedener Klaviertöne mit deren Schärfe zusammenhängt, wird im folgenden ein Berechnungsverfahren entwickelt, das ausgehend von dem TTZM des zeitvarianten Schallsignals dessen *instantane* wie auch *zeitbewertete* Schärfe bestimmt. Mit diesem Verfahren kann das erste Kriterium objektiv aus den Schallsignalen ermittelt werden. Das Verfahren basiert auf den von Bismarck [15, 16, 17] und Aures [8, 9] angegebenen Modellen für stationäre Schalle; diese werden für die Anwendung auf die zeitvariablen Klaviertöne erweitert und modifiziert. Die wichtigsten durchgeführten Modifikationen ergeben sich für das in den Modellen benutzte Lautheitsmodell nach Zwicker [104, 110]. Um brauchbare Ergebnisse zu erhalten, wird zum einen der Einfluß der räumlichen Begrenzung der Basilarmembran wie des Cortischen Organs und die Auswirkung des Stapediusreflex auf den Frequenzgang des Ohres überdacht und die Gleichung des Frequenzgangs entsprechend erweitert. Zum anderen wird eine genauere Modellierung des Zusammenwirkens von Erregungen entwickelt und implementiert. Maßgebliche Gründe für diese Modifikationen sind einerseits die geänderte Ausgangsbasis, die nicht mehr wie bei Zwicker die Frequenzgruppenpegel des Schallsignals über der Tonheit sind, sondern die gehörgerechte Repräsentation des Schallsignals in Form des TTZM. Andererseits wird das von Zwicker [106, S.109 ff.] eingeführte Grundkonzept der Erregung in der Form abgeändert, daß keine Unterscheidung zwischen Kern- und Flankenerregung vorgenommen wird.

Das Bismarck’sche Schärfemodell für stationäre Schalle

Das von Bismark [17] angegebene Berechnungsverfahren für die Schärfe stationärer Schallsignale beruht auf der Verteilung der Spezifischen Lautheit N' über der Tonheit z. Die Berücksichtigung des starken Anstiegs der Schärfe für Schalle mit hochfrequenten Spektralanteilen wird durch eine tonheitsabhängige Gewichtung der Spezifischen Lautheit mit einer Funktion $g(z)$ erreicht. Da lediglich die Hüllkurve des Spektrums für die Bestimmung der Schärfe ausschlaggebend ist, wird nach [17] die Schärfe als gewichteter Schwerpunkt der Spezifischen Lautheitsverteilung über der Tonheit definiert

$$S = c \, \frac{\int_{z=0}^{24\,\mathrm{Bark}} N'(z)\, g(z)\, dz}{N} \, \mathrm{acum} \quad , \tag{2.6}$$

wobei S die Schärfe, N' die Spezifische Lautheit, z die Tonheit, $g(z)$ die Gewichtsfunktion und N die Gesamtlautheit bezeichnet. Die Konstante c dient zur Normierung der Schärfe auf den Referenzschall mit der zugeordneten Einheit 1 acum. Dieser wurde von Zwicker und Fastl [110, S.215] als ein Schmalbandrauschen mit der Mittenfrequenz von 1 kHz, einer Bandbreite kleiner als die Frequenzgruppenbreite ($\Delta f_{SBR} \leq 160$ Hz) und einem Pegel von 60 dB definiert. Die in psychoakustischen Untersuchungen festgestellte Zunahme der Schärfe mit zunehmender Gesamtlautheit (Bismarck [17]) vernachlässigte Bismarck in Gleichung (2.6) und nahm damit zu Gunsten eines einfacheren Modells einen Fehler von weniger als 30% bei einer Verdopplung der Lautheit in Kauf.

Weitere psychoakustische Untersuchungen der Schärfe zeigten, daß Gleichung (2.6) für Schalle hoher Frequenzlagen noch zu große Schärfen berechnet. Daher korrigierte Aures [8, 9] die Gewichtsfunktion und definierte sie, wie in Bild 2.16 dargestellt, als

$$g(z) = 0{,}0165 \exp\left(\frac{0{,}171\,z}{\text{Bark}}\right) \ . \tag{2.7}$$

Des weiteren ersetzte er den Nenner N in Gleichung (2.6) durch eine lautheitsabhängige Gewichtsfunktion, um die Schärfe auch für Schalle stark unterschiedlicher Lautheiten richtig zu berechnen. Die von Aures angegebene Gleichung für die Schärfe lautet

$$S = c\ \frac{\int_{z=0}^{24\text{Bark}} N'(z)\, g(z)\, dz}{\ln\left(\frac{N/\text{sone} + 20}{20}\right)\text{sone}}\ \text{acum} \quad , \tag{2.8}$$

wobei $g(z)$ nach Gleichung (2.7) berechnet wird.

Für die Berechnung der Spezifischen Lautheit $N'(z)$ und der Lautheit N verwenden sowohl Bismarck als auch Aures das von Zwicker [106, S.131] angegebene Lautheitsmodell, das in der Literatur ausführlich beschrieben ist. Daher wird an dieser Stelle nur ein kurzer Überblick über die wesentlichen Schritte des Lautheitsberechnungsverfahrens nach Zwicker gegeben, um die grundlegenden Ideen seiner Lautheitstheorie zu verdeutlichen.

Ausgehend von dem Intensitätsdichtespektrum des Schallsignals, das bei Verwendung einer Analysebandbreite von 1 Bark entsteht und somit bei logarithmischer Darstellung den Frequenzgruppenpegeln entspricht, wird im ersten Schritt unter Berücksichtigung des Frequenzgangs a_0 des Ohres die psychoakustische Erregungsverteilung über der Tonheit berechnet. Zwicker unterscheidet für die Bestimmung der Erregungsverteilung $E(z)$ zwischen Kern- und Flankenerregung. Sowohl Kern- als auch Flankenerregung werden als Schallintensität behandelt. Die Kernerregung entspricht bei Vernachlässigung des Frequenzgangs a_0 der in eine Frequenzgruppe fallenden Schallintensität. Die über eine Frequenzgruppe hinausreichende Erregung wird durch die Flankenerregung berücksichtigt. Die Erregungspegel im Bereich dieser Flankenerregung ergeben sich mit Berücksichtigung des Verdeckungsmaßes a_V aus dem Verlauf der Mithörschwellen von Sinustönen bei Verdeckung durch Schmalbandrauschen, so daß zwei Flanken unterschiedlicher Steigung zu berücksichtigen sind. Durch beidseitiges Anfügen der entsprechenden Flankenerregungen an die einzelnen Kernerregungen kann die Erregungsverteilung $E(z)$ über der Tonheit berechnet werden, indem die Kern- und alle Flankenerregungen bei der jeweiligen Tonheit z addiert werden. Sowohl Kern- wie auch Flankenerregungspegel werden wie Intensitäten addiert. Das bedeutet, daß bei Gleichheit zweier Erregungspegel ein Wert entsteht, der um 3 dB höher liegt als die Ausgangswerte.

Mithörschwellenmessungen, die zur Untersuchung der Frequenzselektivität des Gehörs dienen, beschreiben das jedem bekannte Phänomen, daß ein lautes Schallsignal die Hörbarkeit von schwächeren Schallanteilen in der Frequenznachbarschaft des stärkeren Signals beeinträchtigt. In der Psychoakustik spricht man von "Verdeckung" oder "Maskierung" der leiseren Schallreize. Die Vorstellung, mit der Maskierungseffekte des Gehörs erklärt werden können, geht davon aus, daß ein auf das Ohr treffender Sinuston nach seiner Transformation mit dem Frequenzgang des Ohres im Innenohr eine Erregung verursacht, die auch die spektrale Umgebung beeinflußt. Inwieweit diese beeinflußt wird, gibt die Mithörschwelle an. Durch gleichzeitiges Darbieten eines zweiten, in der Frequenz variablen Sinustons als "Sonde" wird die spektrale Umgebung abgetastet und dabei diejenigen Pegel aufgezeichnet, die zum gleichzeitigen Mithören notwendig sind.

Im zweiten Schritt des Lautheitsmodells wird die Erregungsverteilung $E(z)$ anhand einer Potenzfunktion in die zugehörige Intensitätsempfindung, nämlich die sogenannte Spezifische Lautheit $N'(z)$

$$N'(z) = N_0' \cdot \left(\frac{E_{GR}(z)}{E_0}\right)^k \cdot \left[\left(1 - s(z) + \frac{E(z)}{E_{GR}(z)}\right)^k - 1\right] \frac{\text{sone}}{\text{Bark}} \tag{2.9}$$

transformiert. Hierbei ist N'_0 eine Konstante, die so gewählt wird, daß sich für einen Sinuston der Frequenz 1 kHz und dem Schalldruckpegel 40 dB nach Gleichung (2.11) eine Gesamtlautheit von $N = 1$ sone ergibt. Für die Konstante E_0 wird der Bezugswert der Schallintensität $I_0 = 10^{-16}\ W/cm^2$ gewählt; $s(z)$ bezeichnet den Schwellenfaktor der Frequenzgruppe, der wie in [106, S.104] angegeben, mit dem Verdeckungsmaß[4] a_V zusammenhängt. Die Grunderregung $E_{GR}(z)$ ergibt sich aus der Annahme, daß der Verlauf der Ruhehörschwelle bei Frequenzen unterhalb 1 kHz durch ein Grundgeräusch (z.B. durch Muskelbewegungen oder Blutversorgung hervorgerufen) verursacht wird, das eben diese Grunderregung hervorruft. Diese Erregung bewirkt jedoch keine Empfindung, weil sie dauernd vorhanden ist [106, S.152]. Die Grunderregung $E_{GR}(z)$ erhält man also unter Berücksichtigung des Schwellenfaktors $s(z)$ aus dem tieffrequenten Teil der Ruhehörschwelle, wobei die zugehörigen Schallintensitäten der Erregung $E_{HS}(z)$ an der Hörschwelle entsprechen. Damit gilt

4. Bei Mithörschwellen von Testsinustönen, die durch frequenzgruppenbreites Rauschen maskiert werden, stellt man eine Pegeldifferenz zwischen der Mithörschwelle, also dem Pegel des eben wahrnehmbaren Testtons, und dem Pegel des frequenzgruppenbreiten Rauschens fest. Diese Pegeldifferenz, die nach Zwicker [106, S.104 f.] kennzeichnend für das Gehör ist, nennt man Verdeckungsmaß a_V.

$$E_{GR}(z) = \frac{E_{HS}(z)}{s(z)} \quad . \tag{2.10}$$

Für den Exponenten gibt Zwicker $k = 0{,}23$ an [106, S.139].

Die Gesamtlautheit N ergibt sich aus dem Integral über die Spezifische Lautheit $N'(z)$ im Hörbereich von 0 bis 24 Bark zu

$$N = \int_{z=0}^{24\,\mathrm{Bark}} N'(z)\,dz \quad . \tag{2.11}$$

Die Erweiterung dieser Modelle für deren Einsatz auf TTZM zeitvariabler Schallsignale wird in den folgenden Abschnitten erläutert.

Berechnung des Erregungspegel-Tonheits-Zeitmusters aus dem TTZM

Für eine Anwendung der oben beschriebenen Modelle auf zeitvariable Schallsignale geht man von einer zeitabhängigen Erregungsverteilung $E(z,\, t)$ aus, wobei das zeitliche Auflösungsvermögen des Gehörs zu berücksichtigen ist. Die minimale Grenzdauer (Zeitkonstante) des Gehörs beträgt nach Zwicker 2 ms [103]. Schalle mit zeitlichen Strukturen unter 2 ms können vom Gehör nicht mehr ausgewertet werden, d.h. diese zeitlichen Änderungen werden nicht mehr in der zeitvarianten Erregungsverteilung $E(z,\, t)$ angezeigt. Die für eine gute Repräsentation der Schallsignale in Form von TTZM gewählten Transformationsparameter (entsprechend Abschnitt 1.2.3) berücksichtigen diese Grenzdauer, da die Teiltöne nur im Abstand des Auswerteintervalls $T_A = 2{,}5$ ms bestimmt werden. Das Erregungspegel-Tonheits-Zeitmuster erhält man also, indem man die Erregungsverteilung $E(z)$ für jeden durch ein TTM repräsentierten Zeitpunkt berechnet. Die fortlaufende Abfolge der für jedes TTM berechneten Erregungsverteilung $E(z,\, t_{TTM})$ ergibt schließlich bei logarithmischer Darstellung das Erregungspegel-Tonheits-Zeitmuster.

Für die Berechnung der Erregungsverteilung des i-ten TTM $E(z,\, t_i)$ werden zunächst die durch die einzelnen Teiltöne verursachten Erregungen bestimmt. Damit wird die Unterscheidung nach Kern- und Flankenerregungen im Sinne von Zwicker aufgehoben. Die Erregungspegelverteilung über der Tonheit z für eine Spektralkomponente kann nach Terhardt [87] gut mit einer Dreiecksfunktion angenähert werden, die mit psychoakustisch gemessenen Mithörschwellen von Schmalbandrauschen übereinstimmt. Die untere Erregungsflanke weist eine von Pegel und Frequenz der Komponente unabhängige Steigung von

$$s_1 = 27\ \mathrm{dB/Bark} \tag{2.12}$$

auf. Die obere Erregungsflanke ist, entsprechend der nichtlinearen Auffächerung, sowohl von der Frequenz wie vom Pegel der Spektralkomponente abhängig (vgl. Bild 2.9). Für einen Teilton mit der Frequenz f_M und dem Pegel L_M ergibt sich die zugehörige Steigung der oberen Flanke zu

$$s_2 = \left[-24 - \frac{230\,\mathrm{Hz}}{f_M} + 0{,}2 \cdot \frac{L_M}{\mathrm{dB}}\right] \frac{\mathrm{dB}}{\mathrm{Bark}} \quad . \tag{2.13}$$

Der maximal hervorgerufene Erregungspegel $L_{EM}(z_M)$ eines Teiltons (f_M, L_M) ergibt sich bei der Tonheit z_M des Teiltons, wobei der tonheitsabhängige Frequenzgang $a_0(z)$ des Ohres wie folgt

$$L_{EM}(z_M) = L_M - a_0(z_M) \tag{2.14}$$

eingeht. Damit ergibt sich der bei einer beliebigen Tonheit z durch einen Teilton (f_M, L_M) erzeugte Erregungspegel $L_{EM}(z)$ zu

$$L_{EM}(z) = \begin{cases} L_M - a_0(z_M) - s_1 \cdot (z_M - z) & \text{für } z \le z_M \\ L_M - a_0(z_M) - s_2 \cdot (z_M - z) & \text{für } z_M < z \end{cases} \quad . \tag{2.15}$$

In Bild 2.9 sind die mit Gleichung (2.15) berechneten Erregungspegelverläufe von zwei Spektralkomponenten unterschiedlicher Frequenz für verschiedene Pegel als Funktion der Tonheit dargestellt. Der Frequenzgang a_0 wurde in dieser Darstellung vernachlässigt.

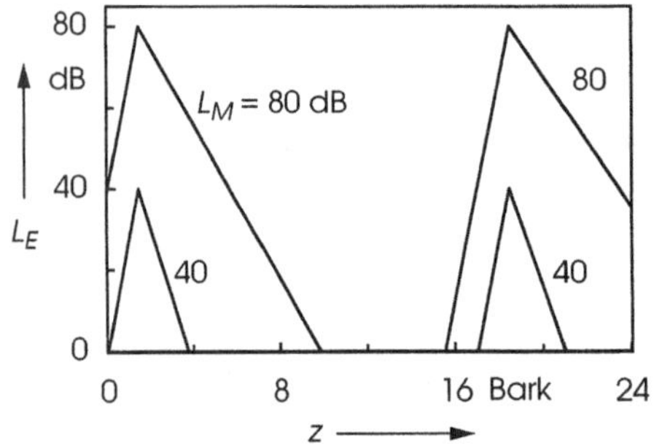

Bild 2.9: Mit Gleichung (2.15) berechnete Erregungspegelverläufe von zwei Teiltönen unterschiedlicher Frequenz (f_1 = 150 Hz, f_2 = 4,8 kHz) als Funktion der Tonheit. Parameter ist der Pegel L_M des jeweiligen Teiltons; der Frequenzgang a_0 des Ohres wurde vernachlässigt.

Nach Zwicker [106, S.114] erhält man den Frequenzgang des Ohres a_0 aus dem Verlauf der Ruhehörschwelle bei Frequenzen über 1 kHz. Mit der von Terhardt [87] angegebenen Gleichung für die Hörschwelle ergibt sich für das Übertragungsmaß

$$a_0(f) = \left\{-6{,}5 \exp\left[-0{,}6\left(\frac{f}{\mathrm{kHz}} - 3{,}3\right)^2\right] + 10^{-3}\left(\frac{f}{\mathrm{kHz}}\right)^4\right\} \mathrm{dB} \tag{2.16}$$

eine frequenzabhängige Funktion, die ohne weiteres auch in eine tonheitsabhängige Funktion transformiert werden kann. Der erste Summand in Gleichung (2.16) bildet die Gehörgangresonanz bei 3,3 kHz nach, der zweite die zunehmende Dämpfung hoher Frequenzen[5]. Dieses Tiefpaßverhalten könnte man auf das Tiefpaßverhalten des Mittelohres mit der Grenzfrequenz 1,5 kHz zurückführen. Zum anderen wird aber auch die zunehmende Biegesteifigkeit der Basilarmembran im basalen Bereich und nicht zuletzt auch die räumliche Be-

5. Die zunehmende Dämpfung hoher Frequenzen ist in Bild 2.14 im dargestellten Verlauf der Ruhehörschwelle zu sehen.

grenzung der Basilarmembran wie des auf ihr sitzenden Cortischen Organs durch die Schneckentrennwand in diesem Bereich zu einem Tiefpaßverhalten führen. Neben diesen beiden exemplarisch angeführten Gründen sind natürlich noch weitere Gründe für die zunehmende Dämpfung hoher Frequenzen denkbar (vgl. Pickles [66, S.19]).

Bei der später näher erläuterten Überprüfung der Lautheitsberechnung, die für die Schärfeberechnung notwendig ist, ergaben sich bei Verwendung des in Gleichung (2.16) angegebenen Frequenzgangs a_0 insbesondere zwei systematische Abweichungen zwischen berechneten und nach Zwicker [106, S.129] gemessenen Kurven gleicher Lautheit[6].

Zum einen liegen die berechneten Kurven im Frequenzbereich unter 100 Hz deutlich unterhalb der gemessenen Kurven, so daß in diesem Frequenzbereich entgegen Gleichung (2.16) offenbar doch eine Dämpfung zu berücksichtigen ist. Auf Grund der endlichen Länge der Basilarmembran wie des Cortischen Organs und der Trägheit der Lymphe sollte sich eine verstärkte Dämpfung im Bereich des Helicotremas und damit tiefer Frequenzen ergeben, die im Übertragungsmaß a_0 berücksichtigt werden muß. Daneben wird auch die Steifigkeit des Mittelohres zu einer Dämpfung tiefer Frequenzen führen [66, S.19]. Nach einem Vorschlag von Terhardt kann dieser Effekt durch einen Hochpaß modelliert werden. Gute Ergebnisse erhält man mit einem Hochpaß dritter Ordnung und einer Grenzfrequenz von 56 Hz. Der dritte Summand des neuen Frequenzgangs a_0 in Gleichung (2.17) beschreibt eben diesen Hochpaß.

Die zweite systematische Abweichung berechneter und gemessener Kurven tritt im Frequenzbereich oberhalb 2 kHz für Pegelwerte über 70 dB auf. Auf Grund der Pegelabhängigkeit dieser Abweichungen liegt es nahe, diesen Effekt auf den Stapediusreflex, der nach Pickles [66, S.21] etwa bei Pegeln oberhalb 75 dB auftritt, zurückzuführen. Die bei hohen Pegeln verursachte Kontraktion des Stapediusmuskels erhöht die Steifigkeit der ossicularen Übertragungskette und dämpft somit Frequenzen unterhalb 1–2 kHz. In der Literatur werden diesem Reflex verschiedene Funktionen zugeschrieben, auf die an dieser Stelle nur verwiesen werden soll [40, 66, 52, 22, 28]. Ebenso werden verschiedene Pegelschwellen zwischen 60 und 80 dB angegeben, ab denen der Stapediusreflex eintritt. Als Mittelwert wurde die Ansprechschwelle in dieser Arbeit bei 70 dB gewählt. Auch diese Eigenschaft des Gehörs muß im Frequenzgang a_0 des Ohres berücksichtigt werden, was mit dem vierten Summanden in der endgültig erweiterten Gleichung des Frequenzgangs

$$a_0(f, L) = \Bigg\{ -6{,}5 \exp\left[-0{,}6\,(f/\mathrm{kHz} - 3{,}3)^2\right] + 10^{-3}\,(f/\mathrm{kHz})^4 - 20\lg\left[\frac{1}{1 + (56\mathrm{Hz}/f)^3}\right] + 4\left(\frac{L}{70\,\mathrm{dB}}\right)^2 \left[\frac{1}{1 + (f/(2\,\mathrm{kHz}))^6}\right] \Bigg\}\ \mathrm{dB} \qquad (2.17)$$

bewerkstelligt wird. Die Dämpfung, die eine Spektralkomponente der Frequenz f_M und des Pegels L_M durch den Frequenzgang des Gehörs erfährt, ergibt sich mit $a_0(f_M, L_M)$ ent-

6. Der Vergleich zwischen berechneten und gemessenen Kurven gleicher Lautheit ist in Bild 2.12 links dargestellt.

sprechend Gleichung (2.17).

Nachdem für jeden Teilton des i-ten TTM die Erregungspegelverteilung über der Tonheit nach Gleichung (2.15) berechnet wurde, wobei für den Frequenzgang a_0 Gleichung (2.17) eingesetzt werden muß, erhält man die gesamte Erregungsverteilung des i-ten TTM über der Tonheit $E(z, t_i)$, indem man die Erregungen der einzelnen Spektralkomponenten summiert. Nach psychoakustischen Untersuchungen von Zwicker [106, S.117], Lumer [54] sowie Zwicker und Herla [107] werden Erregungen nicht wie Intensitäten, sondern eher wie Amplituden addiert, wenn es sich nicht um Kernerregungen handelt. Verwendet man jedoch Amplitudenaddition, berechnet das Verfahren für Schalle, die im Vergleich zur Frequenzgruppe nahe beieinanderliegende Spektralkomponenten besitzen, wie beispielsweise Schmalbandrauschen, eine zu große Erregungsverteilung. Diese wiederum ergibt zu große berechnete Lautheiten. Um Fehler durch eine zu grobe Modellierung des Zusammenwirkens von Erregungen im Lautheitsberechnungsverfahren zu vermeiden, wird eine genauere Modellierung der Überlagerung von Erregungen entwickelt und implementiert.

Ausgehend von den Erkenntnissen, die bei der Untersuchung der Lautstärke eines Zweitonkomplexes mit variablem Frequenzabstand gewonnen wurden (Zwicker und Fastl [110, S.189]), wird eine *nichtlineare Verknüpfung zweier Erregungen* vorgeschlagen, die in Abhängigkeit des Frequenzabstands der beiden zugehörigen Spektralkomponenten einen allmählichen Übergang von Intensitäts- zu Amplitudenaddition vorschreibt. Damit wird dem Umstand Rechnung getragen, daß zwei in eine Frequenzgruppe fallende Spektralkomponenten durch Intensitätsaddition die entsprechende Kernerregung liefern, aber zwei in unterschiedliche Frequenzgruppen fallende Spektralkomponenten eher wie Amplituden zu addieren sind, um die entsprechende Gesamterregung zu erhalten.

Der durch einen Teilton (f_M, L_M) bei einer beliebigen Tonheit z erzeugte Erregungspegel $L_{EM}(z)$ ergibt die relative Amplitude

$$A_{EM}(z) = 10^{L_{EM}(z)/20\text{dB}} \tag{2.18}$$

bei der Tonheit z. Für die Modellierung des Zusammenwirkens zweier Erregungen bei der Tonheit z, die durch zwei Spektralkomponenten verursacht werden, wird eine nichtlineare Verknüpfung der beiden nach Gleichung (2.18) entsprechenden Amplituden angenommen

$$A_{EM1}(z) \circ A_{EM2}(z) = \left[A_{EM1}(z)^{v(\Delta z)} + A_{EM2}(z)^{v(\Delta z)}\right]^{1/v(\Delta z)}, \tag{2.19}$$

wobei der *Verknüpfungsexponent* $v(\Delta z)$ vom Tonheitsabstand Δz der beiden Spektralkomponenten bestimmt wird. Für Tonheitsabstände $\Delta z < 1$ Bark sollen die Erregungen wie Intensitäten addiert werden, d.h. der Verknüpfungsexponent muß $v = 2$ werden. Für große Tonheitsabstände $\Delta z \gg 1$ Bark muß der Verknüpfungsexponent für eine amplitudenmäßige Addition der Erregungen $v = 1$ werden. Der allmähliche Übergang von Intensitäts- zu Amplitudenaddition der Erregungen wird durch eine Gaußfunktion

$$v(\Delta z) = \exp\left(-2\Delta z^2\right) + 1 \tag{2.20}$$

entsprechend Bild 2.10 nachgebildet, deren Wendepunkte bei $|\Delta z| = 0,5$ Bark gewählt wurden.

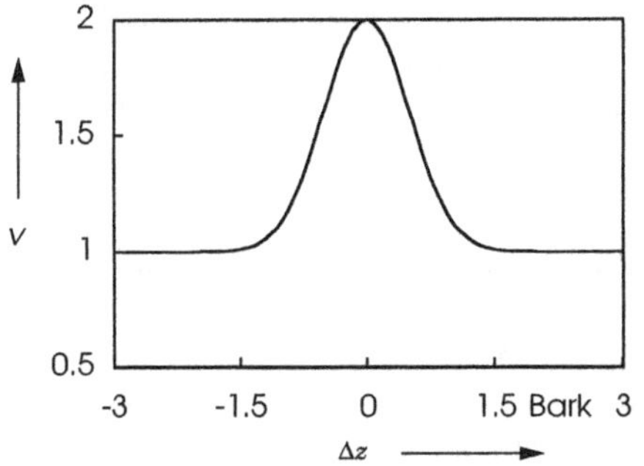

Bild 2.10: Verknüpfungsexponent $v(\Delta z)$ für die Modellierung des Zusammenwirkens zweier Erregungen, die durch zwei Spektralkomponenten mit dem Tonheitsabstand Δz verursacht werden, durch eine nichtlineare Verknüpfung der entsprechenden Amplituden nach Gleichung 2.19. Abhängig vom Tonheitsabstand Δz der beiden Spektralkomponenten erhält man einen allmählichen Übergang von intensitätsmäßiger ($v = 2$) zu amplitudenmäßiger ($v = 1$) Addition der Erregungen. Die Wendepunkte der Gaußkurve liegen bei $|\Delta z| = 0,5$ Bark .

Das Erregungspegel-Tonheits-Zeitmuster ergibt sich schließlich aus der fortlaufenden Abfolge der für alle TTM eines TTZM berechneten Erregungspegelverteilungen, die wie oben beschrieben bestimmt werden.

Berechnung des Spezifischen Lautheitszeitverlaufs und der Lautheitszeitfunktion

Transformiert man die berechnete zeitvariable Erregungsverteilung $E\,(z,\,t)$ eines zeitvarianten Schalls mit der von Zwicker angegebenen Potenzfunktion nach Gleichung (2.9) in die zugehörige Intensitätsempfindung, so erhält man eine ebenfalls zeitvariable Spezifische Lautheit $N'(z,\,t)$. Für den Schwellenfaktor $s(z)$ in Gleichung (2.9) wird die von Aures [8, S.15] angegebene Gleichung

$$s\,(z) = 10^{(0,22\,-\,0,005\,\cdot\,z/\mathrm{Bark})} - 1 \qquad (2.21)$$

verwendet. Die Grunderregung $E_{GR}(z)$ ergibt sich, unter Berücksichtigung des Schwellenfaktors $s(z)$ wie in Gleichung (2.10) angegeben, aus dem tieffrequenten Teil der Ruhehörschwelle $L_{HS}(f)$, für den die von Terhardt [87] angegebene Näherung verwendet wird

$$L_{HS}(f) = 3,64\left(\frac{f}{\mathrm{kHz}}\right)^{-0,8} \mathrm{dB}\ . \qquad (2.22)$$

Da die zeitvariable Spezifische Lautheit aus dem Erregungspegel-Tonheits-Zeitmuster berechnet wird, das sich aus den Erregungspegelverteilungen der einzelnen TTM zusammensetzt, wird für die Spezifische Lautheit die gleiche Zeitkonstante von 2,5 ms berücksichtigt. Aus psychoakustischen Untersuchungen zur Lautheit ist jedoch bekannt, daß das Gehör Reizdarbietungen innerhalb von 100 bis 200 ms Dauer zu Gesamtempfindungen zusammenfassen kann (Zwicker [103]). Diese zeitliche, wenn auch unvollständige Integration bei der Transformation von Reizgrößen in Empfindungsgrößen zeigt sich sehr deutlich bei der Messung der Lautheit eines Tonimpulses in Abhängigkeit seiner Impulsdauer. Nach Zwicker

[105, S.103] bleibt die Lautheit des Impulses für große Dauern über 100 ms konstant. Unterhalb der Grenzdauer von 100 ms ergibt sich bei einer Verkleinerung der Dauer um einen Faktor 10 eine Reduzierung der Lautheit um einen Faktor 2. Da die Spezifische Lautheit die Verteilung der Lautheit über der Tonheit angibt und somit für diese Empfindungsgröße die gleichen Gesetzmäßigkeiten wie für die Lautheit gelten sollten, erschien es angebracht, diese zeitlich unvollständige Integration mittels Tiefpässen bereits bei der Berechnung der zeitvariablen Spezifischen Lautheit zu berücksichtigen und nicht erst nach ihrer spektralen Integration zur Gesamtlautheit.

Zwicker [110, S.207] begründet die Berücksichtigung der zeitlich unvollständigen Integration erst bei der Gesamtlautheit in seinem Modell damit, daß bei stark frequenzmodulierten Sinustönen mit einer Mittenfrequenz von 1,5 kHz und einem Frequenzhub von ±700 Hz erst oberhalb einer Modulationsfrequenz von etwa 10 Hz ein Ansteigen der gemessenen Lautheit zu beobachten ist. Dies führt er auf die in diesem Bereich wirksam werdende Nachverdeckung zurück. Die Lautheitsanteile in benachbarten Tonheitsbereichen bleiben dadurch erhalten und der frequenzmodulierte (FM-) Sinuston wirkt wie ein breitbandiger Schall. Im Bereich tiefer Modulationsfrequenzen hingegen folgt die Spezifische Lautheit den Schwankungen des FM-Signals, so daß kein Lautheitszuwachs auftritt.

Bei dieser Begründung geht Zwicker von einer idealen Repräsentation des FM-Signals im Gehör aus, die exakt dem *Synthesemuster* entspricht, aus dem durch Resynthese das FM-Signal erzeugt wird. Berechnet man hingegen mittels FTT und Konturierung die gehörgerechte Repräsentation des FM-Schallsignals, also das zugehörige *Analysemuster*, so erhält man ein *breitbandiges* TTZM. Die Wirkung des FM-Signals als breitbandiger Schall ergibt sich direkt aus der gehörgerechten Repräsentation. Damit gibt es keinen Grund mehr, die Tiefpaßfilterung erst bei der Gesamtlautheit zu berücksichtigen. Mit dem implementierten Lautheitsberechnungsverfahren erhält man, sofern man von der korrekten, gehörrichtigen Repräsentation des FM-Signals ausgeht, die nach Zwicker [110, S.207] vorhergesagte Lautheitszunahme für größer werdende Modulationsfrequenzen. Dabei ergeben sich identische Ergebnisse für die Berücksichtigung der Tiefpaßfilterung schon bei der Spezifischen Lautheit bzw. erst bei der Gesamtlautheit.

Weil die Spezifische Lautheit die Grundlage für die Berechnung der Schärfe darstellt, erschien es angebracht, die zeitlich unvollständige Integration bereits bei der Berechnung der zeitvariablen Spezifischen Lautheit zu berücksichtigen. Aus diesem, wie auch aus dem bereits oben erwähnten Grund, die gleichen Gesetzmäßigkeiten für die beiden Empfindungsgrößen Lautheit und Spezifische Lautheit geltend zu machen, wird aus der zeitvariablen Spezifischen Lautheit $N'(z,t)$, die sich aus der zeitlichen Abfolge der für jedes TTM mit Gleichung (2.9) berechneten Spezifischen Lautheits-Tonheitsmuster ergibt, durch Filterung mit einem Tiefpaß erster Ordnung eine zeitlich geglättete Spezifische Lautheit $N_G'(z, t)$ berechnet. Mit der Impulsantwort $h(t)$ des Tiefpasses erster Ordnung

$$h(t) = \frac{1}{T_G} \exp\left(-\frac{t}{T_G}\right) \tag{2.23}$$

ergibt sich bei kausalen Signalen für den zeitlich geglätteten Spezifischen Lautheitszeitverlauf

$$N'_G(z,t) = \frac{1}{T_G} \int_0^t N'(z,\tau) \cdot \exp\left(-\frac{t-\tau}{T_G}\right) d\tau \quad , \tag{2.24}$$

wobei sich entsprechend der Trägheit, die bei der Messung der Lautheit eines Tonimpulses ($f = 2\text{kHz}$, $L = 57\text{dB}$) unterschiedlicher Impulsdauer festgestellt wurde [105, S.103], für die Zeitkonstante T_G ein Wert von etwa 25 bis 50 ms ergeben sollte. Mit der Zeitkonstanten $T_G = 50$ ms erhält man für Impulsdauern über 40 ms eine gute Übereinstimmung zwischen gemessenen und berechneten Lautheiten des Tonimpulses. Der maximale relative Fehler für die berechneten Lautheiten beträgt ±10 %, was einer Lautstärkepegelabweichung von etwa ±1,4 dB gleichkommt. Auf Grund der unzureichenden Repräsentation von sehr kurzen Impulsen im TTZM und der beabsichtigten Anwendung des Verfahrens auf quasistationäre Schallsignale erscheint diese Näherung bis zu Impulsdauern von 40 ms als ausreichend.

Mit Gleichung (2.11) erhält man aus dem geglätteten Spezifischen Lautheitszeitverlauf die Lautheitszeitfunktion

$$N(t) = \int_{z=0}^{24\text{Bark}} N'_G(z,t)\, dz \quad , \tag{2.25}$$

die auch als *instantane Lautheit* bezeichnet werden kann. Eine mit Gleichung (2.25) berechnete Lautheitszeitfunktion eines Schallsignals berücksichtigt keinerlei Nachverdeckungseffekte, da nur eine unvollständige zeitliche Integration bei der Berechnung des Spezifischen Lautheitszeitverlaufs berücksichtigt wird. Eine Erweiterung des Verfahrens, so daß auch Nachverdeckungseffekte modelliert werden, ist jedoch durch eine Vervollständigung der Integration leicht möglich.

Für die *zeitbewertete Lautheit* eines Klaviertons, also diejenige Lautheit, die eine Versuchsperson einem Klavierton für die gesamte Darbietungsdauer zuordnet, wird entsprechend psychoakustischen Untersuchungen zur wahrgenommenen Lautheit von zeitvariablen Geräuschen, wie beispielsweise Straßenverkehrslärm [29], die Perzentillautheit N_4 gewählt. Diese entspricht dem Lautheitswert der instantanen Lautheit $N(t)$, der in 4% der Darbietungszeit erreicht oder überschritten wird. Demnach wird die Beurteilung der Lautheit eines zeitvariablen Schalls hauptsächlich durch die lautesten Schallanteile beeinflußt. Wie mit einem Hörversuch gezeigt werden konnte, ergibt sich unabhängig von der Tonlage, mit einer Korrelation von 96%, eine gute Übereinstimmung zwischen psychoakustisch ermittelten Lautheiten der Klaviertöne und der berechneten zeitbewerteten Lautheiten N_4.

Überprüfung und Bewertung der Lautheitsberechnung

Für die Überprüfung der Lautheitsberechnung wurde zunächst die Lautheitskurve für einen stationären Sinuston der Frequenz 1 kHz und variablem Pegel berechnet und mit der gemessenen Kurve von Zwicker und Feldtkeller [106, S.128] verglichen. Die beste Übereinstimmung ergibt sich, wenn für die Berechnung der Spezifischen Lautheit entsprechend der Potenzfunktion in Gleichung (2.9) der Exponent $k = 0{,}20$ gewählt wird. Die zugehörige Normierungskonstante beträgt $N'_0 = 0{,}1735$. Die Abweichung des Exponenten von dem von Zwicker angegebenen Wert von 0,23 könnte damit zusammenhängen, daß bei dem vorliegenden Verfahren keine Unterscheidung zwischen Kern- und Flankenerregungen vorgenommen wird.

In Bild 2.11 ist die mit dem Exponenten $k = 0{,}20$ berechnete und die nach Zwicker [106, S.128] gemessene Lautheitskurve des 1 kHz-Tons im Vergleich dargestellt.

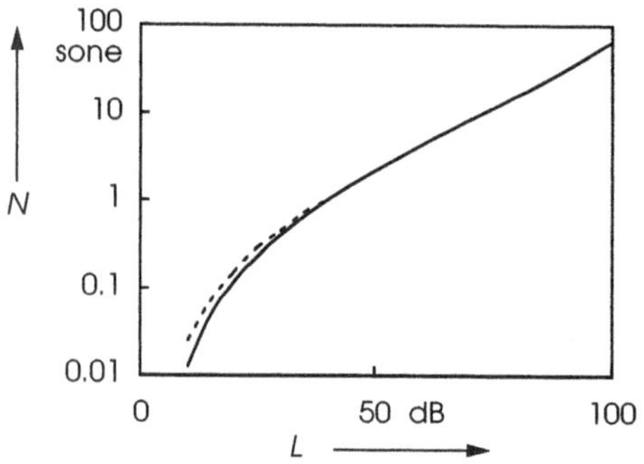

Bild 2.11: Vergleich der nach Zwicker [106, S.128] gemessenen Lautheitskurve eines stationären Sinustons der Frequenz 1 kHz und der mit dem Verfahren berechneten Lautheiten bei Verwendung des Exponents $k = 0{,}20$. Gestrichelte Kurve: gemessene Lautheiten. Ausgezogene Kurve: berechnete Lautheiten.

Für Pegel oberhalb 40 dB beträgt der maximale relative Fehler zwischen berechneten und gemessenen Werten ±8 %, was einer Lautstärkepegelabweichung von etwa $\pm 1{,}2$ dB entspricht. Die auf Grund der logarithmischen Darstellung deutlich sichtbaren Abweichungen berechneter Lautheiten für Pegel unterhalb 40 dB ergeben zwar hohe relative Fehler, die zugehörigen *absoluten* Abweichungen zwischen berechneten und gemessenen Lautheiten sind jedoch sehr gering. Zudem ergeben sich relative Fehler von mehr als –30 % erst unterhalb 20 dB, also im Bereich der Ruhehörschwelle. Damit erhält man mit dem vorliegenden Verfahren eine gute Übereinstimmung zwischen der berechneten und der gemessenen Lautheitskurve des 1 kHz-Tons.

Für eine frequenz- und pegelabhängige Überprüfung des Verfahrens zur Berechnung der Lautheit wurden verschiedene Kurven gleicher Lautheit berechnet und mit den von Zwicker und Feldtkeller gemessenen Kurven [106, S.129] verglichen. Hierbei stellte sich heraus, daß eine Berücksichtigung des Frequenzgangs a_0 des Ohres nach Gleichung (2.16) zu deutlichen Abweichungen zwischen den berechneten und gemessenen Kurven in den Frequenzbereichen unterhalb 100 Hz und oberhalb 2 kHz führt, wie Bild 2.12 links zu entnehmen ist. Daher wurde, wie vorher erläutert, der Frequenzgang um zwei weitere Terme erweitert. Die mit dem erweiterten Frequenzgang $a_0(f, L)$ nach Gleichung (2.17) berechneten Kurven gleicher Lautheit sind im Bild 2.12 rechts dargestellt.

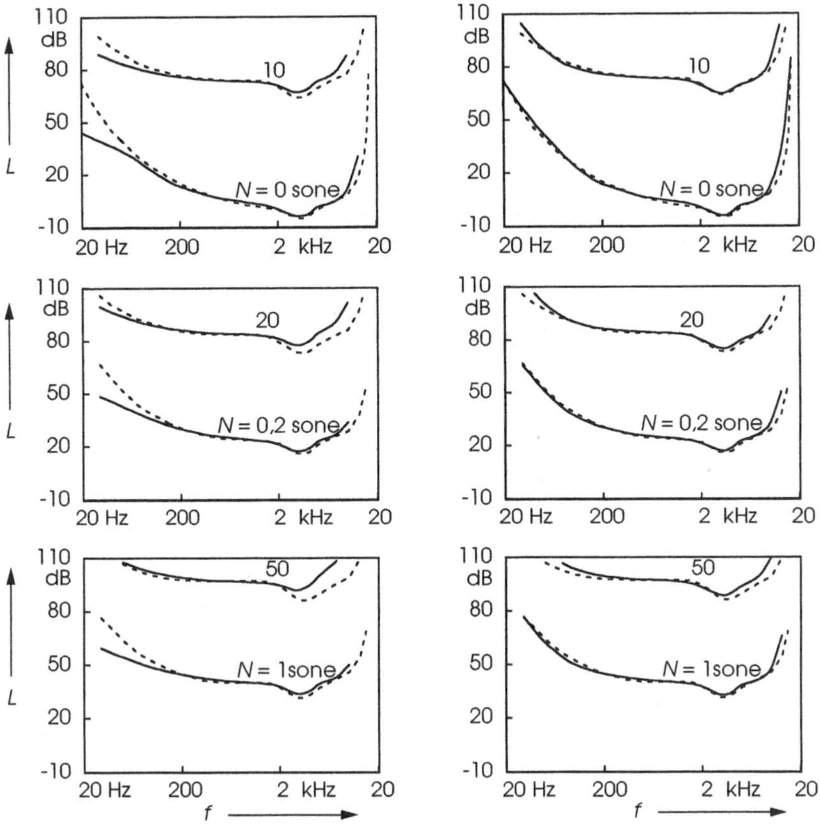

Bild 2.12: Vergleich verschiedener nach Zwicker und Feldtkeller [106, S.129] gemessener Kurven gleicher Lautheit (gestrichelt) mit den entsprechenden berechneten Kurven (durchgezogen), die sich bei Verwendung der zwei verschiedenen Frequenzgangnäherungen a_0 des Ohres ergeben. *Links:* Berechnete Kurven mit Frequenzgang a_0 nach Zwicker entsprechend Gleichung (2.16). *Rechts:* Berechnete Kurven mit erweitertem Frequenzgang a_0 nach Gleichung (2.17).

Die erreichten Verbesserungen bei Berücksichtigung des neuen Frequenzgangs sind deutlich zu sehen. Für die in Bild 2.12 rechts dargestellten Kurven erhält man im hauptsächlich interessierenden Frequenzbereich zwischen 30 und 10 kHz im Mittel eine Lautstärkepegelabweichung von ±1,7 dB. Das entspricht in etwa einem relativen Fehler von ±13% bei der Lautheitsberechnung. Die Abweichungen oberhalb 10 kHz sind größtenteils auf den durch den zweiten Summanden des Frequenzgangs a_0 in Gleichung (2.17) genäherten Anstieg der Ruhehörschwelle bei hohen Frequenzen zurückzuführen. Die mittlere Lautstärkepegelabweichung, die sich bei der Näherung der Ruhehörschwelle oberhalb 10 kHz mit diesem Term ergibt, beträgt +15 dB und ist somit ungefähr so groß wie die Lautstärkepegelabweichung von +19 dB, die sich im Mittel zwischen den berechneten und den gemessenen Kurven in

Bild 2.12 rechts oberhalb 10 kHz ergibt.

Mit dem entwickelten Verfahren zur Berechnung der Lautheit ergibt sich eine gute Übereinstimmung zwischen berechneten und gemessenen Lautheiten stationärer Sinustöne verschiedener Frequenzen und unterschiedlicher Pegel. Zur Überprüfung des Zusammenwirkens von Erregungen, welches mit der nichtlinearen Verknüpfung nach Gleichungen (2.19) und (2.20) nachgebildet wird, wurde für zwei Sinustöne gleichen Pegels L = 60 dB die Lautheit in Abhängigkeit von ihrem Frequenzabstand Δf berechnet. Die Mittenfrequenz des Zweitonkomplexes wurde mit f_m = 1 kHz gewählt, um die Berechnungsergebnisse mit den gemessenen Werten des Lautstärkepegels von zwei gleichzeitig dargebotenen Sinustönen nach Zwicker [105, S.78] vergleichen zu können. Der Frequenzabstand Δf wurde zwischen 20 Hz und 2 kHz variiert, weil das Verfahren den auf Grund von Schwebungserscheinungen auftretenden Lautstärkepegelzuwachs von 6 dB unterhalb 20 Hz nicht berücksichtigt. Entsprechend den gemessenen Werten ergibt sich für Frequenzabstände Δf unterhalb der Frequenzgruppenbreite von 160 Hz, bei Berücksichtigung der Berechnungsgenauigkeit von etwa ±13 %, keine Zunahme der berechneten Lautheit des Zweitonkomplexes. Für Frequenzabstände Δf oberhalb der Frequenzgruppenbreite nimmt die berechnete Lautheit des Zweitonkomplexes entsprechend den gemessenen Lautstärkepegeln allmählich zu und erreicht bei Δf = 2 kHz die doppelte Lautheit des einzelnen Sinustons. Das unterschiedliche Verhalten des Gehörs bei der Bildung der Lautheit von Schallen mit Spektralkomponenten nur innerhalb der Frequenzgruppe im Gegensatz zu solchen mit Komponenten in mehr als einer Frequenzgruppe wird demnach durch das entwickelte Verfahren zur Berechnung der Lautheit richtig wiedergegeben. Mit der gewählten Nachbildung des Zusammenwirkens von Erregungen wird auch gewährleistet, daß unabhängig davon, ob die Schallintensität gleichmäßig über die Bandbreite einer Frequenzgruppe verteilt ist, ob sie in einem schmalen Frequenzband oder sogar nur in einem Sinuston konzentriert ist, die berechnete Lautheit gleich bleibt.

Das Verhalten des Berechnungsverfahrens bei zeitvariablen Schallsignalen wurde, wie vorher erläutert, mit Tonimpulsen unterschiedlicher Impulsdauern und mit einem stark frequenzmodulierten Sinuston unterschiedlicher Modulationsfrequenzen überprüft. Die Ergebnisse aller Überprüfungen zeigen, daß mit dem dargestellten Verfahren zur Berechnung der Lautheit eine gute Übereinstimmung zwischen psychoakustisch gemessenen und berechneten Lautheiten erreicht wird, wobei im Frequenzbereich von 30 Hz bis 10 kHz der relative Berechnungsfehler im Mittel ±13 % beträgt. Dieser Fehler entspricht in etwa der Lautstärkepegelabweichung von ±1,7dB und liegt somit im Bereich der Meßgenauigkeit. Das Verfahren kann sowohl auf Analysemuster wie auch auf Synthesemuster angewendet werden, sofern das Synthesemuster der gehörrichtigen Repräsentation des zugehörigen Schallsignals entspricht. Außerdem kann man festhalten, daß die "mittlere" Lautheit eines Klaviertons, die hier als *zeitbewertete Lautheit* bezeichnet wird, gut mit der Perzentillautheit N_4 der instantanen Lautheit $N(t)$ übereinstimmt.

Berechnungsverfahren für die Schärfe zeitvarianter Schalle

Für die Berechnung der *instantanen Schärfe* $S(t)$ eines zeitvarianten Schalls geht man von dem aus seinem TTZM mit Gleichung (2.24) ermittelten, zeitlich geglätteten Spezifischen Lautheitszeitverlauf $N'_G(z, t)$ aus. Die Schärfezeitfunktion $S(t)$ des TTZM erhält man dabei aus der zeitlichen Abfolge der für jedes TTM berechneten Schärfe nach Gleichung (2.6) zu

$$S(t) = c \frac{\int_{z=0}^{24\,\mathrm{Bark}} N'_G(z,t)\, g(z)\, dz}{N(t)} \quad \mathrm{acum} \quad , \qquad (2.26)$$

wobei sich die instantane Lautheit $N(t)$ nach Gleichung (2.25) ergibt. Für die Gewichtsfunktion $g(z)$ wird die verbesserte Funktion nach Aures entsprechend Gleichung (2.7) verwendet, die Konstante c dient zur Normierung auf den Referenzschall der Schärfe [110, S.215].

Die Berücksichtigung der *instantanen* Lautheit $N(t)$ im Nenner ist notwendig, um die Schärfezeitfunktion $S(t)$ zunächst unabhängig von den Lautheitsschwankungen des Schallsignals zu berechnen. Dies ist insbesondere für Schallsignale mit sehr großen Lautheitsänderungen erforderlich, wie es bei den Klaviertönen der Fall ist. Die von Aures eingeführte lautheitsabhängige Korrekturfunktion im Nenner von Gleichung (2.8) sollte bei der Berechnung der *zeitbewerteten* Schärfen unterschiedlich lauter Schalle berücksichtigt werden. Da in dieser Arbeit nur Klaviertöne mit etwa gleichen zeitbewerteten Lautheiten untersucht wurden, erübrigt sich eine derartige Korrektur.

Da die Empfindung der Schärfe sehr eng mit der Lautheit zusammenhängt, und die zeitbewertete Lautheit von Klaviertönen gut mit der Perzentillautheit N_4 übereinstimmt, ist es nicht verwunderlich, daß auch die *zeitbewertete Schärfe*, also die für die gesamte Darbietungsdauer einem Klavierton zugeordnete "mittlere" Schärfe, am besten mit einem Perzentilwert der instantanen Schärfe $S(t)$ beschrieben werden kann. Wie im folgenden gezeigt wird, ergibt sich die beste Übereinstimmung zu psychoakustisch gemessenen Schärfen mit dem Perzentil 20. Daher wird für die zeitbewertete Schärfe eines Klaviertons die Perzentilschärfe S_{20} festgelegt, d.h. derjenige Wert der instantanen Schärfe $S(t)$, der in 20% der Darbietungszeit erreicht oder überschritten wird.

Überprüfung und Bewertung des Schärfeberechnungsverfahrens

Zwischen den zeitbewerteten Schärfen, die in Abschnitt 2.3.1 für die originalen und synthetischen Klaviertöne der drei Tonlagen psychoakustisch gemessen wurden, und den berechneten Perzentilschärfen S_{20} ergibt sich mit einem Korrelationskoeffizienten von 0,90 eine gute Übereinstimmung. Der relative Fehler zwischen berechneten und gemessenen zeitbewerteten Schärfen beträgt im Mittel ±13 % und liegt damit im Interquartilbereich, der sich bei den psychoakustischen Bewertungen in Abschnitt 2.3.1 ergab. Unter Berücksichtigung der von Bismarck [17] angegebenen psychoakustischen Meßgenauigkeit von ±10 % liefert das Berechnungsverfahren damit zumindest für Klaviertöne gute Ergebnisse.

Zur Überprüfung, inwieweit die für Klaviertöne entwickelte Berechnung der zeitbewerteten Schärfe S_{20} auch auf andere Schallsignale anwendbar ist, wurden für 15 zeitvariante Umweltschalle, die zur Untersuchung des Wohlklangs von Terhardt und Stoll [92] verwendet wurden, die Schärfen S_{20} berechnet und mit gemessenen Werten verglichen. Auch für diese Schalle erübrigt sich eine lautheitsabhängige Korrektur der Schärfe nach Aures, da ihre Lautheiten in der Größe der Klaviertöne liegen. In Bild 2.13 sind neben diesen Vergleichen auch die entsprechenden Werte der 24 Klaviertöne unterschiedlicher Tonlagen aus Abschnitt 2.3.1 eingetragen.

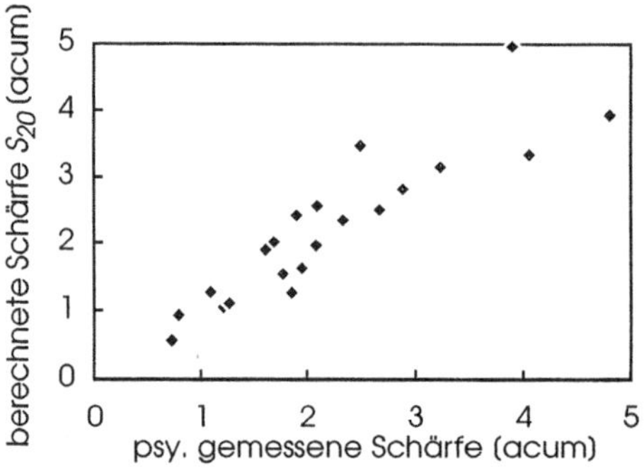

Bild 2.13: Vergleich zwischen psychoakustisch gemessenen und berechneten zeitbewerteten Schärfen von 12 originalen und 12 synthetischen Klaviertönen aus drei verschiedenen Tonlagen (vgl. Abschnitt 2.3.1) und von folgenden 15 Umweltschallen: Staubsauger, elektrische Kaffeemühle, Telefonklingel, elektrische Schreibmaschine, in Waschbecken laufendes Wasser, Schlagbohrmaschine, Kreissäge, anfahrendes Auto, vorbeifahrendes Motorrad, Flugzeug, Frauenstimme /a:/, Männerstimme /a:/, Orgelakkord, Glockengeläute, weißes Rauschen. Der Korrelationskoeffizient zwischen gemessenen und berechneten Werten beträgt 0,92. Die Umrechnung gemessener relativer Schärfen erfolgte über den gemessenen Mittelwert.

Auch für derart unterschiedliche, zeitvariante Schallsignale ergibt sich mit einem Korrelationskoeffizienten von 0,92 eine gute Übereinstimmung zwischen psychoakustisch gemessenen und berechneten zeitbewerteten Schärfen. Das angegebene Verfahren zur Berechnung der zeitbewerteten Schärfe eines zeitvariablen Schallsignals liefert also auch für geräuschhafte Signale gute Ergebnisse.

Wie bereits hervorgehoben, wurde auf eine lautheitsabhängige Korrektur der zeitbewerteten Schärfe S_{20} verzichtet, da die Lautheiten aller untersuchten Töne in etwa gleich waren. Nach Bismarck [17] würde sich demnach bei einer Verdopplung bzw. Halbierung der Lautheit ein Fehler von weniger als ±30 % ergeben. Für ein und denselben Klavierton ergeben sich bei verschiedenen Anschlagstärken nach Askenfelt und Jansson [7] deutliche Unterschiede im Bereich hoher Frequenzen. Für geringere Anschlagstärken erhält man weniger hochfrequente Anteile im Spektrum. Damit geht auch eine Abnahme der Schärfe einher. Es bleibt zu untersuchen, inwieweit sich die zeitbewertete Schärfe S_{20} von Klaviertönen im gesamten Dynamikbereich verändert, und welcher Anteil der lautheitsabhängigen Schärfeänderung bereits durch das veränderte Spektrum erklärt wird. Erst dann ist eine lautheitsabhängige Korrektur der berechneten zeitbewerteten Schärfe S_{20} möglich. Als Anhaltspunkt sei an dieser Stelle auf die Ergebnisse von Goad [34] verwiesen. Für die von ihr untersuchten Musikinstrumente ergaben sich für den gesamten Dynamikumfang Schärfeänderungen um den Faktor 2.

2.4 Der Beitrag einzelner Spektralbereiche

Da in allen drei Tonlagen neben der Schärfe noch ein zweites Kriterium (in Bild 2.1 durch die Dimension II repräsentiert) bei der Beurteilung der Unähnlichkeiten zwischen Klaviertönen im Spiel ist, muß auch für dieses eine objektive Charakterisierung gefunden werden. Entsprechend den Ausführungen von Abschnitt 2.2.1 hängt auch dieses zweite Kriterium in allen drei Tonlagen mit der spektralen Hüllkurve der einzelnen Töne zusammen. Als gehörgerechte Abbildung der spektralen Hüllkurve in eine zugehörige Empfindung könnte man die Spezifische Lautheit N' über der Tonheit z verstehen. Die wesentlichen Informationen, die zur Unterscheidung verschiedener Klaviertöne verwendet werden, sollten demnach in den Spezifischen Lautheits-Tonheitsverteilungen der Töne enthalten sein.

Um einen Anhaltspunkt für die Interpretation des zweiten Kriteriums zu erhalten, werden im folgenden, ausgehend vom obigen Ansatz, die Werte der Dimension II und die Spezifischen Lautheitsverteilungen der entsprechenden Töne auf einen Zusammenhang hin überprüft. Zuerst wird eine Beschreibung für die Spezifische Lautheitsverteilung durch wenige Kennwerte hergeleitet. Dazu wird eine gehörorientierte Aufteilung der Spezifischen Lautheitsverteilung in einzelne Spektralbereiche eingeführt und eine Kenngröße für die Beschreibung der Bereiche definiert (Abschnitt 2.4.1). In Abschnitt 2.4.2 wird die Korrelation der Kenngrößen dieser Spektralbereiche mit der Dimension II ermittelt. Dabei deutet sich ein Zusammenhang zwischen dem Quotienten zweier Kenngrößen und dem zweiten Kriterium an. Dieser Zusammenhang wird in Abschnitt 2.4.3 mit einem Hörversuch verifiziert.

2.4.1 Festlegung und Kenngrößen der Spektralbereiche

Für eine charakteristische Beschreibung der Spezifischen Lautheitsverteilung der Klaviertöne durch möglichst wenige Kennwerte wird eine Aufteilung derselben in vier Spektralbereiche nach Tabelle 2.2 vorgenommen.

Tabelle 2.2: Aufteilung der Spezifischen Lautheitsverteilung in vier Spektralbereiche entsprechend den Ergebnissen von Dünnwald [27] für eine charakteristische Beschreibung derselben durch wenige Kennwerte. Die Umrechnung der Frequenzen in Tonheiten ist nicht exakt.

Bezeichnung der einzelnen Spektralbereiche	untere und obere Grenze als Frequenz f	untere und obere Grenze als Tonheit z
A	190 – 700 Hz	2 – 6,5 Bark
B	700 – 1300 Hz	6,5 – 10 Bark
C	1300 – 4000 Hz	10 – 17 Bark
D	4000 – 6400 Hz	17 – 20 Bark

Die Aufteilung in diese Frequenzbereiche wurde entsprechend den Ergebnissen von Dünnwald [27] gewählt. Bei der Ableitung objektiver Qualitätsmerkmale aus Messungen an alten und neuen Violinen ergab sich eine herausragende Bedeutung dieser vier Frequenzbereiche. Ein weiterer Grund, der die Aufteilung in genau diese vier Frequenzbereiche motivierte, ist der in Bild 2.14 verdeutlichte Zusammenhang zwischen der Ruhehörschwelle, dem von Terhardt et al. [94] angegebenen *dominanten Spektralbereich*, der hinsichtlich der darin vermittelten Informationen bevorzugt ausgewertet wird (Fletcher und Galt [30], Ritsma [72], Plomp [68], Terhardt et al. [93, 94]) und den vier im dominanten Spektralbereich liegenden Frequenzbereichen nach Tabelle 2.2.

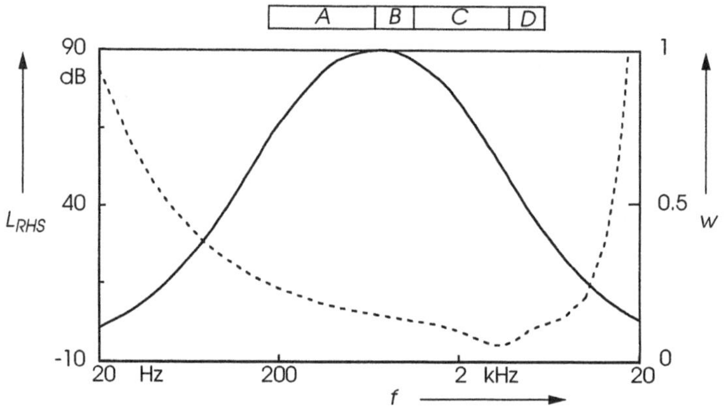

Bild 2.14: Zusammenhang zwischen den Spektralbereichen (*A*, *B*, *C*, *D*) gemäß Tabelle 2.2, in die der Spezifische Lautheitsverlauf *N'(z)* für seine Beschreibung aufgeteilt wird, der Ruhehörschwelle (gestrichelt, L_{RHS}) nach der Gleichung von Terhardt [87] und der Gewichtsfunktion, die den dominanten Spektralbereich beschreibt (durchgezogen, *w*), nach Terhardt et al. [94].

Die Grenze zwischen den beiden Spektralbereichen *A* und *B* liegt genau beim Maximum des dominanten Spektralbereichs. Der Bereich *A* entspricht damit dem Frequenzbereich, bei dem die spektrale Gewichtung um so geringer wird, je höher die Ruhehörschwelle liegt. Der Bereich *B* beschreibt den Frequenzbereich, bei dem sich sowohl die hohe spektrale Gewichtung wie auch die niedrig liegende Ruhehörschwelle kaum ändern. Im Bereich *C* bleibt die Ruhehörschwelle niedrig, die spektrale Gewichtung indessen fällt bis auf etwa die Hälfte ab. Der Bereich *D* schließlich entspricht dem Frequenzbereich, in dem die spektrale Gewichtung weiter abfällt und die Ruhehörschwelle wieder ansteigt.

Für eine relativ grobe Aufteilung der Spezifischen Lautheitsverteilung *N'(z)* in einzelne Spektralbereiche zur Beschreibung charakteristischer Klangeigenschaften spricht die systemtheoretische Vorstellung, daß bei der Übertragung des akustischen Schallsignals die einzelnen Teiltonamplituden entsprechend dem Frequenzgang der Übertragungsstrecke verändert werden. Nach Terhardt [90] verteilen sich die Übertragungsfehler weitgehend zufällig auf die einzelnen Teiltöne, so daß der mittlere Fehler mehrerer Teiltonamplituden im allgemeinen recht klein sein wird. Damit erhält man nur bei Betrachtung größerer Frequenzbereiche, die auf Grund geringer mittlerer Übertragungsfehler als weitgehend übertragungsresistent angenommen werden können, zuverlässige Informationen über klangtypische, spektrale Intensitätsverteilungen.

Als Kenngrößen für die Beschreibung der Spezifischen Lautheitsverteilung werden die *Bereichslautheiten* N_B verwendet, die sich in den vier nach Tabelle 2.2 angegebenen Tonheitsbereichen ergeben. Die *zeitvariante Bereichslautheit* $N_B(z_1, z_2, t)$, die sich im Tonheitsbereich $[z_1; z_2]$ in Abhängigkeit der Zeit t ergibt, wird als

$$N_B(z_1, z_2, t) = \int_{z=z_1}^{z_2} N'_G(z, t)\,dz \qquad (2.27)$$

definiert. Den zeitlich geglätteten Spezifischen Lautheitszeitverlauf $N'_G(z, t)$ erhält man nach Gleichung (2.24). In Anlehnung an die zeitbewertete Lautheit eines zeitvariablen Schalls wird die *zeitbewertete Bereichslautheit* $N_{B4}(z_1, z_2)$, die sich im Tonheitsbereich $[z_1; z_2]$ "gemittelt" über die gesamte Darbietungsdauer ergibt, als das Perzentil 4 der instantanen Bereichslautheit $N_B(z_1, z_2, t)$ von Gleichung (2.27) definiert. Im folgenden werden die zeitbewerteten Bereichslautheiten der vier Frequenzbereiche A, B, C und D (vgl. Tabelle 2.2) mit $N_{B4}(A)$, $N_{B4}(B)$ und so fort angegeben.

2.4.2 Korrelation mit Dimension II

Neben den vier zeitbewerteten Bereichslautheiten $N_{B4}(z_1, z_2)$, die sich in den vier Spektralbereichen nach Tabelle 2.2 ergeben, können auch die Verhältnisse zwischen diesen Bereichslautheiten für die Beschreibung der Spezifischen Lautheitsverteilung eines Kläviertons herangezogen werden. Somit stehen zehn berechnete Kenngrößen für die Beschreibung der Spezifischen Lautheitsverteilung eines Klaviertons zur Verfügung. Diese Kenngrößen wurden für die originalen Klaviertöne der drei Tonlagen berechnet und mit dem entsprechenden Wert der Dimension II in Bild 2.1 korreliert.

In allen drei Tonlagen ergibt sich die höchste Korrelation für ein und dieselbe Kenngröße, die das Verhältnis zwischen der Bereichslautheit im Frequenzbereich B und der im Bereich C beschreibt. Der über alle drei Tonlagen gemittelte Korrelationskoeffizient[7] von 0,88 weist auf eine brauchbare Übereinstimmung zwischen der Dimension II und dieser Kenngröße hin. Daraus folgt, daß das zweite Kriterium, das zur Unterscheidung verschiedener Klaviertöne maßgebend ist, mit dem Verhältnis der Bereichslautheit im Tonheitsbereich B zu der im Tonheitsbereich C, also $N_{B4}(B)/N_{B4}(C)$, beschrieben werden kann.

7. Für die Berechnung des arithmetischen Mittels mehrerer Korrelationskoeffizienten müssen diese zunächst in Fishers Z-Werte transformiert und das arithmetische Mittel der Z-Werte schließlich wieder in eine Korrelation zurücktransformiert werden [21, S.203].

2.4.3 Hörversuch

Zur Verifikation des sich andeutenden Zusammenhangs zwischen dem zweiten bei der Unterscheidung verschiedener Klaviertöne maßgebenden Kriterium und dem Verhältnis der beiden Bereichslautheiten $N_{B4}(B)/N_{B4}(C)$ der Töne wurde je Tonlage ein originaler Klavierton so verändert, daß die dabei entstehenden Varianten sich nur in diesem Lautheitsverhältnis vom Original unterscheiden. Die dadurch hervorgerufenen Unähnlichkeiten zum Original sowie zu den anderen drei Tönen der jeweiligen Tonlage wurden in drei nach Tonlagen getrennten Hörversuchen ermittelt. Bei der Darstellung der multidimensional skalierten Ergebnisse in einem zweidimensionalen Distanzmodell sollten, falls der vermutete Zusammenhang tatsächlich besteht, die erzeugten Varianten und das zugehörige Original sich hauptsächlich in einer Dimension unterscheiden, die mit dem Verhältnis der beiden Bereichslautheiten zusammenhängt.

Versuchsschalle

Für die Erzeugung verschiedener Varianten eines Originaltons, die sich lediglich in ihrem Lautheitsverhältnis $LQ = N_{B4}(B)/N_{B4}(C)$ unterscheiden, wurden die Pegel der im Frequenzbereich B liegenden Partialtöne um einen konstanten Wert über die gesamte Darbietungszeit angehoben bzw. abgesenkt. Hierbei wurde darauf geachtet, daß die Änderungen des Lautheitsverhältnis zum einen wahrnehmbar sind, zum anderen aber dennoch in der Größe der Änderungen liegen, die bei den originalen Tönen auftreten. Auf diese Weise wurde gewährleistet, daß die Varianten des Originaltons immer noch wie Klaviertöne klingen. Außerdem ergaben sich dadurch keine Unterschiede zwischen den zeitbewerteten Lautheiten der Varianten und der originalen Klaviertöne.

In jeder Tonlage wurden auf diese Art drei Varianten zu einem Originalton erzeugt. In der tiefen Tonlage entstanden aus dem originalen Klavierton b die gleichlauten Varianten b_{LQ1}, b_{LQ2} und b_{LQ3}. In der mittleren und hohen Tonlage ergaben sich die Varianten s_{LQ1}, s_{LQ2} und s_{LQ3} aus dem jeweiligen Ton s.

Versuchsdurchführung

In drei nach Tonlagen getrennten Hörversuchen, an denen jeweils acht normalhörende Versuchspersonen mit musikalischer Vorbildung teilnahmen, wurden alle möglichen Paarkombinationen der sieben Töne (4 Originaltöne, 3 Varianten eines Originaltons) jeweils viermal in zufälliger Reihenfolge dargeboten. Vergleiche zwischen gleichen Tönen fanden nicht statt. Die Versuchspersonen sollten nach zweimaligem Anhören eines Paares die Unähnlichkeit zwischen den beiden Tönen mit einer Zahl entsprechend der in Tabelle 1.3 angegebenen Skala bewerten.

Ergebnisse und Diskussion

Die Beurteilung der Unähnlichkeiten erfolgte in allen drei Tonlagen weitgehend mit geringen intra- wie auch interindividuellen Schwankungen. Die aus den Medianen der Unähnlichkeitsbeurteilungen mit Hilfe multidimensionaler Skalierung berechneten Distanzmodelle für die sieben Töne der drei Tonlagen sind in Bild 2.15 dargestellt.

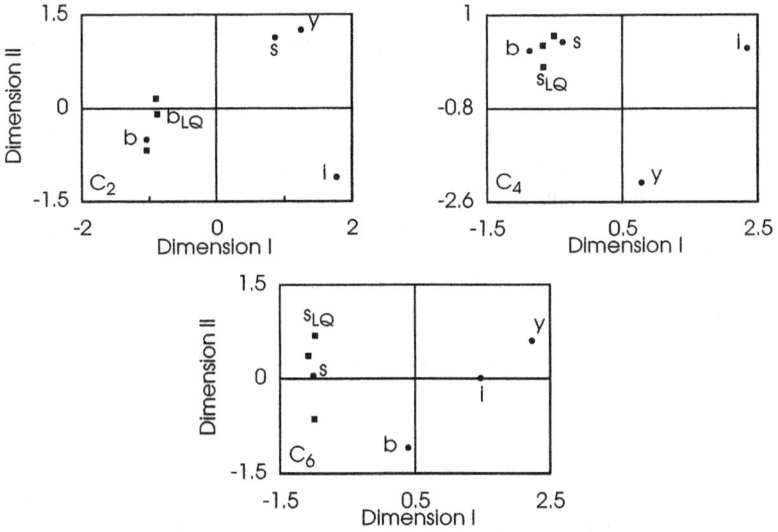

Bild 2.15: Distanzmodelle der drei Tonlagen, die mit Hilfe multidimensionaler Skalierung aus den Medianen der Unähnlichkeitsbeurteilungen zwischen den originalen (b, i, s, y) Klaviertönen und den drei aus einem der Originaltöne erzeugten *LQ*-Varianten (Quadrate) berechnet wurden. Die einzelnen Varianten und der zugehörige Originalton unterscheiden sich nur im Lautheitsverhältnis $LQ = N_{B4}(B) / N_{B4}(C)$, wobei die Bereichslautheiten N_{B4} der beiden Frequenzbereiche B und C (gemäß Tabelle 2.2) als das Perzentil 4 von Gleichung (2.27) definiert sind. *Links oben*: Tiefe Tonlage C_2, Streß = 3,6%. *Rechts oben*: Mittlere Tonlage C_4, Streß = 2,9%. *Unten*: Hohe Tonlage C_6, Streß = 7,1%.

Aus der Darstellbarkeit der Ergebnisse mit zwei Dimensionen bei ausreichend kleinem Streß folgt, daß in allen drei Tonlagen hauptsächlich zwei Kriterien bei der Beurteilung der Unähnlichkeiten maßgebend sind. In allen drei Tonlagen stimmt die Anordnung der vier Originaltöne entlang der beiden Dimensionen gut mit der jeweiligen in Abschnitt 2.1.2 nur für die Originaltöne ermittelten Konfiguration überein, die in Bild 2.1 für die drei Tonlagen dargestellt sind. Der Korrelationskoeffizient, der den jeweiligen Zusammenhang zwischen den Dimensionen I der beiden zugehörigen Konfigurationen beschreibt, beträgt im Mittel 0,98 für alle drei Tonlagen, der Korrelationskoeffizient für die Dimension II 0,96. Daraus kann geschlossen werden, daß offenbar die gleichen zwei Kriterien bei der Beurteilung der Unähnlichkeiten maßgebend waren.

In allen drei Tonlagen ordnen sich die erzeugten *LQ*-Varianten und der zugehörige Originalton vorzugsweise entlang der Dimension II an. Da sich die Varianten einer Tonlage und der zugehörige Originalton vor allem im Lautheitsverhältnis der beiden Bereichslautheiten $N_{B4}(B)$ und $N_{B4}(C)$ unterscheiden, ist somit der Schluß zulässig, daß das zweite maßgebende Kriterium bei der Beurteilung von Unähnlichkeiten mit dem Lautheitsverhältnis $LQ = N_{B4}(B) / N_{B4}(C)$ der beiden Bereichslautheiten in den Frequenzbereichen B und C

(nach Tabelle 2.2) zusammenhängt.

Der Zusammenhang zwischen den Koordinaten der Dimension II in Bild 2.15 und den berechneten Lautheitsverhältnissen deutet mit einem über die drei Tonlagen gemittelten Korrelationskoeffizienten von 0,74 darauf hin, daß die Beschreibung des zweiten Kriteriums durch das Lautheitsverhältnis der beiden Spektralbereiche B und C noch nicht ausreichend genau erfolgt. Daher wird in Abschnitt 2.5 neben einer verbalen auch eine bessere, objektive Beschreibung für das zweite Kriterium hergeleitet. Das erste, durch die Dimension I repräsentierte Kriterium wird dagegen sehr gut durch die Schärfe beschrieben, wie aus der Korrelation zwischen den Koordinaten der Dimension I von Bild 2.15 und den berechneten Schärfen mit einem über alle Tonlagen gemittelten Korrelationskoeffizienten von 0,94 ersichtlich ist.

Ergebnisse weiterer Kontrollversuche

Um sicherzustellen, daß die Versuchsergebnisse weder auf besondere Eigenschaften der gewählten Originaltöne, aus denen die Varianten erzeugt wurden, noch auf die Art und Weise wie die LQ-Varianten erzeugt wurden, zurückzuführen sind, wurden weitere Kontrollversuche mit anderen Varianten durchgeführt.

Die Ergebnisse, die mit Varianten erzielt wurden, bei denen beide Bereichslautheiten $N_{B4}(B)$ und $N_{B4}(C)$ durch Pegelveränderungen manipuliert wurden, bestätigen, daß tatsächlich das Lautheitsverhältnis dieser beiden Frequenzbereiche für die wahrgenommenen Unterschiede maßgeblich ist. Auch bei Verwendung anderer Originaltöne zur Erzeugung von LQ-Varianten wird der Zusammenhang zwischen dem zweiten Kriterium und dem Lautheitsverhältnis $LQ = N_{B4}(B)/N_{B4}(C)$ bestätigt.

2.5 Interpretation des zweiten Kriteriums

Im Gegensatz zur Dimension I, die sehr gut mit der bereits bekannten Empfindungsgröße *Schärfe* beschrieben werden kann, gibt es keine bereits definierte Empfindungsgröße, mit der die Dimension II beschrieben werden könnte. Daher wird für eine Interpretation des zweiten Kriteriums, das bei der Beurteilung der Unähnlichkeit von Klaviertönen maßgebend ist, zunächst eine verbale Beschreibung ermittelt (Abschnitt 2.5.1). In Abschnitt 2.5.2 wird eine Formel für den Zusammenhang zwischen dem zweiten Kriterium und den akustischen Schallsignalparametern hergeleitet, die den Zusammenhang besser beschreibt, als das Lautheitsverhältnis $LQ = N_{B4}(B)/N_{B4}(C)$ der beiden Bereichslautheiten nach Abschnitt 2.4.

2.5.1 Verbale Attribute

Im Anschluß an den in Abschnitt 5.1.2 erläuterten Versuch, bei dem modifizierte Klaviertöne miteinander verglichen wurden, die sich fast ausschließlich im Lautheitsverhältnis $LQ = N_{B4}(B)/N_{B4}(C)$ unterscheiden, wurden die Versuchspersonen nach verbalen Attributen gefragt, die ihrer Meinung nach die im Versuch wahrgenommenen Unterschiede zwischen den manipulierten Tönen am besten beschreiben. Hierzu sollten sie auf einem Fragebogen mit 26 Gegensatzpaaren von Attributen, die von Bismarck [15, S.45] übernommen wurden, diejenigen ankreuzen, die ihnen zur Beschreibung der wahrgenommenen Unterschiede am geeignetsten erschienen. Von den an sich 30 Attributpaaren, die Bismarck in seinen Untersuchungen zur Klangfarbenwahrnehmung verwendete, wurden die vier Attribute "scharf", "unangenehm", "laut" und "hoch" weggelassen.

Für die beiden untersuchten Tonlagen (C_2, C_4) ergab sich die häufigste Nennung beim Gegensatzpaar *"offen - geschlossen"*. Entsprechend den Ergebnissen von Bismarck [16] für stationäre Schallsignale ergibt sich damit auch bei den zeitvarianten Klaviertönen als zweites wichtigstes Kriterium für deren Unterscheidung eine Hörempfindung, die mit dem Attributpaar "offen - geschlossen" umschrieben werden kann. Der von Bismarck angegebene mögliche Zusammenhang dieser Hörempfindung mit dem Vorhandensein von diskret gegenüber kontinuierlich verteilter Energie im Schallsignal bestätigt sich jedoch nicht, da bei den Klaviertönen ein derartiger Unterschied im Schallsignal nicht vorhanden ist. Vielmehr läßt sich dieses Hörattribut bei den Klaviertönen mit ihrem Lautheitsverhältnis $LQ = N_{B4}(B)/N_{B4}(C)$ in Verbindung bringen. Systematisch abgesicherte, psychoakustische Untersuchungen mit komplexen Schallen wären notwendig, um die Brauchbarkeit des Attributpaars "offen - geschlossen" zur Beschreibung der mit dem Lautheitsverhältnis zusammenhängenden Hörempfindung zu überprüfen. Da in dieser Arbeit lediglich die objektive Messung der zur Unterscheidung verschiedener Klaviertöne verwendeten Kriterien im Vordergrund steht, wird für die zum zweiten Kriterium gehörige Empfindungsgröße die Bezeichnung *Offenheit* festgelegt, ohne die Gültigkeit einer solchen Bezeichnung für die gefragte Empfindungsgröße zu beanspruchen.

2.5.2 Zusammenhang mit dem Schallsignal

Sowohl bei der Qualitätsbeurteilung von Geigen (vgl. Untersuchungen von Dünnwald [27]) wie auch bei der Beurteilung der Unähnlichkeit von Klaviertönen ergibt sich ein Zusammenhang zwischen den Ergebnissen und dem Verhältnis der beiden Bereichslautheiten in den nach Dünnwald gemäß Tabelle 2.2 angegebenen Frequenzbereichen B und C. Unter dem Gesichtspunkt, daß nur größere Frequenzbereiche zuverlässige Informationen über klangtypische spektrale Intensitätsverteilungen enthalten können, erscheint es sinnvoll, diese beiden Frequenzbereiche als einen für die Beurteilung musikalischer Schallreize relevanten Frequenzbereich aufzufassen. Als objektive Charakterisierung dieses Frequenzbereichs wird ein gewichteter Schwerpunkt der Spezifischen Lautheitsverteilung in diesem Tonheitsbereich angesetzt. Dementsprechend wird der Zusammenhang zwischen dem akustischen Schallsignal und der als *Offenheit* O bezeichneten Hörempfindung, die als zweites Kriterium bei der Beurteilung der Unähnlichkeit von Klaviertönen maßgebend ist, durch die Formel

$$O(t) = c \frac{\int_{z=0}^{24\mathrm{Bark}} N'_G(z,t)\, g'(z)\, dz}{\int_{z=0}^{24\mathrm{Bark}} N'_G(z,t)\, dz} \tag{2.28}$$

definiert[8], wobei die Konstante c so gewählt ist, daß die über die Darbietungszeit arithmetisch gemittelte Offenheit O Werte ähnlicher Größe wie die Schärfe annimmt. Den zeitlich geglätteten Spezifischen Lautheitszeitverlauf $N'_G(z, t)$ erhält man, wie in Abschnitt 2.3.2 erläutert, aus dem akustischen Schallsignal mit Gleichung (2.24).

Die beste Übereinstimmung mit einem über die drei Tonlagen gemittelten Korrelationskoeffizienten von 0,83 zwischen den Werten der Dimension II in Bild 2.15 und der mit Gleichung (2.28) berechneten, über die gesamte Darbietungszeit arithmetisch gemittelten Offenheit O der einzelnen Töne erhält man mit der Gewichtsfunktion

$$g'(z) = \exp\left[-0{,}05\,(z/\mathrm{Bark} - 8{,}6)^2\right], \tag{2.29}$$

die in Bild 2.16 im Vergleich zum dominanten Spektralbereich nach Terhardt et al. [94], den in Tabelle 2.2 nach Dünnwald [27] angegebenen vier Frequenzbereichen (A, B, C, D) und der für die Berechnung der Schärfe verwendeten Gewichtsfunktion $g(z)$ nach Aures [8, 9] entsprechend Gleichung (2.7) dargestellt ist.

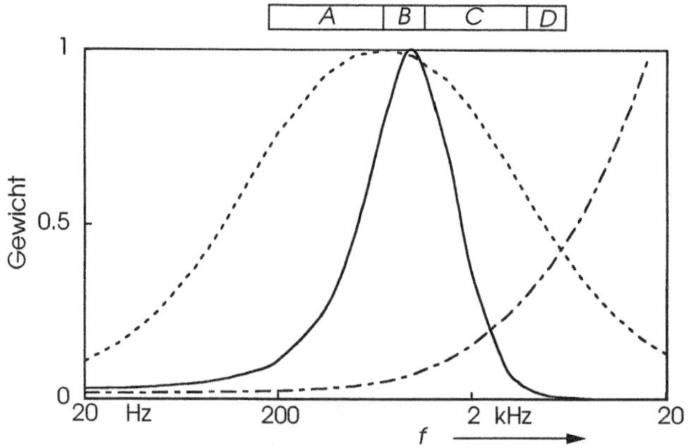

Bild 2.16: Vergleich zwischen der durchgezogen dargestellten Gewichtsfunktion g' entsprechend Gleichung (2.29) für die Berechnung der Offenheit O nach Gleichung (2.28), den Spektralbereichen (A, B, C, D) nach Dünnwald [27] gemäß Tabelle 2.2, der gestrichelt dargestellten Gewichtsfunktion für den dominanten Spektralbereich nach Terhardt et al. [94] und der strichpunktierten Gewichtsfunktion g nach Aures [8, 9] entsprechend Gleichung (2.7) für die Berechnung der Schärfe S nach Gleichung (2.26).

Bemerkenswert erscheint erstens die Lage der Gewichtsfunktion g' bezüglich des dominan-

8. Diese Art der Definition liefert für Töne, die als "offen" bezeichnet werden, kleine O-Werte.

ten Spektralbereichs. Aus dieser Lage kann geschlossen werden, daß bei der Beurteilung der Unähnlichkeit von Klaviertönen die im dominanten Spektralbereich vermittelten Informationen bevorzugt ausgewertet werden. Somit bestätigt die spektrale Lage der Gewichtsfunktion *g'* die Existenz des dominanten Spektralbereichs. Zweitens kann festgehalten werden, daß bei der Beurteilung der auditiven Unähnlichkeit von Klaviertönen offenbar zwei Empfindungsgrößen maßgebend sind, die beide mit der Spezifischen Lautheitsverteilung der Schallsignale zusammenhängen. Für jede Empfindungsgröße ist jedoch ein anderer Spektralbereich relevant (*g* und *g'* in Bild 2.16). Auch Untersuchungen von Benedini [13, 14] mit stationären, harmonisch komplexen Schallsignalen zeigen, daß neben der Schärfe ein zweites Kriterium für die Beschreibung von Klangfarbenunterschieden notwendig ist. Bei Benedini bleibt jedoch unklar mit welcher Hörempfindung dieses zweite Kriterium beschrieben werden kann.

2.6 Berechnung der Unähnlichkeiten

Bei der Beurteilung der Unähnlichkeit von Klaviertönen sind offenbar zwei Kriterien maßgebend. Die zugehörigen Hörempfindungen können objektiv aus den Spezifischen Lautheitsverteilungen der Schallsignale nach Gleichungen (2.26) und (2.28) bestimmt werden. Daher kann im folgenden ein Modell zur Berechnung der Unähnlichkeit von Klaviertönen hergeleitet werden. Um einen Hinweis zu erhalten, inwieweit gemessene Unähnlichkeiten mit den aus beiden Empfindungsgrößen berechneten Distanzen übereinstimmen können, wird in Abschnitt 2.6.1 der Anteil, mit dem beide Kriterien zur Unterscheidung zweier Klaviertöne beitragen, durch Faktorenanalyse ermittelt. Der Anteil, der auf die einzelne Hörempfindung fällt, wird mit einem Hörversuch in Abschnitt 2.6.2 untersucht. Daraus ergibt sich das Gewichtsverhältnis der von beiden Hörempfindungen gelieferten Unähnlichkeiten. Mit Hilfe dieses Gewichtsverhältnisses kann das Berechnungsmodell angegeben werden. In Abschnitt 2.6.3 wird das Berechnungsmodell anhand einzelner Anwendungsbeispiele überprüft.

2.6.1 Beitrag der beiden Kriterien

Für die Bestimmung des Beitrags beider Kriterien bei der Beurteilung der Unähnlichkeiten wird davon ausgegangen, daß die wesentlichen Informationen in den Spezifischen Lautheits-Tonheitsverteilungen der Töne enthalten sind. Beschreibt man die Spezifische Lautheits-Tonheitsverteilung eines Tons mit den vier in Abschnitt 2.4.2 angegebenen zeitbewerteten Bereichslautheiten $N_{B4}(z_1, z_2)$ der vier Frequenzbereiche A, B, C und D (vgl. Tabelle 2.2), den sechs Verhältnissen zwischen diesen Bereichslautheiten und den beiden zeitbewerteten Empfindungsgrößen Schärfe und Offenheit, die sich entsprechend den Gleichungen (2.26) und (2.28) aus der Spezifischen Lautheitsverteilung ergeben, so erhält man für jeden Ton zwölf Kenngrößen. Dementsprechend können die einzelnen Töne als Punkte in einem 12-dimensionalen Raum repräsentiert werden. Ob tatsächlich zwölf Dimensionen für die Beschreibung der Klaviertöne nötig sind, kann mit der Faktorenanalyse ermittelt werden (z.B.

Bortz [21, S.472 ff.]). Dabei werden diejenigen Kenngrößen, die untereinander stark korrelieren, zu einem Faktor zusammengefaßt. Auf diese Weise werden alle Kenngrößen auf eine kleinere Anzahl wechselseitig voneinander unabhängiger Faktoren zurückgeführt, die die Zusammenhänge zwischen den Kenngrößen erklärt.

Bei der in dieser Arbeit verwendeten Hauptkomponentenanalyse nach Hotelling [45] werden die Faktoren so bestimmt, daß sie zum einen voneinander unabhängig sind und zum anderen sukzessiv maximale Varianz erklären. Dazu wird das aus den Kenngrößen gebildete 12-dimensionale orthogonale Koordinatensystem so gedreht, daß die Projektionen der als Punkte repräsentierten Töne auf einer der zwölf Achsen maximal streuen. Diese neue Achse klärt dann einen maximalen Anteil der Gesamtvarianz auf. Im nächsten Schritt werden die verbleibenden elf Achsen wiederum so gedreht, daß von der Restvarianz, die nicht durch die erste neue Achse aufgeklärt wird, eine zweite Achse einen maximalen Anteil aufklärt. Mit Hilfe dieser Vorgehensweise, die man als sukzessive varianzmaximierende, orthogonale Rotationstransformation bezeichnet, werden somit die zwölf Kenngrößenachsen in eine geringere Anzahl neuer Achsen transformiert, die sukzessiv maximale Varianz aufklären. Die so ermittelten neuen Achsen stellen die Faktoren dar.

In allen drei Tonlagen werden über 90% der Gesamtvarianz allein durch zwei Faktoren aufgeklärt. Die hohen Kommunalitäten[9] (im Mittel ist $h^2 > 0,91$) aller Kenngrößen zeigen, daß alle Kenngrößen gut durch zwei Faktoren erfaßt werden. Demnach können die Unterschiede der Spezifischen Lautheits-Tonheitsverteilungen der Klaviertöne bereits mit zwei Faktoren ausreichend genau beschrieben werden. Da sich die beiden Hörempfindungen Schärfe und Offenheit als wesentlich bei der Beurteilung der Unähnlichkeit von Klaviertönen herausgestellt haben, kann daraus geschlossen werden, daß diese beiden Hörempfindungen mit über 90% zur Erklärung der Unähnlichkeit von Klaviertönen beitragen. Welcher Anteil dabei auf die einzelne Hörempfindung fällt, wird im nachfolgenden Abschnitt mit einem Hörversuch bestimmt.

2.6.2 Gewichtsverhältnis

Für die Bestimmung des Gewichtsverhältnisses beider Kriterien bei der Beurteilung der Unähnlichkeiten muß geklärt werden, wie groß die Änderungen der beiden Empfindungsgrößen sein müssen, um eine äquivalent wahrnehmbare Änderung hervorzurufen. Die Skalen der beiden Empfindungsgrößen Schärfe und Offenheit enthalten keine Information darüber, welche Änderungen jeweils notwendig sind, um äquivalente Änderungen der Unähnlichkeit und damit der subjektiven Distanz hervorzurufen. Deshalb können auch keine Aussagen darüber gemacht werden, ob eine der beiden Hörempfindungen bei der Beurteilung von Unähnlichkeiten dominiert, d.h. einen größeren Anteil zur Erklärung der Unterschiede liefert. Für die Entwicklung eines Modells zur Berechnung der Unähnlichkeiten muß jedoch das Gewichtsverhältnis der beiden eingehenden Empfindungsgrößen und die Größe der als

9. Die Kommunalität h^2 einer Kenngröße gibt an, in welchem Ausmaß diese Kenngröße durch die beiden extrahierten Faktoren aufgeklärt bzw. erfaßt wird [21, S.480].

äquivalent empfundenen Empfindungsintervalle bekannt sein.

Im folgenden wird zuerst der Ansatz erläutert, welcher der Untersuchungsmethode zugrunde liegt. Anschließend wird mit Hilfe eines Hörversuchs die Größe der als äquivalent empfundenen Empfindungsintervalle und daraus das Gewichtsverhältnis ermittelt. Mit den dabei gewonnenen Ergebnissen kann zum Schluß das Berechnungsmodell für Unähnlichkeiten angegeben werden.

Ansatz

Für die Bestimmung des Gewichtsverhältnisses der beiden Kriterien wurde das von Terhardt [84, 85] formulierte Äquivalenzgesetz zugrunde gelegt. Dieses besagt, daß sich als geeignetes Maß für die Unähnlichkeit von Schallreizen nicht die veränderten Empfindungsgrößen selbst eignen, sondern die Anzahl der aneinandergereihten Unterschiedsschwellen, die sich in den veränderten Empfindungsgrößen unterbringen lassen. Entsprechend diesem Gesetz umfassen die als äquivalent empfundenen Intervalle zweier Empfindungsgrößen die gleiche Anzahl von Empfindungsstufen, d. h. eben wahrnehmbaren Empfindungsunterschieden. Somit enthält eine Änderung der Schärfe um ΔS_{norm}, die zu einer Unähnlichkeitsbeurteilung mit dem Wert 1 auf einer intervallskalierten subjektiven Distanzskala führt, die gleiche Anzahl von Empfindungsstufen, wie die Änderung der Offenheit ΔO_{norm}, die ebenfalls zu einer subjektiven Distanz von 1 führt. Es ist denkbar, daß das zu einer äquivalenten Änderung einer Empfindungsgröße gehörende Intervall vom Betrag der Empfindungsgröße selbst abhängt. Das würde bedeuten, daß ein gegebenes Empfindungsintervall, je nach Lage auf der Skala der Empfindungsgröße, unterschiedlich viele Empfindungsstufen enthält und somit in Abhängigkeit von der Lage zu verschieden großen subjektiven Distanzbewertungen führt.

Erst wenn man sowohl die als äquivalent empfundenen Intervalle der beiden Empfindungsgrößen ΔS_{norm} und ΔO_{norm} wie auch eine mögliche Abhängigkeit ihrer Größe von ihrer Lage auf der Skala der jeweiligen Empfindungsgröße ermittelt hat, kann man eine Aussage über die Bedeutung der beiden eingehenden Empfindungsgrößen bei der Beurteilung der Unähnlichkeit von Klaviertönen machen und ihr Gewichtsverhältnis angeben.

Versuchsdurchführung

Für die Bestimmung der als äquivalent empfundenen Intervalle der beiden Empfindungsgrößen ΔS_{norm} und ΔO_{norm} wurden aus allen in dieser Arbeit verwendeten Klaviertönen vier Schallpaare je Tonlage ausgewählt, von denen zwei sich nur in der Schärfe und die anderen zwei sich nur in der Empfindungsgröße Offenheit deutlich unterscheiden. Diese zwölf Paare für die drei Tonlagen wurden jeweils viermal in zufälliger Reihenfolge dargeboten und von vier normalhörenden, musikalisch vorgebildeten Versuchspersonen auf die wahrgenommene Unähnlichkeit hin bewertet. Damit erhält man sechzehn Bewertungen je Vergleich. Nach zweimaligem Anhören eines Paares sollten die Versuchspersonen die Unähnlichkeit der beiden Klaviertöne und damit die wahrgenommene Änderung, die durch die Veränderung der entsprechenden Empfindungsgröße hervorgerufen wird, mit einer Zahl entsprechend der in Tabelle 1.3 angegebenen Skala bewerten. Mit einer vorangestellten Übung, die den Versuchspersonen eine Anpassung der wahrgenommenen Unterschiede an den vorgegebenen Wertebereich ermöglichte, und der Anweisung, die Beurteilung relativ zu den bereits gehörten Paaren vorzunehmen, kann man davon ausgehen, daß die Unähnlichkeiten auf Intervallskalenniveau beurteilt wurden.

Die gemessene subjektive Distanz eines dargebotenen Schallpaars entspricht dem Intervall der Empfindungsgröße, um das sich die beiden Schalle unterscheiden. Bildet man das Verhältnis zwischen dem Intervall der Empfindungsgröße und der subjektiven Distanz, erhält man diejenige Änderung der Empfindungsgröße, die notwendig ist, um eine subjektive Distanz von 1 zu erhalten. Auf diese Weise kann man für jeden Vergleich dasjenige Intervall der zugehörigen Empfindungsgröße bestimmen, das im Vergleich zu den auf die gleiche Weise berechneten Empfindungsgrößenintervallen der anderen Paare als äquivalent empfunden wird.

Da beide Empfindungsgrößen zu höheren Tonlagen hin zunehmen (für die zwei Oktaven höher liegende Tonlage nimmt die Schärfe um einen Faktor von etwa 1,3 und die Offenheit um einen Faktor von etwa 1,1 zu) und für jede Tonlage durch jeweils zwei Vergleiche je Empfindungsgröße das als äquivalent empfundene Intervall bestimmt wurde, kann mit den Ergebnissen der Untersuchung auch überprüft werden, ob die äquivalenten Intervallgrößen einer Empfindungsgröße von der jeweiligen Lage auf der Skala der Empfindungsgröße abhängen.

Ergebnisse und Diskussion

Sowohl die geringen intra- wie auch interindividuellen Schwankungen bei allen Vergleichen deuten auf eine einheitliche Bewertung der wahrgenommenen Unähnlichkeiten durch sämtliche Versuchspersonen hin. Die Interquartilbereiche überstreichen unabhängig von der Tonlage im Mittel nur etwa eine Distanzeinheit.

Vergleicht man die für verschiedene Paare der drei Tonlagen ermittelten Intervalle der Empfindungsgröße Schärfe, die als äquivalent empfunden werden, zeigt sich, daß die Größe der Intervalle unabhängig von ihrer Lage auf der Schärfeskala und demnach auch unabhängig von der Tonlage gleich bleibt. Für die Normierung der Schärfeskala auf äquivalent empfundene Intervalle ΔS_{norm} wird, um sicher zu gehen, daß ein Unterschied gehört wurde und daher mehr als eine Empfindungsstufe in dem Intervall enthalten sind, dasjenige Intervall aus den Meßergebnissen berechnet, daß zu einer subjektiven Distanz von 2 führen würde. Für das als äquivalent empfundene Schärfeintervall ergibt sich unabhängig von der Tonlage

$$\Delta S_{norm} = 0{,}12 \text{ acum} . \tag{2.30}$$

Entsprechend wird auch für die Normierung der Offenheitsskala dasjenige Intervall aus den Beurteilungen der einzelnen Paare bestimmt, das zu einer Distanz von 2 führen würde und dementsprechend äquivalent zum Schärfeintervall ΔS_{norm} von Gleichung (2.30) ist. Bei der Offenheit zeigt sich eine deutliche Abhängigkeit der bestimmten Intervallgröße

ΔO_{norm} von der Lage auf der Skala. Da die Offenheit der Klaviertöne von der Tonlage abhängt und als Funktion der *nominellen Tonheit* z_b der Klaviertöne (Tonheit der nominellen Frequenz des entsprechenden musikalischen Tons) angegeben werden kann, ergibt sich für das als äquivalent empfundene Intervall ΔO_{norm} in Abhängigkeit der nominellen Tonheit z_b der Tonlage die Gleichung

$$\Delta O_{norm} = 0{,}052 z_b/\mathrm{Bark} + 0{,}356 \quad . \tag{2.31}$$

Eine gegebene Änderung dieser Empfindungsgröße in der tiefen Tonlage führt zu einer größeren wahrnehmbaren Änderung als in der hohen Tonlage.

Entsprechend dem Äquivalenzgesetz können die auf äquivalent empfundene Intervalle normierten Empfindungsgrößen als geeignetes Maß für die Berechnung der Unähnlichkeit von Klaviertönen verwendet werden. Die Distanz d_{ij} zwischen zwei Klaviertönen i und j, die einen Schärfeunterschied von $\Delta S = |S_i - S_j|$ und einen Unterschied der Offenheit von $\Delta O = |O_i - O_j|$ aufweisen, wird mit dem Ansatz

$$d_{ij} = \sqrt{\left(\frac{\Delta S}{\Delta S_{norm}}\right)^2 + \left(\frac{\Delta O}{\Delta O_{norm}}\right)^2} \tag{2.32}$$

berechnet, wobei ΔS_{norm} nach Gleichung (2.30) und ΔO_{norm} nach Gleichung (2.31) gegeben ist. Die euklidische Metrik wurde zum einen in Anlehnung an das Klangfarbenunterschiedsmodell von Benedini [14] und die Klangfarbenuntersuchungen von Plomp [70, S.95] gewählt. Zum anderen folgt diese Wahl unmittelbar aus der guten Übereinstimmung zwischen einerseits den gemessenen subjektiven Distanzen und den aus ihnen anhand multidimensionaler Skalierung ermittelten euklidischen Distanzmodellen, und andererseits der hohen Korrelation zwischen den beiden Dimensionen dieser Distanzmodelle und den beiden Empfindungsgrößen. Mit der quadratischen Summierung beider normierten Empfindungsgrößen wird die berechnete Unähnlichkeit von der größeren der beiden bestimmt.

Mit Hilfe einer geeigneten Umformung der in Gleichung (2.32) angegebenen Vorschrift zur Berechnung der Unähnlichkeiten in die Form

$$d_{ij} \sim \sqrt{\left(\frac{\Delta O_{norm}}{\Delta S_{norm}}\right)^2 \Delta S^2 + \Delta O^2} \tag{2.33}$$

kann das gesuchte Gewichtsverhältnis zwischen den beiden Empfindungsgrößenänderungen ΔS und ΔO direkt abgelesen werden. Es ergibt sich eine Gewichtung der Schärfeänderung ΔS mit dem tonheitsabhängigen Faktor $\Delta O_{norm}/\Delta S_{norm}$ im Vergleich zur Änderung ΔO bei der Beurteilung der Unähnlichkeit. Für die untersuchten Tonlagen bedeutet das eine Gewichtung der Schärfeänderung mit dem Faktor 3,2 in der tiefen Tonlage C_2 (nominelle Tonheit $z_b = 0{,}65\mathrm{Bark}$), mit dem Faktor 4,1 in der mittleren Tonlage C_4 (nominelle Tonheit $z_b = 2{,}6\mathrm{Bark}$) und dem Faktor 6,8 in der hohen Tonlage C_6 (nominelle Tonheit $z_b = 8{,}8\mathrm{Bark}$). Wie in der Untersuchung von Abschnitt 2.2.1 vermutet wurde, ist die Bedeutung des Kriteriums ΔO bei der Beurteilung der Unähnlichkeiten bei hohen Tönen geringer als bei tiefen.

Die zu höheren Tonlagen hin abnehmende Bedeutung des Kriteriums ΔO kann auch als Abnahme des Informationsgehalts dieses Kriteriums hinsichtlich Unähnlichkeitsbeurteilungen interpretiert werden. Nur für größere Frequenzbereiche, die mehrere Teiltöne enthalten, können die Teiltonamplituden als weitgehend übertragungsresistent angenommen werden [90]. Da die Anzahl der Teiltöne, die in den für die Berechnung der Offenheit O relevanten Frequenzbereich (durch die Gewichtsfunktion $g'(z)$ nach Gleichung (2.29) vorgegeben) fallen, zu höheren Tonlagen hin abnimmt und somit eine geringere Anzahl von Teiltonamplituden zur Berechnung der Offenheit zur Verfügung stehen, erscheint es sinnvoll anzunehmen, daß auch der Informationsgehalt der Offenheit auf Grund der geringeren Übertragungsresistenz der Teiltonamplituden abnimmt.

2.6.3 Anwendung und Überprüfung des Berechnungsverfahrens

Das Modell für die Berechnung der Unähnlichkeiten kann keine größere Genauigkeit aufweisen, als sie auch bei den Versuchspersonen beobachtet wird. Dementsprechend kann man davon ausgehen, daß die berechneten und gemessenen Unähnlichkeiten in der hohen Tonlage schlechter übereinstimmen werden als in der mittleren und tiefen Tonlage, da die Unterscheidbarkeit der Töne in der hohen Tonlage schwieriger ist [95]. Neben dieser Ungenauigkeit des Berechnungsmodells ergibt sich noch eine weitere, die mit der gewählten Methode für die Bestimmung der äquivalenten Empfindungsgrößenintervalle ΔS_{norm} und ΔO_{norm} zusammenhängt:

Bei dem Hörversuch, der für die Bestimmung äquivalenter Empfindungsgrößenintervalle durchgeführt wurde, beurteilten die Versuchspersonen die Unähnlichkeiten in allen drei Tonlagen mit einer geringen Ungenauigkeit von ±0,5 Distanzeinheiten. Das bedeutet, daß die Intervalle ΔS_{norm} und ΔO_{norm}, die mittels Division der berechneten Empfindungsänderungen ΔS und ΔO durch die gemessenen Unähnlichkeiten zu bestimmen sind, mit der Ungenauigkeit von ±0,5 Distanzeinheiten im Divisor ermittelt wurden. In der tiefen und mittleren Tonlage hat die Abweichung von ±0,5 Distanzeinheiten im Divisor nur einen vernachlässigbar kleinen Einfluß auf die berechneten Intervalle, da die gemessenen Unähnlichkeiten relativ groß im Vergleich zu dieser Abweichung sind. In der hohen Tonlage ist diese Abweichung im Vergleich zu den gemessenen Unähnlichkeiten jedoch nicht mehr vernachlässigbar klein, so daß die mittels Division berechneten Empfindungsgrößenintervalle in dieser Tonlage Ungenauigkeiten aufweisen. Daher wird die Übereinstimmung zwischen berechneten und gemessenen Unähnlichkeiten in den beiden tieferen Tonlagen in der Regel besser sein als in der hohen Tonlage.

In Bild 2.17 oben sind die für die drei Tonlagen berechneten Distanzmodelle der synthetischen Klaviertöne (B, I, S, Y) von Abschnitt 2.2.1 und der originalen Töne (b, i, s, y) dargestellt, die sich durch die Repräsentation der Schallreize in der durch die beiden Hörempfindungen Schärfe S und Offenheit O aufgespannten euklidischen Ebene ergeben. Darunter sind die psychoakustisch ermittelten dreidimensionalen Konfigurationen von Abschnitt

2.2.1 dargestellt, wobei aus den zugehörigen Bildern jeweils die Projektion auf diejenige Ebene abgebildet ist, deren Achsen mit den beiden Hörempfindungen zusammenhängen (für die tiefe Tonlage Bild 2.4 links, für die mittlere Tonlage Bild 2.6 rechts und für die hohe Tonlage Bild 2.8 rechts).

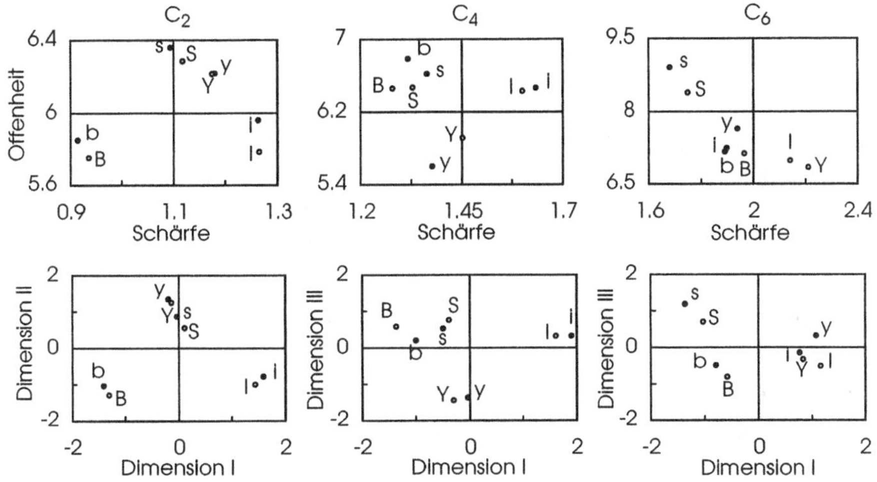

Bild 2.17: Oben: Für die drei Tonlagen berechnete Distanzmodelle der synthetischen Klaviertöne (B, I, S, Y) von Abschnitt 2.2.1 und der originalen Töne (b, i, s, y), die sich durch Repräsentation der Schallreize in der durch die beiden Hörempfindungen Schärfe S und Offenheit O aufgespannten euklidischen Ebene ergeben. *Unten:* Zum Vergleich die Projektion der psychoakustisch ermittelten dreidimensionalen Distanzmodelle von Abschnitt 2.2.1 auf diejenige Ebene, deren Achsen mit den beiden Hörempfindungen zusammenhängen. Für die tiefe Tonlage ist die Abbildung identisch zu Bild 2.4 links, für die mittlere Tonlage zu Bild 2.6 rechts und für die hohe Tonlage zu Bild 2.8 rechts.

In allen drei Tonlagen erhält man brauchbare Übereinstimmungen zwischen den berechneten und den psychoakustisch ermittelten Distanzmodellen. Daraus kann geschlossen werden, daß offenbar die beiden Hörempfindungen Schärfe und Offenheit größtenteils zur Erklärung der auditiven Unähnlichkeiten beitragen. Die Abweichungen in der hohen Tonlage hängen vermutlich damit zusammen, daß die Unterscheidbarkeit der Töne in dieser Tonlage geringer ist als in den beiden unteren Tonlagen (Abschnitt 1.3.1), wodurch die Genauigkeit sowohl der berechneten als auch der gemessenen Unähnlichkeiten beeinträchtigt wird.

Berechnet man die Unähnlichkeiten der Töne in Bild 2.17 mit dem durch die Gleichungen (2.30) bis (2.32) angegebenen Modell und korreliert diese mit den euklidischen Distanzen in den psychoakustisch ermittelten Distanzmodellen (Bild 2.17 unten), erhält man für alle drei Tonlagen eine brauchbare Übereinstimmung (gemittelter Korrelationskoeffizient 0,80). Für die beiden tieferen Tonlagen C_2 und C_4, bei denen berechnete und gemessene Distanzmodelle besser als in der hohen Tonlage übereinstimmen, erhält man eine gute Übereinstimmung zwischen den berechneten und den gemessenen Unähnlichkeiten (Korrelationskoeffizient 0,87). Wenn die Normierung der Empfindungsänderungen ΔS und ΔO auf äquivalent empfundene Intervalle bei der Berechnung der Unähnlichkeiten vernachlässigt wird, ergibt sich eine schlechte Übereinstimmung zwischen den berechneten und den gemessenen Unähnlichkeiten (gemittelter Korrelationskoeffizient 0,38). Daraus kann auf die Richtigkeit des Äquivalenzgesetzes geschlossen werden.

Auch für die in Bild 2.15 dargestellten, subjektiv gemessenen Unähnlichkeiten zwischen den vier originalen Klaviertönen und den drei nach Abschnitt 2.4.3 erzeugten LQ-Varianten je Tonlage erhält man eine gute Übereinstimmung zwischen gemessenen und berechneten Unähnlichkeiten. Der Korrelationskoeffizient für die tiefe und mittlere Tonlage beträgt 0,93 und ist größer als der über alle drei Tonlagen ermittelte Korrelationskoeffizient von 0,85. Entsprechend der hohen Korrelation zwischen berechneten und gemessenen Unähnlichkeiten, insbesondere in der tiefen und mittleren Tonlage, erhält man auch gute Übereinstimmungen zwischen den psychoakustisch ermittelten Distanzmodellen in Bild 2.15 und den berechneten Distanzmodellen dieser sieben Töne je Tonlage, die sich bei der Repräsentation der sieben Schallreize in der durch die beiden Hörempfindungen Schärfe und Offenheit aufgespannten euklidischen Ebene ergeben.

Der auf Grund seiner einfachen Durchführbarkeit gewählte Hörversuch zur Bestimmung äquivalenter Empfindungsgrößenintervalle ΔS_{norm} und ΔO_{norm} birgt den Nachteil, daß die Intervalle in der hohen Tonlage nur ungenau bestimmt werden können. Für eine verbesserte Genauigkeit des Berechnungsmodells in der hohen Tonlage sollten die in den Gleichungen (2.30) und (2.31) angegebenen Intervalle ΔS_{norm} und ΔO_{norm} mittels eines Hörversuchs, bei dem direkt nach den gesuchten Intervallen gefragt wird, genauer bestimmt werden. Eine mögliche Versuchsmethode wäre beispielsweise die Darbietung von jeweils zwei Schallpaaren im Vergleich. Durch Variation jeweils einer Empfindungsgröße je Schallpaar könnten die jeweils äquivalenten Empfindungsänderungen erfragt werden. Da die Unähnlichkeiten in der hohen Tonlage ohnehin sehr klein sind und somit die Beurteilungsunsicherheit der Versuchspersonen relativ groß ist, erscheint die mit dem angegebenen Modell erreichte Genauigkeit für die Zwecke dieser Arbeit als ausreichend. Für die beiden in erster Linie interessierenden Tonlagen C_2 und C_4, in denen Töne verschiedener Klaviere sehr gut voneinander unterscheidbar sind, erhält man eine brauchbare Übereinstimmung von etwa 90% zwischen gemessenen und berechneten Unähnlichkeiten.

2.7 Zusammenfassung

In diesem Kapitel wurde die Anzahl und die Interpretation der Kriterien ermittelt, die bei der Beurteilung der Unähnlichkeit von Klaviertönen maßgebend sind. Die Untersuchungen wurden in tiefer, mittlerer und hoher Tonlage durchgeführt. Mit den Ergebnissen wurde zum Schluß ein Modell für die Berechnung der Unähnlichkeit von Klaviertönen hergeleitet und an einzelnen Anwendungen erprobt.

Die Untersuchung zum Einfluß der spektralen Hüllkurve auf Unähnlichkeitsbeurteilungen zeigte, daß hauptsächlich zwei Kriterien bei der Beurteilung maßgebend sind, die mit der spektralen Hüllkurve der Klaviertöne zusammenhängen. Der sich andeutende Zusammenhang zwischen dem ersten Kriterium und der psychoakustischen Empfindungsgröße Schärfe wurde mit einem Hörversuch bestätigt. Für die objektive Messung des ersten Kriteriums aus dem Schallsignal wurde ein Verfahren für die Berechnung der Schärfe zeitvarianter Schalle auf der Grundlage der TTZM-Repräsentation der Schallsignale entwickelt und implementiert. Dazu wurde unter anderem der Einfluß der räumlichen Begrenzung der Basilarmembran wie des Cortischen Organs und die Auswirkung des Stapediusreflex auf den Frequenzgang des Ohres überdacht und die Gleichung des Frequenzgangs entsprechend erweitert. Außerdem wurde eine genauere Modellierung für das Zusammenwirken von Erregungen hergeleitet.

Die Überprüfung des Berechnungsverfahrens mit Klaviertönen und zeitvarianten Umweltschallen ergab eine gute Übereinstimmung zwischen berechneten und gemessenen Schärfen (Korrelationskoeffizient 0,92). Mit dem Berechnungsverfahren können die gemessenen Schärfen von Klaviertönen mit einem relativen Fehler von ±13 % berechnet werden. Es zeigte sich, daß die "mittlere" Schärfe, die eine Versuchsperson einem Klavierton über die gesamte Darbietungsdauer zuordnet, am besten mit der Perzentilschärfe S_{20} aus der berechneten instantanen Schärfe $S(t)$ ermittelt werden kann.

Um einen Anhaltspunkt für die Interpretation des zweiten Kriteriums zu erhalten, wurde der Beitrag einzelner Spektralbereiche bei der Beurteilung der Unähnlichkeit von Klaviertönen mit einem Hörversuch untersucht. Die Ergebnisse zeigen, daß das zweite maßgebende Kriterium in den drei untersuchten Tonlagen mit dem Verhältnis der Lautheiten in den beiden Frequenzbereichen [700 – 1300 Hz] und [1300 – 4000 Hz] zusammenhängt. Die gezielte Befragung der Versuchspersonen ergab die Bezeichnung "Offenheit" für die verbale Umschreibung des zweiten Kriteriums. Um das zweite Kriterium objektiv aus dem Schallsignal messen zu können, wurde eine Formel für den Zusammenhang zwischen dem zweiten Kriterium und dem akustischen Schallsignal hergeleitet. Es zeigte sich, daß dieser Zusammenhang mit einem gewichteten Schwerpunkt der Spezifischen Lautheitsverteilung beschrieben werden kann. Die spektrale Lage der Gewichtsfunktion hängt mit dem dominanten Spektralbereich zusammen. Bei der Beurteilung der Unähnlichkeit von Klaviertönen werden demnach die im dominanten Spektralbereich vermittelten Informationen bevorzugt ausgewertet. Somit bestätigt die spektrale Lage der Gewichtsfunktion die Existenz des dominanten Spektralbereichs.

Zum Schluß wurde ein Modell entwickelt, mit dem die Unähnlichkeit von Klaviertönen aus den Schallsignalen berechnet werden kann. Der Anteil, mit dem die beiden Empfindungsgrößen Schärfe und Offenheit zur Beurteilung von Unähnlichkeiten beitragen, wurde mittels Faktorenanalyse ermittelt. Es zeigte sich, daß die beiden Hörempfindungen mit über 90% zur Erklärung der Unähnlichkeit von Klaviertönen beitragen. Außerdem wurde der Anteil bestimmt, der auf die einzelne Hörempfindung fällt, d.h. das Gewichtsverhältnis, mit dem beide Hörempfindungen bei der Beurteilung der Unähnlichkeit eingehen. Mit einem Hörversuch wurde die Größe der als äquivalent empfundenen Empfindungsintervalle in tiefer, mittlerer und hoher Tonlage ermittelt und daraus das Gewichtsverhältnis bestimmt. Während die Größe der als äquivalent empfundenen Schärfeintervalle offensichtlich unabhängig von der Tonlage gleich bleibt, nimmt die Größe der äquivalenten Offenheitsintervalle mit höher werdender Tonlage zu. Dementsprechend ergibt sich für das Gewichtsverhältnis der von beiden Hörempfindungen gelieferten Unähnlichkeiten ein tonheitsabhängiger Faktor. In der tiefen Tonlage wird eine Schärfeänderung mit dem Faktor 3,2 gegenüber einer Offenheitsänderung gewichtet, in der mittleren Tonlage mit einem Faktor 4,1 und in der hohen Tonlage mit einem Faktor 6,8. Das Modell zur Berechnung der Unähnlichkeit von Klaviertönen wurde mit Hilfe dieser Gewichtsverhältnisse hergeleitet.

Die Überprüfung des Berechnungsmodells ergab eine gute Übereinstimmung zwischen gemessenen und berechneten Unähnlichkeiten für Klaviertöne der beiden tieferen Tonlagen C_2 und C_4 (Korrelationskoeffizient 0,90). Es ist anzunehmen, daß die geringere Übereinstimmung in der hohen Tonlage C_6 (Korrelationskoeffizient zwischen 0,8 und 0,85) mit der größeren Beurteilungsunsicherheit der Versuchspersonen in dieser Tonlage zusammenhängt. Die größere Unsicherheit bei der Beurteilung ist auf die geringere Unterscheidbarkeit der hohen Töne (Abschnitt 1.3.1) zurückzuführen.

Kapitel 3

Einfluß von Inharmonizität und Ausklingverhalten auf die Unähnlichkeit

Im vorliegenden Kapitel wird untersucht, inwieweit die Unähnlichkeit von Klaviertönen, die durch physikalische Einflußgrößen hervorgerufen wird, mit den beiden im vorhergehenden Kapitel ermittelten Kriterien Schärfe und Offenheit erklärt werden kann.

Das Ausklingverhalten und die Inharmonizität der Partialtöne sind für den typischen Klang eines Klaviertons von Bedeutung [60, 46, 32, 100]. Es gibt jedoch keine psychoakustischen Untersuchungen, inwieweit diese beiden typischen Merkmale bei der Beurteilung der Unähnlichkeit von Klaviertönen und damit auch bei der Qualitätsbeurteilung eine Rolle spielen. Daher wird im folgenden jeweils eine Modellvorstellung entwickelt, mit deren Hilfe der Zusammenhang zwischen Veränderungen der Inharmonizität bzw. des Ausklingverhaltens und der Wahrnehmung erklärt werden kann. Die Verifikation der beiden Modellvorstellungen erfolgt mittels verschiedener, psychoakustischer Experimente.

3.1 Die Inharmonizität der Partialtöne

Eine *ideale* biegeschlaffe Saite auf unbeweglichen Auflagern weist ein harmonisches Spektrum auf. Die Eigenfrequenzen einer frei ausschwingenden, *realen* Saite sind dagegen nicht genau ganzzahlige Vielfache der Frequenz f_1 des tiefsten Partialtons. Die Inharmonizität der Partialtöne ist daher eine typische Eigenschaft von Klaviertönen. Diese früh entdeckte Eigenschaft führte zu vielfältigen Bemühungen, eine korrekte, physikalische Beschreibung dieses Phänomens herzuleiten [100, 101, 53]. Entsprechend diesen Ergebnissen rührt die Inharmonizität der Partialtöne einer frei schwingenden, realen Saite hauptsächlich von der Biegesteifigkeit der Saite her.

Untersuchungsergebnisse zum Einfluß der Inharmonizität auf den typischen Klang eines Klaviertons beschränken sich auf Aussagen prinzipieller Art. So stellten Fletcher et al. [32] fest, daß insbesondere in den drei untersten Tonlagen des Klaviers die Inharmonizität der Partialtöne dem Klang die “Wärme” bzw. “Lebendigkeit” geben, die für einen Klavierton charakteristisch sind. Auf der anderen Seite zeigte Slaymaker [80] mit Synthesizer-Klängen, bei denen die Inharmonizität über das beim Klavier gewohnte Maß hinausging, daß ab einer gewissen Grenze vollkommen fremdartige Eindrücke entstehen. Darüber hinaus sind nur Spekulationen über den Zusammenhang zwischen Inharmonizität und Hörwahrnehmung geäußert worden. Young [100] beispielsweise vermutete, daß die Bevorzugung des Flügelklangs vor dem Klavierklang auf die geringeren Inharmonizitäten zurückzuführen wäre, die sich auf Grund der längeren Saiten mit geringeren Durchmessern ergeben sollten. Bork [19] jedoch konnte zeigen, daß die Inharmonizität der Partialtöne kaum dazu beitragen kann, daß der Klavierklang dem Flügelklang unterlegen ist, da sich bei seinen Messungen keine deutlichen Unterschiede zwischen der Inharmonizität von Flügel und Klavier zeigten.

Da noch weitgehend unklar ist, inwieweit die Inharmonizität zur Unähnlichkeit von Klaviertönen beiträgt, wird im folgenden dieser Frage nachgegangen. Nach einer kurzen Einführung in die Ursachen der Partialtoninharmonizität (Abschnitt 3.1.1) wird im Abschnitt 3.1.2 eine Modellvorstellung hergeleitet, mit deren Hilfe der Einfluß der Inharmonizität auf die Wahrnehmung erklärt werden kann. In den Abschnitten 3.1.3 und 3.1.4 wird die Modellvorstellung mit Hörversuchen verifiziert.

3.1.1 Ursachen der Inharmonizität

Für eine fest eingespannte, in transversaler Richtung frei schwingende, ideale Saite erhält man eine harmonische Folge von Eigenschwingungen mit den Frequenzen

$$f_n = \frac{n}{2l}\sqrt{\frac{\sigma}{\rho}} \quad , \tag{3.1}$$

wobei l die Länge der Saite, σ die Saitenspannung im Ruhezustand, ρ die Dichte des Saitenmaterials und die Ordnungszahl $n = 1, 2, \ldots$, die n-te Eigenschwingung bezeichnet. Diese in der Fachliteratur der musikalischen Akustik als "Taylorsche Formel" bezeichnete Beziehung wird im Klavierbau häufig als Orientierungsquelle verwendet, um für eine gewünschte Grundfrequenz f_1 die nötige Saitenlänge und -spannung zu errechnen [47, S. 69].

Da der Durchmesser einer realen Klaviersaite nicht vernachlässigbar klein ist, weist die Saite eine Biegesteifigkeit auf. Bei Berücksichtigung der Biegesteifigkeit ergibt sich unmittelbar die als Inharmonizität bezeichnete Spreizung der Frequenzen. Als Näherung für die Frequenz des n-ten Partialtons einer frei schwingenden Klaviersaite geben Fletcher et al. [32] die Formel

$$f_n = \frac{n}{2l}\sqrt{\frac{\sigma}{\rho}}\sqrt{1 + n^2 b} \tag{3.2}$$

an, wobei b den sogenannten *Inharmonizitätskoeffizienten* bezeichnet, der gemäß der Beziehung

$$b = \frac{\pi^2}{16}\left(\frac{d}{l}\right)^2\frac{E}{\sigma} \tag{3.3}$$

vom Durchmesser d, dem Elastizitätsmodul E, der Länge l und der Spannung σ der frei schwingenden Saite abhängt. Die *relative Frequenzverschiebung* ε_n des n-ten Partialtons beträgt

$$\varepsilon_n = \frac{f_n - nf_1}{nf_1} \quad , \tag{3.4}$$

wobei f_n und f_1 nach Gleichung (3.2) bestimmt werden. Für die Betrachtung der Frequenzverschiebungen unter musikalischen Gesichtspunkten eignet sich die von Young [100] direkt als *Inharmonizität* bezeichnete Größe

$$\delta_n = 1200 \text{ ld}\left(\frac{f_n}{nf_1}\right)\text{cent} \quad , \tag{3.5}$$

mit der die Frequenzabweichung des n-ten Partialtons vom ganzzahligen Vielfachen der Grundfrequenz f_1 in der Einheit "cent" angegeben wird. Ein "cent" entspricht, unabhängig von der Frequenz, dem hundertsten Teil eines musikalischen Halbtons. Einem musikalischen Halbtonschritt kommt ein Frequenzzuwachs von rund 6% gleich.

Messungen der Inharmonizität an verschiedenen Klavieren [100, 33, 64] haben gezeigt, daß die mit den Gleichungen (3.2) und (3.3) berechneten Werte gut mit den gemessenen Werten übereinstimmen. Wie Young [101] feststellte, treten gleichwohl kleine Abweichungen im Bereich tiefer Tonlagen auf. Diese Abweichungen könnten damit zusammenhängen, daß gerade im Baßbereich die Saitendichte ρ nicht als konstant angenommen werden darf, da die Saiten mit einer oder zwei Schichten aus Kupferdraht umsponnen sind. In der Tat berichten verschiedene Autoren über Veränderungen der Inharmonizität auf Grund der Umspinnung [82, 31]. Karp [48] konnte zeigen, daß auch die Art der Befestigung der Saitenenden die Inharmonizität beeinflußt. Inwieweit die durch derartige Einflüsse hervorgerufenen Abweichungen zwischen berechneten und gemessenen Inharmonizitäten einen Einfluß auf die Hörwahrnehmung ausüben, blieb bislang ungeklärt.

3.1.2 Modellvorstellung zur Wahrnehmung der Inharmonizität

Aus psychoakustischer Sicht sollte sich die Inharmonizität der Partialtöne durch zwei grundsätzlich verschiedene Hörwahrnehmungen manifestieren: die "Lebendigkeit" und die Schärfe. Die Ursachen dafür werden im folgenden ausgeführt.

Lebendigkeit

Auf Grund der Inharmonizität der Partialtöne liegen bei einem Klavierton verstimmte Konsonanzen vor. Leicht verstimmte Konsonanzen rufen Schwebungsempfindungen zweiter Ordnung hervor. Das bedeutet, daß bei gleichzeitiger Darbietung zweier Sinustöne, deren

Frequenzen *angenähert* im Verhältnis kleiner ganzer Zahlen stehen, Schwebungen zweiter Ordnung wahrnehmbar werden. Beispielsweise ergeben zwei gleichzeitig dargebotene Sinustöne der Frequenzen f_1 und $2f_1 + \Delta f$ eine Schwebungsempfindung mit einer Schwebungsfrequenz Δf. Nach Plomp [69] werden Schwebungen zweiter Ordnung dann am deutlichsten wahrgenommen, wenn der höhere Sinuston eine wesentlich geringere Intensität besitzt als der tiefere Sinuston. Das Auftreten von Schwebungsempfindungen zweiter Ordnung bleibt auf kleine Schwebungsfrequenzen Δf beschränkt. Des weiteren gibt Plomp an, daß die Schwebungsempfindung zweiter Ordnung nur dann auftritt, wenn der ursprüngliche Zwei-Ton-Reiz im tiefen Frequenzbereich liegt. Sobald f_1 und f_2 etwa 1,5 kHz überschreiten, können keine Schwebungen zweiter Ordnung mehr wahrgenommen werden.

Entsprechend diesen Erkenntnissen führen bei einem Klavierton vor allem die Inharmonizitäten der Partialtöne im Frequenzbereich unterhalb 1,5 kHz zu Schwebungsempfindungen zweiter Ordnung. Die Wahrnehmbarkeit der Schwebungen sollte durch die in der Regel höhere Intensität der tieferen Partialtöne (mit Ausnahme des tiefsten Partialtons) begünstigt werden. Auch unter dem Gesichtspunkt, daß das Auftreten von Schwebungsempfindungen zweiter Ordnung nur auf kleine Schwebungsfrequenzen Δf beschränkt ist, können hauptsächlich die Inharmonizitäten tiefer Partialtöne zu Schwebungsempfindungen beitragen, da die absoluten Frequenzabweichungen mit zunehmender Ordnungszahl n größer werden. Beispielsweise ergibt sich die Schwebungsfrequenz Δf zwischen Partialtönen, die nominal ein Oktavintervall bilden, also deren Ordnungszahlen n annähernd im Verhältnis 1:2 stehen, und deren tatsächliche Frequenzen mit Gleichung (3.2) berechnet werden können, zu

$$\Delta f = 2nf_1\left(\sqrt{1+4n^2b} - \sqrt{1+n^2b}\right) \quad , \tag{3.6}$$

wobei f_1 die Grundfrequenz des entsprechenden Klaviertons bezeichnet. Für sehr große Ordnungszahlen n erhält man damit näherungsweise eine absolute Frequenzabweichung von

$$\Delta f \approx 2n^2 f_1 \sqrt{b}, \qquad n \gg 1 \quad . \tag{3.7}$$

Da sich die von den Inharmonizitäten mehrerer Partialtöne hervorgerufenen Schwebungen zweiter Ordnung mit unterschiedlichen Schwebungsfrequenzen Δf überlagern, können keine einzelnen Schwebungsempfindungen mehr wahrgenommen werden. Vielmehr vermischen sich die einzelnen Schwebungsempfindungen zu einer allgemein "belebten" Hörempfindung. Vor allem die Inharmonizitäten der Partialtöne unterhalb 1,5 kHz führen somit zu einem "Schwebungsgemisch" im Klavierton, von dem die bereits von Fletcher et al. [32] als Wärme oder *Lebendigkeit* bezeichnete Eigenschaft eines Klaviertons herrührt.

Bei Klaviertönen hoher Tonlagen, deren zweiter Partialton bereits oberhalb 1,5 kHz liegt, kann man davon ausgehen, daß keine zusätzliche Lebendigkeit durch die Inharmonizitäten wahrnehmbar wird. In mittleren Tonlagen ist die Anzahl der Partialtöne unterhalb 1,5 kHz sehr klein. Für den Ton C_4 mit der Grundfrequenz von etwa 262 Hz liegen beispielsweise nur rund fünf Partialtöne unterhalb 1,5 kHz. Mit einer relativen Frequenzverschiebung dieser Partialtöne von weniger als 0,4% kann man auch in der mittleren Tonlage davon ausgehen, daß keine zusätzliche Lebendigkeit durch die Inharmonizitäten hervorgerufen wird. Somit ist der Schluß zulässig, daß die Inharmonizitäten nur in den tiefen Tonlagen zu einer wahrnehmbaren Lebendigkeit im Klavierton führen können.

Schärfe

Die Inharmonizitäten der Partialtöne oberhalb 1,5 kHz tragen zwar kaum zur Lebendigkeit bei, führen aber auf Grund ihrer höheren Frequenz im Vergleich zur harmonischen Lage zu einer größeren Schärfeempfindung. Die Spreizung der Frequenzen wird insbesondere bei Tönen mit ausgeprägten Partialtönen großer Ordnungszahl n zu wahrnehmbaren Veränderungen der Schärfe führen, da deutliche Frequenzverschiebungen δ_n erst bei höheren Ordnungszahlen n zu erwarten sind.

Die im Mittel für die untersuchten Klaviertöne (b, i, s, y) der tiefen Tonlage C_2 gemessenen Inharmonizitäten der Partialtöne betragen in Abhängigkeit ihrer Ordnungszahl n 0,1 cent/n^2. Das bedeutet, daß erst oberhalb $n = 30$ und damit erst für Partialtöne oberhalb etwa 2 kHz Frequenzabweichungen von mehr als einem Halbton auftreten, also relative Frequenzverschiebungen von mehr als rund 6%. Da ein Halbtonschritt deutlich wahrnehmbar ist, kann man davon ausgehen, daß eine Frequenzverschiebung der Partialtöne um mehr als einen Halbton zu einer wahrnehmbaren Änderung führen wird. Im Frequenzbereich oberhalb 2 kHz sind bei tiefen Klaviertönen noch mehrere Partialtöne mit ausgeprägten Intensitäten vorhanden (Bild 1.2), so daß die mit zunehmender Ordnungszahl deutlich größer als 100 cent werdenden Frequenzverschiebungen zu deutlich wahrnehmbaren Veränderungen der Schärfe im Vergleich zum harmonischen Fall führen werden.

Die Inharmonizitäten von im Mittel 0,3 cent/n^2 bei den Tönen der mittleren Tonlage C_4 führen bereits für Partialtöne mit Ordnungszahlen oberhalb $n = 20$, also Frequenzen oberhalb 5,2 kHz, zu Frequenzverschiebungen von mehr als 100 cent. Da jedoch nurmehr einzelne recht gering ausgeprägte Partialtöne im Frequenzbereich oberhalb 5,2 kHz vorhanden sind (Bild 1.1), wird durch die Inharmonizitäten keine deutliche Veränderung der Schärfe im Vergleich zum harmonischen Fall mehr wahrnehmbar sein.

In der hohen Tonlage C_6 führen die Inharmonizitäten von im Mittel 2,3 cent/n^2 schon ab der Ordnungszahl $n = 7$ zu Frequenzverschiebungen von mehr als einem Halbton. Da jedoch im entsprechenden Frequenzbereich über 7,4 kHz nur noch selten überhaupt ein Partialton vorhanden ist (Bild 1.3), wird auch in dieser Tonlage die Inharmonizität keine wahrnehmbare Veränderung der Schärfe im Vergleich zum harmonischen Fall verursachen.

Obwohl der Inharmonizitätskoeffizient b nach Gleichung (3.3) zu höheren Tonlagen hin zunimmt – das Verhältnis des Saitendurchmessers d zur Saitenlänge l wird größer – und damit die Inharmonizität in höheren Tonlagen größer ist, ergeben sich aus den oben genannten Gründen nur in den tiefen Tonlagen eines Klaviers wahrnehmbare Schärfeänderungen durch die Frequenzverschiebungen der Partialtöne im Vergleich zum harmonischen Fall.

Einfluß auf die Unähnlichkeit

Da die Inharmonizitäten nur in den tiefen Tonlagen wahrnehmbare Schärfeänderungen und eine zusätzliche Lebendigkeit bewirken können, sollten unterschiedliche Inharmonizitätskoeffizienten lediglich in diesen Tonlagen zu wahrnehmbaren Unähnlichkeiten führen. Als geeignetes Maß für die Unähnlichkeiten sollten nicht die Unterschiede der Inharmonizitätskoeffizienten selbst, sondern die damit verbundenen Änderungen der Schärfe und der Lebendigkeit herangezogen werden. Im folgenden wird qualitativ abgeschätzt, inwieweit die durch unterschiedliche Inharmonizitätskoeffizienten hervorgerufenen Unähnlichkeiten mit dem im Abschnitt 2.6 angegebenen Berechnungsmodell vorherbestimmt werden können.

Bei einer Veränderung des Inharmonizitätskoeffizienten eines Klaviertons werden neben Schärfeänderungen auch Änderungen der Empfindungsgröße Offenheit verursacht. Die daraus resultierenden Unähnlichkeiten können mit dem in Gleichung (2.32) angegebenen Verfahren berechnet werden. Die auf Grund veränderter Inharmonizitäten verursachten Schwebungsempfindungen bleiben jedoch unberücksichtigt. Für die Bestimmung der Unähnlichkeiten, die sich durch unterschiedliche Inharmonizitäten ergeben, muß das Berechnungsverfahren so erweitert werden, daß auch der Veränderung der Lebendigkeit Rechnung getragen wird. Dabei muß beachtet werden, daß durch das Ausklingverhalten der Partialtöne, auf die im Abschnitt 3.2 noch genauer eingegangen wird, Schwankungsempfindungen verursacht werden, die den Klavierton beleben [60]. Zur Lebendigkeit eines Klaviertons tragen demnach sowohl das Ausklingverhalten der Partialtöne als auch die Inharmonizität bei. Im folgenden wird die Lebendigkeit, die vom Ausklingverhalten der Partialtöne herrührt, mit L_Z bezeichnet (Z steht für Zeitverlauf). Die Lebendigkeit, die mit den Inharmonizitäten zusammenhängt, wird mit L_I bezeichnet.

Nimmt man an, daß eine gegebene Änderung der Lebendigkeit eines Klaviertons zu einer kleineren wahrnehmbaren Änderung führt, je größer die bereits vorhandene Lebendigkeit im Ton ist[1], so sollte die Veränderung der Lebendigkeit L_I in einem Ton mit ausgeprägten Zeitstrukturen im Ausklingverhalten der Partialtöne einen geringeren Einfluß auf die Unähnlichkeitsbeurteilung ausüben, als in einem Ton, dessen Partialtöne keine ausgeprägten Zeitstrukturen aufweisen. Der Einfluß der Änderung ΔL_I auf die Beurteilung der Unähnlichkeit wird außerdem von der Größe der Änderungen der beiden anderen Empfindungsgrößen ΔS und ΔO abhängen.

Dementsprechend sollten für die Berechnung der Unähnlichkeiten, die sich bei Veränderungen des Inharmonizitätskoeffizienten ergeben, die dabei hervorgerufenen Änderungen der Lebendigkeit L_I nur bei solchen Tönen zu berücksichtigen sein, die eine vernachlässigbar kleine Lebendigkeit besitzen und deren Schärfe und Offenheit sich außerdem nur geringfügig durch den veränderten Koeffizienten ändern. Für Töne mit großen Änderungen der Schärfe und der Offenheit sollte das in Gleichung (2.32) angegebene Verfahren zur Berechnung der Unähnlichkeiten bereits ausreichen.

---

1. Diese Annahme wird in den Voruntersuchungen zum Abschnitt 3.1.3 mit einem Hörversuch überprüft.

Durch große Inharmonizitäten hervorgerufene Hörempfindungen

Die bisherigen Betrachtungen können nur auf Inharmonizitätskoeffizienten angewendet werden, die zu kleinen relativen Frequenzverschiebungen führen, da bei größeren Abweichungen noch weitere psychoakustische Effekte berücksichtigt werden müssen. Vergrößert man die Biegesteifigkeit einer Saite über das beim Klavier gewohnte Maß hinaus, so werden die Inharmonizitäten zwar weiterhin zu Schärfeänderungen führen. Ab einer bestimmten Größe werden sie jedoch nicht mehr zu Schwebungsempfindungen zweiter Ordnung beitragen, da die Wahrnehmbarkeit von Schwebungen zweiter Ordnung auf kleine Schwebungsfrequenzen beschränkt ist. Dagegen werden die großen Harmonizitätsabweichungen entsprechend dem "Gestaltgesetz der guten Fortsetzung" [11, S.18] ein "Zerfallen" des Klaviertons verursachen. Die Zugehörigkeit einzelner Teiltöne zu einem akustischen Objekt erfolgt im Sinne der Forderung nach guter Fortsetzung im Hinblick auf die Teiltonfrequenzen, die dementsprechend annähernd ganzzahlige Vielfache einer gemeinsamen Oszillationsfrequenz sein sollten. Bei zu großen relativen Frequenzabweichungen werden die Partialtöne nicht mehr als zu einem Klavierton gehörig wahrgenommen.

Dieses Prinzip der Informationsverarbeitung von Schallsignalen ist identisch mit dem, nach welchem die Virtuelle Tonhöhe gebildet wird, die letztlich die auditive Repräsentation des Merkmals "gemeinsame Oszillationsfrequenz" ist. Nach der Theorie der Virtuellen Tonhöhen von Terhardt [87] ergibt sich als Grenzwert für die Harmonizitätsabweichung, bis zu der die Forderung nach guter Fortsetzung mit Sicherheit erfüllt ist, eine relative Frequenzabweichung von etwa 5% im dominanten Spektralbereich. Dieser Wert entspricht dem Frequenzbereich, innerhalb dessen zwei benachbarte Tonhöhen im Gehör miteinander zu einer einzigen verschmelzen. Erst deutlich oberhalb dieses Grenzwerts wird das *Zerfallen* des Tons wahrnehmbar werden. Im Übergangsbereich wird sich, dem Konzept der Musikalischen Konsonanz von Terhardt [86, 88] folgend, zum einen eine Störung der Harmonie durch die zunehmend verstimmten Partialtöne, und zum anderen eine Verminderung der Sensorischen Konsonanz durch die mit zunehmender Inharmonizität wachsende Schärfe ergeben. Dementsprechend wird sich in diesem Übergangsbereich eine als *Dissonanz* zu bezeichnende Wahrnehmung einstellen.

In Abhängigkeit der relativen Frequenzabweichungen ε_n *im dominanten Spektralbereich* ergeben sich somit drei Wertebereiche, die unterschiedliche Hörempfindungen hervorrufen:

- Für $\varepsilon_n \leq 10\%$ wird vor allem Lebendigkeit im Klavierton auftreten.
- Im unmittelbar anschließenden Wertebereich von $10\% < \varepsilon_n \leq 20\%$ wird insbesondere die Verstimmung des Klaviertons in Erscheinung treten.
- Erst für $\varepsilon_n > 20\%$ wird das Zerfallen des Klaviertons deutlich hervortreten.

Der für die Musik interessierende Bereich wird dementsprechend durch Inharmonizitätskoeffizienten bestimmt, die zu relativen Frequenzverschiebungen von maximal 10% im dominanten Spektralbereich führen. Die Unähnlichkeiten, die sich durch verschiedene Inharmonizitätskoeffizienten in diesem Bereich ergeben, können mit Hilfe der vorhergehenden Ausführungen abgeschätzt werden. Die Unähnlichkeit, die sich zwischen einem Ton dieses Bereichs und einem Ton aus einem der beiden anderen Bereiche ergibt, wird vor allem durch die Dissonanz bzw. dem Zerfallen bestimmt werden.

3.1.3 Schärfe bei unterschiedlicher Inharmonizität

Für die Verifikation der Modellvorstellung werden im folgenden zunächst Voruntersuchungen erläutert, anhand derer einige Annahmen und Folgerungen der Modellvorstellung überprüft wurden. Anschließend wird ein Hörversuch beschrieben, mit dem der Zusammenhang zwischen der Schärfe eines Klaviertons und der durch unterschiedliche Inharmonizitätskoeffizienten hervorgerufenen Unähnlichkeit untersucht wurde. Anhand der Versuchsergebnisse kann überprüft werden, inwieweit die durch unterschiedliche Inharmonizitätskoeffizienten hervorgerufenen Unähnlichkeiten mit dem im Abschnitt 2.6 angegebenen Berechnungsmodell vorherbestimmt werden können.

Da sowohl für die Bestimmung wie auch für die Veränderung der Inharmonizitätskoeffizienten von Gleichung (3.2) ausgegangen wurde, wird in den Voruntersuchungen auch überprüft, inwieweit die Unstimmigkeiten zwischen gemessenen und mit der Gleichung (3.2) berechneten Frequenzabweichungen der Partialtöne [101] einen Einfluß auf die Hörwahrnehmung ausüben.

Voruntersuchungen

Entsprechend der Modellvorstellung sollten Veränderungen des Inharmonizitätskoeffizienten in einem für die Musik sinnvollen Bereich nur in der tiefsten der drei in dieser Arbeit untersuchten Tonlagen zu wahrnehmbaren Unähnlichkeiten führen. Dies wurde mit fünf Versuchspersonen überprüft. Dazu wurde zu jedem originalen Klavierton eine Variante mit exakt harmonisch liegenden Partialtönen erzeugt, indem die zugehörigen Teiltonlinien im TTZM auf die ganzzahligen Vielfachen der Frequenz der untersten Teiltonlinie verschoben wurden. In einem entsprechend Abschnitt 1.3.1 durchgeführten Hörversuch wurde die Unterscheidbarkeit zwischen dem originalen Ton und seiner harmonischen Variante für die vier Töne jeder Tonlage ermittelt. In den beiden oberen Tonlagen C_4 und C_6 konnte keine der Versuchspersonen einen Unterschied zwischen den beiden Varianten feststellen. Als deutlich bis sehr groß wurden dagegen die Unterschiede in der tiefen Tonlage C_2 bezeichnet. Daher beschränken sich die weiteren Untersuchungen im Abschnitt 3.1 nur auf die tiefste Tonlage.

Der Inharmonizitätskoeffizient b eines Klaviertons kann auf einfache Weise aus seinem TTZM ermittelt werden. Die Berechnungsvorschrift erhält man durch Umformung der Gleichung (3.2) mit Verwendung der Gleichung (3.1) für die Grundfrequenz f_1 des Tons zu

$$b = \frac{1}{n^2}\left[\left(\frac{f_n}{nf_1}\right)^2 - 1\right] . \tag{3.8}$$

Insbesondere bei kleinen Ordnungszahlen n ergeben sich Ungenauigkeiten bei der Berechnung des Inharmonizitätskoeffizienten b nach Gleichung (3.8). Dies hängt damit zusammen, daß Unstimmigkeiten zwischen gemessenen und nach Gleichung (3.2) berechneten Frequenzverschiebungen der Partialtöne auftreten (Young [101]). Daher werden die "mittleren" Inharmonzitätskoeffizienten b_m der originalen Töne jeweils als arithmetisches Mittel der für alle Partialtöne des entsprechenden Tons mit Ordnungszahlen $n > 25$ nach Gleichung (3.8) berechneten Koeffizienten b ermittelt.

Der Einfluß der Unstimmigkeiten zwischen gemessenen und nach Gleichung (3.2) berechneten Frequenzverschiebungen der Partialtöne auf die Hörwahrnehmung wurde mit zwei Versuchspersonen untersucht. Dazu wurden die TTZM der vier Originaltöne derart verändert, daß die Frequenzen aller Partialtöne exakt den mit Gleichung (3.2) berechneten Frequenzen entsprechen, wobei für den Inharmonizitätskoeffizienten b, der für den jeweiligen Ton berechnete Wert b_m eingesetzt wurde. Beim Vergleich dieser Töne mit den unveränderten originalen Tönen konnte keine der Versuchspersonen eine Änderung im Höreindruck feststellen. Daraus kann man folgern, daß die festgestellten Abweichungen der Partialtoninharmonizitäten von den mit der Biegesteifigkeit der Saite erklärbaren Inharmonizitäten für die Hörwahrnehmung unbedeutend sind. Für die nachfolgenden Untersuchungen von Abschnitt 3.1 werden daher die aus den originalen Tönen erzeugten Varianten mit konstantem Inharmonizitätskoeffizient b_m verwendet, die weiterhin mit b, i, s und y bezeichnet werden.

Die in der Modellvorstellung angegebenen Grenzwerte für den Übergang zwischen den drei Bereichen "Lebendigkeit", "Verstimmung" und "Zerfallen" wurden mit inharmonischen Varianten der originalen Klaviertöne auditiv überprüft. Dazu wurden zu jedem originalen Klavierton, neben der Variante mit dem Inharmonizitätskoeffizienten b_m, noch weitere Varianten mit konstanten, ganzzahligen Vielfachen des jeweiligen Koeffizienten b_m erzeugt. Trotz der unterschiedlichen Koeffizienten b_m der Töne, stellte sich bei der auditiven Überprüfung heraus, daß für alle Töne der Übergang zum Bereich Verstimmung bei etwa $2\,b_m$ beginnt, der Übergang zum Bereich Zerfallen bei etwa $4\,b_m$. Die relativen Frequenzabweichungen, die sich dabei am oberen Ende des dominanten Spektralbereichs bei etwa 2 kHz ergeben, stimmen mit den in der Modellvorstellung angegebenen Grenzwerten von 10% für den Übergang in den Bereich Verstimmung und von 20% für den Übergang in den Bereich Zerfallen überein, unabhängig von welchem Originalton die entsprechende Variante erzeugt wurde. Nebenbei bemerkt, konnte auf die gleiche Art festgestellt werden, daß eine Vervierfachung des Inharmonizitätskoeffizienten b_m bei den Tönen der mittleren und hohen Tonlage zu relativen Frequenzabweichungen von weniger als 5% und 2% am oberen Ende des dominanten Spektralbereichs (bei etwa 2 kHz) führen und somit – wie auch die auditive Überprüfung bestätigte – noch keine Verstimmung der Töne wahrnehmbar ist.

Die Überprüfung der Annahme, daß die Wahrnehmbarkeit einer Lebendigkeitsänderung durch die Größe der bereits vorhandenen Lebendigkeit im Klavierton beeinflußt wird, erfolgte durch einen einfachen Kontrollversuch mit acht Versuchspersonen. Dazu wurde zu der harmonischen wie inharmonischen ($b = 2\,b_m$) Variante des originalen Tons b, der auf Grund des Ausklingverhaltens der Partialtöne bereits Lebendigkeit aufweist, die jeweils entsprechende Variante für den synthetischen Ton B erzeugt, der einen gleichmäßigen Pegelabfall im Ausklingverhalten der Partialtöne (Bild 2.2) und demnach keine Lebendigkeit L_Z besitzt. Den Versuchspersonen wurden diese vier Töne in Form von zwei Paaren zum Vergleich dargeboten. Das eine Paar bestand aus der harmonischen und der inharmonischen Variante ($b = 2\,b_m$) des originalen Tons b; das andere Paar enthielt die entsprechenden Varianten des synthetischen Tons B. Die Versuchspersonen sollten das Paar angeben, in dem sie die beiden enthaltenen Töne als ähnlicher empfanden. Da nur dieser eine Vergleich achtmal von den einzelnen Versuchspersonen bewertet werden sollte, wurden die Befragungen zur Vermeidung von "Erinnerungseffekten" über eine längeren Zeitraum verteilt. Die Abfolge der beiden Paare sowie die Position der Töne in den Paaren wurde wie üblich randomisiert. Mit einer relativen Häufigkeit von im Mittel 80% beurteilten die Versuchspersonen dasjenige Paar als ähnlicher, das aus der harmonischen und der inharmonischen Variante des originalen Tons b bestand. Demnach bewirken die durch die Inharmonizitäten hervorgerufenen Lebendigkeitsänderungen bei dem synthetischen Ton B größere Unähnlichkeiten als bei dem originalen Ton b. Daraus kann geschlossen werden, daß bei der Beurteilung der Unähnlichkeit offenbar die relative Änderung der Lebendigkeit ausschlaggebend ist.

Versuchsschalle und Versuchsdurchführung

Aus der Modellvorstellung folgt, daß die Änderung des Inharmonizitätskoeffizienten eines Klaviertons zu einer um so größeren Unähnlichkeit führt, je größer die Schärfe und damit die Anzahl und Intensität der Partialtöne im hohen Frequenzbereich des Tons ist. Für die Überprüfung dieser Schlußfolgerung wurden die Unähnlichkeiten, die sich bei Veränderung der Inharmonizitätskoeffizienten der originalen Klaviertöne ergeben, mit dem nachfolgenden Hörversuch ermittelt.

Zu jedem originalen Ton (b, i, s, y) wurden Varianten mit unterschiedlichen Vielfachen des jeweiligen Inharmonizitätskoeffizienten b_m erzeugt. Die Auswahl der im Versuch verwendeten Varianten erfolgte nach mehreren Gesichtspunkten. Zum einen sollte insbesondere der für die Musik interessante Bereich mit relativen Frequenzverschiebungen von maximal 10% im dominanten Spektralbereich untersucht werden. Die unterschiedlichen Inharmonizitätskoeffizienten der Varianten sollten zu wahrnehmbaren Unterschieden zwischen den einzelnen Varianten eines Tons führen. Zum anderen sollte auch der Einfluß von größeren Frequenzabweichungen, die zu wahrnehmbaren Dissonanzen oder bereits zum Zerfallen des Tons führen, auf die Beurteilung von Unähnlichkeiten ermittelt werden. Dennoch sollte die Anzahl der durchzuführenden Vergleiche überschaubar bleiben. Daher wurden als Versuchsschalle diejenigen Varianten der vier Originaltöne gewählt, deren Inharmonizitätskoeffizienten

$$b = c \cdot b_m, \qquad c \in \{0; 0{,}5; 1; 1{,}5; 2; 3; 4\} \tag{3.9}$$

betragen.

Im Hörversuch wurden die Unähnlichkeiten, die sich zwischen verschieden inharmonischen Varianten eines Klaviertons ergeben, für die vier Töne (b, i, s, y) ermittelt. Da sich die vier Töne in ihrer Schärfe unterscheiden, kann mit Hilfe der Versuchsergebnisse überprüft werden, ob eine Abhängigkeit zwischen der Schärfe eines Tons und den wahrnehmbaren Unähnlichkeiten zwischen den verschiedenen inharmonischen Varianten des Tons besteht. Zur Bestimmung der Unähnlichkeiten wurden alle Varianten eines Tons im Vergleich zu derjenigen Variante mit dem Inharmonizitätskoeffizienten b_m in Form von Paaren dargeboten. Damit ergaben sich sechs Vergleiche für jeden Ton, die viermal in zufälliger Reihenfolge dargeboten wurden. Die sieben musikalisch vorgebildeten Versuchspersonen sollten nach zweimaligem Anhören eines Paares die Unähnlichkeit der beiden Töne und damit die wahrgenommene Änderung, die durch die Veränderung der Partialtoninharmonizitäten hervorgerufen wird, mit einer Zahl entsprechend der in Tabelle 1.3 angegebenen Skala bewerten. Mit einer dem eigentlichen Hörversuch vorangestellten Übung, in der die Versuchspersonen die wahrgenommenen Unähnlichkeiten an den vorgegebenen Wertebereich anpassen konnten, wurde eine Beurteilung der subjektiven Distanzen auf Intervallskalenniveau ermöglicht. Nach dem Hörversuch sollten die Versuchspersonen auf einem Fragebogen angeben, welche Unterscheidungsmerkmale ihnen bei den Vergleichen am meisten aufgefallen waren.

Auswertung der Versuchsergebnisse

Sowohl die geringen intra- wie auch interindividuellen Schwankungen bei allen Vergleichen deuten auf eine einheitliche Beurteilung der wahrgenommenen Unähnlichkeiten durch die Versuchspersonen. Die durch die Interquartilbereiche gekennzeichneten Abweichungen vom Median betragen im Mittel ±1,0 Distanzeinheiten. Auch die von den Versuchspersonen angegebenen Unterscheidungsmerkmale (Lebendigkeit oder Schwebungen, Verstimmung, Schärfe, Klirren oder Zerfallen), die hauptsächlich bei den Vergleichen hervortraten, stimmen bei allen Versuchspersonen weitgehend überein.

Eine geeignete Darstellung der Versuchsergebnisse, mit der die Verhältnisse zwischen den einzelnen Tönen (b, i, s, y) und damit der Einfluß der Schärfe auf die Unähnlichkeitsbeurteilungen am besten betrachtet werden kann, erhält man mit der Transformation der gemessenen subjektiven Distanzen $\delta'(b)$ nach

$$\delta(b) = \frac{b - b_m}{|b - b_m|} \cdot \delta'(b) + \delta'(b = 0) \tag{3.10}$$

und der Darstellung dieser transformierten Distanzen δ über dem Wert des Inharmonizitätskoeffizienten b. Die Transformation nach Gleichung (3.10) entspricht einer Spiegelung der Werte $\delta'(b > b_m)$ an der Abszisse und der anschließenden Verschiebung aller Werte um den Distanzwert $\delta'(b = 0)$ nach oben. Diese Operation ist nach Sixtl [79, S.13] auf Grund der intervallskalierten subjektiven Distanzen δ' zulässig. Nach Bortz [21, S.22] gilt allgemein, daß Messungen auf einer Intervallskala durch eine lineare Transformation nach Gleichung (3.10) strukturerhaltend in eine andere Intervallskala überführt werden können.

In Bild 3.1 sind die mit Gleichung (3.10) transformierten Mediane der von allen Versuchspersonen abgegebenen Distanzbewertungen, für die Vergleiche in dem für die Musik interessanten Bereich bis 2 b_m dargestellt.

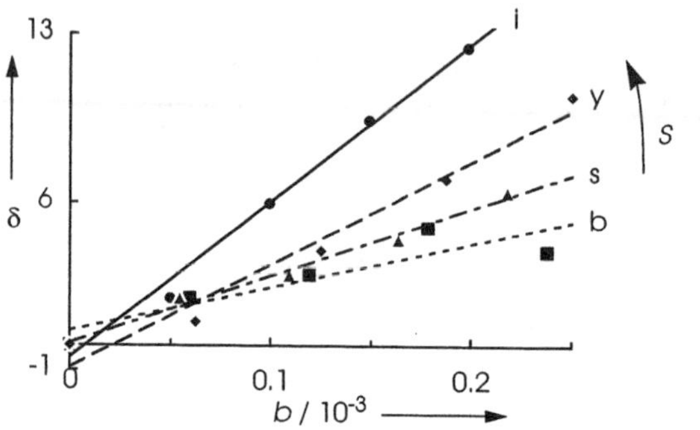

Bild 3.1: Nach Gleichung (3.10) transformierte subjektive Distanzen δ zwischen verschieden inharmonischen Varianten eines Klaviertons in Abhängigkeit des jeweiligen Inharmonizitätskoeffizienten b. Dargestellt sind die Mediane der von allen Versuchspersonen abgegebenen Distanzbewertungen, die für die vier originalen Töne (b, i, s, y) mit unterschiedlichen Schärfen S in dem für die Musik interessanten Bereich bis 2 b_m (b_m bezeichnet den Inharmonizitätskoeffizienten des jeweiligen Originaltons) ermittelt wurden.

Entsprechend der Modellvorstellung zeigt sich ein deutlicher Zusammenhang zwischen der Schärfe der Töne und der Unähnlichkeitsbewertung ihrer inharmonischen Varianten. Mit zunehmender Schärfe wird die Beurteilung der Unähnlichkeiten bei Veränderung des Inharmonizitätskoeffizienten größer. Den hohen Bestimmtheitsmaßen der Regressionsgeraden (0,82 bis 0,99) in Bild 3.1 zufolge, nehmen die gemessenen Unähnlichkeiten linear mit dem Inharmonizitätskoeffizienten zu. Dies gilt jedoch nur in dem dargestellten Inharmonizitätsbereich bis zu relativen Frequenzabweichungen von maximal 10% im dominanten Spektralbereich. Bei höheren Frequenzabweichungen, also in den musikalisch nicht verwertbaren Bereichen "Verstimmung" und "Zerfallen", gaben die Versuchspersonen Distanzbewertungen am oberen Ende der vorgegebenen Skala an. Auf die Darstellung wie auch auf genauere Untersuchungen dieser beiden Bereiche wurde verzichtet, da sie auf Grund ihrer musikalischen Unbrauchbarkeit nur von begrenztem Interesse sind.

Diskussion

Da die vier originalen Klaviertöne (b, i, s, y) durch das Ausklingverhalten der Partialtöne belebt sind, sollten die gemessenen Unähnlichkeiten entsprechend der Modellvorstellung mit dem nach Gleichung (2.32) angegebenen Verfahren berechnet werden können. In Bild 3.2 sind die mit diesem Verfahren berechneten Distanzen d in Abhängigkeit des jeweiligen Inharmonizitätskoeffizienten b dargestellt.

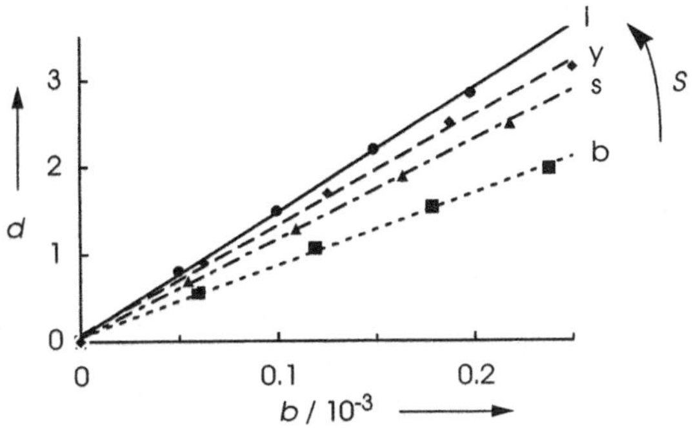

Bild 3.2: Mit dem nach Gleichung (2.32) angegebenen Verfahren berechnete Distanzen *d* zwischen verschieden inharmonischen Varianten eines Klaviertons in Abhängigkeit des jeweiligen Inharmonizitätskoeffizienten *b*. Dargestellt sind die berechneten Werte für die vier Töne (b, i, s, y) mit unterschiedlichen Schärfen *S*, in dem für die Musik interessanten Bereich bis 2 b_m (b_m bezeichnet den Inharmonizitätskoeffizienten des jeweiligen Originaltons).

Sowohl der mit der Schärfe der Töne (b, i, s, y) zusammenhängende Distanzzuwachs, wie auch die für die einzelnen Töne linearen Zusammenhänge zwischen Distanzen und Inharmonizitätskoeffizienten werden durch das Berechnungsverfahren in Übereinstimmung mit den Meßergebnissen von Bild 3.1 wiedergegeben. Der Korrelationskoeffizient zwischen gemessenen und berechneten Distanzen beträgt 0,89 und liegt somit in der Größenordnung, die für die Genauigkeit des Berechnungsverfahrens in Abschnitt 2.6.3 angegeben wurde. Die Unähnlichkeitsbeurteilungen zwischen verschieden inharmonischen Varianten eines Klaviertons können offenbar mit ausreichender Genauigkeit aus den dabei hervorgerufenen Änderungen der Schärfe und der Offenheit mit Gleichung (2.32) ermittelt werden. Daraus kann geschlossen werden, daß offensichtlich die durch Veränderung der Inharmonizitäten hervorgerufenen Lebendigkeitsänderungen einen vernachlässigbar kleinen Einfluß auf die Beurteilung der Unähnlichkeiten ausüben, sofern der Ton zusätzlich durch das Ausklingverhalten der Partialtöne belebt ist.

Zusammenfassend kann man folgende Ergebnisse festhalten:

- Entsprechend den Aussagen der Versuchpersonen werden bei Veränderungen des Inharmonizitätskoeffizienten, so daß relative Frequenzabweichungen von 0% bis 20% im dominanten Spektralbereich auftreten, vier verschiedene Hörempfindungen wahrgenommen, nämlich "Lebendigkeit oder Schwebungen", "Verstimmung", "Schärfe" und "Zerfallen oder Klirren".

- Die Veränderung der Inharmonizitäten führt bei allen Tönen zu mehr oder weniger großen Veränderungen der Schärfe, der Offenheit und der Lebendigkeit, die letztlich für die wahrnehmbaren Unähnlichkeiten verantwortlich sind.

- Die durch Veränderung der Inharmonizitäten eines Tons hervorgerufenen Lebendigkeitsänderungen üben offenbar gegenüber den Änderungen der Schärfe und der Offenheit einen vernachlässigbar kleinen Einfluß auf die Beurteilung der Unähnlichkeit aus, sofern der Ton zusätzlich durch das Ausklingverhalten der Partialtöne belebt ist.

- Die etwa gleich große Veränderung der Inharmonizitäten führt bei einem Ton kleiner Schärfe zu kleineren Änderungen der Schärfe und der Offenheit und damit auch zu kleineren Veränderungen in der Wahrnehmung als bei einem Ton großer Schärfe.
- Bei den vier originalen Tönen werden die durch veränderte Inharmonizitätskoeffizienten verursachten Unähnlichkeiten hauptsächlich durch die dabei hervorgerufenen Änderungen der Schärfe und Offenheit erklärt, so daß für die Berechnung der Unähnlichkeiten das mit Gleichung (2.32) angegebene Verfahren verwendet werden kann. Der Korrelationskoeffizient zwischen berechneten und gemessenen Distanzen beträgt 0,89.
- Nennenswert erscheint auch der annähernd lineare Zusammenhang zwischen Veränderungen des Inharmonizitätskoeffizienten eines Tons und den daraus resultierenden Unähnlichkeiten, der sich bei Veränderungen der relativen Frequenzverschiebungen von 0% bis 10% im dominanten Spektralbereich ergibt.

3.1.4 Lebendigkeit bei unterschiedlicher Inharmonizität

Wie in den Voruntersuchungen gezeigt werden konnte, hängt die Wahrnehmbarkeit einer Lebendigkeitsänderung ΔL_I, die bei einer Veränderung der Inharmonizität eines Tons hervorgerufen wird, von der Größe der bereits vorhandenen Lebendigkeit ab. Daraus folgt, daß für die Hörwahrnehmung die relative Änderung der Lebendigkeit ausschlaggebend ist. Entsprechend der Modellvorstellung wird der Einfluß der relativen Lebendigkeitsänderung auf die Beurteilung der Unähnlichkeit von der Größe der Änderungen der beiden anderen Empfindungsgrößen ΔS und ΔO abhängen.

Mit dem nachfolgend beschriebenen Hörversuch wurde abgeschätzt, welche relative Lebendigkeitsänderung im Vergleich zu den gleichzeitigen Veränderungen der Schärfe und der Offenheit nicht mehr zu vernachlässigen ist und einen deutlichen Einfluß auf die Unählichkeitsbeurteilungen ausübt. Große relative Lebendigkeitsänderungen bei unterschiedlicher Inharmonizität ergeben sich bei Tönen, die beispielsweise nicht durch das Ausklingverhalten der Partialtöne belebt sind. Daher wurde dieser Versuch mit den synthetischen Tönen von Abschnitt 2.2.1 durchgeführt, die einen gleichmäßigen Pegelabfall im Ausklingverhalten der Partialtöne aufweisen (Bild 2.2).

Versuchsschalle und Versuchsdurchführung

Für die vier synthetischen Töne (B, I, S, Y,) der tiefen Tonlage C_2 wurden nach dem bereits erwähnten Verfahren inharmonische Varianten mit den in Gleichung (3.9) angegebenen Vielfachen des Inharmonizitätskoeffizienten b_m erzeugt. Der Koeffizient b_m war für die vier synthetischen Töne identisch. Bei der Untersuchung stand der für die Musik interessante Bereich bis zu 2 b_m (mit relativen Frequenzverschiebungen von maximal 10% im dominanten Spektralbereich) im Vordergrund.

Im Hörversuch wurden die subjektiven Distanzen aller Varianten eines Tons zu derjenigen Variante mit dem Inharmonizitätskoeffizienten b_m gemessen. Die sechs Paare für jeden Ton wurden viermal in zufälliger Reihenfolge dargeboten. Die Beurteilung der Unähnlichkeiten, die durch die Veränderung der Partialtoninharmonizitäten hervorgerufen werden, erfolgte durch die gleichen sieben Versuchspersonen, die auch am Hörversuch aus Abschnitt 3.1.3 teilgenommen haben. Nach zweimaligem Anhören eines Paares sollte die Versuchperson die Unähnlichkeit mit einer Zahl entsprechend der in Tabelle 1.3 angegebenen Skala bewerten. Auch bei diesem Hörversuch wurde durch eine vorangestellte Übung die Beurteilung der subjektiven Distanzen auf Intervallskalenniveau ermöglicht.

Auswertung der Versuchsergebnisse

Die Beurteilung der Unähnlichkeiten erfolgte bei allen Vergleichen mit geringen intra- wie auch interindividuellen Schwankungen. Die Interquartilbereiche betragen im Mittel ±0, 9 Distanzeinheiten. Eine geeignete Darstellung der Versuchsergebnisse erhält man entsprechend Abschnitt 3.1.3 mit der in Gleichung (3.10) angegebenen Transformation der Mediane, die sich aus den Distanzbewertungen aller Versuchspersonen ergeben. In Bild 3.3 sind die derart transformierten Mediane in Abhängigkeit des jeweiligen Inharmonizitätskoeffizienten b für die Vergleiche im Bereich bis 2 b_m dargestellt.

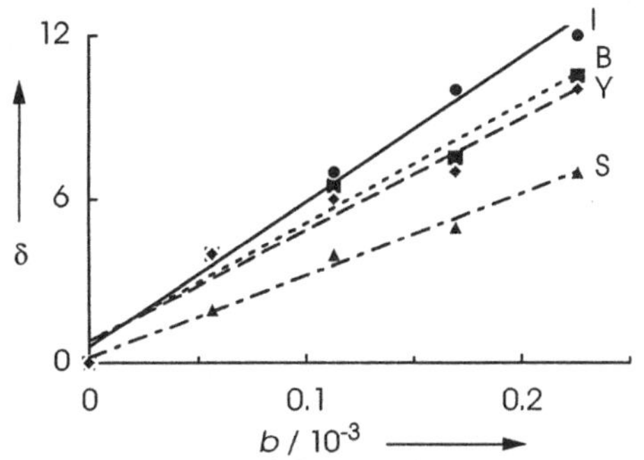

Bild 3.3: Nach Gleichung (3.10) transformierte subjektive Distanzen δ zwischen verschieden inharmonischen Varianten eines Tons ohne ausgeprägte Zeitstrukturen im Ausklingverhalten der Partialtöne, in Abhängigkeit des jeweiligen Inharmonizitätskoeffizienten b. Dargestellt sind die Mediane der von allen Versuchspersonen abgegebenen Distanzbewertungen, die für die vier synthetischen Töne (B, I, S, Y) von Abschnitt 2.2.1 in dem für die Musik interessanten Bereich bis 2 b_m (b_m bezeichnet den Inharmonizitätskoeffizienten der synthetischen Töne) ermittelt wurden.

Die Distanzbewertungen für die drei synthetischen Töne (I, S, Y) stimmen in etwa mit den in Bild 3.1 dargestellten Ergebnissen für die Originaltöne (i, s, y) überein. Demnach werden offenbar trotz der größeren relativen Lebendigkeitsänderungen bei diesen drei synthetischen Tönen die hörbaren Unähnlichkeiten dadurch nicht größer als bei den drei Originaltönen.

Für die Varianten des Tons B erhält man entsprechend Bild 3.3 größere Distanzbewertungen als für die Varianten des zugehörigen, originalen Tons b in Bild 3.1. Daraus folgt, daß beim synthetischen Ton mit der kleinsten Schärfe, nämlich dem Ton B, die größeren relativen Lebendigkeitsunterschiede bei der Beurteilung der Unähnlichkeiten eine Rolle spielen. Die mit der kleineren Schärfe des Tons zusammenhängenden, kleineren Änderungen der Schärfe und der Offenheit (Abschnitt 3.1.3) führen offensichtlich dazu, daß die im Vergleich zum originalen Ton b größeren relativen Lebendigkeitsunterschiede nicht mehr vernachlässigbar klein gegenüber den Änderungen ΔS und ΔO sind.

Den hohen bis sehr hohen Bestimmtheitsmaßen der Regressionsgeraden (0,93 bis 0,99) in Bild 3.3 zufolge, nehmen auch bei den synthetischen Tönen die Unähnlichkeiten linear mit dem Inharmonizitätskoeffiezienten in dem dargestellten Bereich bis zu 2 b_m zu. Bei relativen Frequenzabweichungen von mehr als 10% im dominanten Spektralbereich gaben die Versuchpersonen, wie bei der Untersuchung mit den originalen Tönen, Distanzbewertungen am oberen Ende der vorgegebenen Skala an.

Diskussion

Durch das “Entfernen” der typischen Zeitstrukturen im Ausklingverhalten der Partialtöne wird die Wahrnehmbarkeit der Lebendigkeitsunterschiede ΔL_I, die sich bei Veränderungen des Inharmonizitätskoeffizienten ergeben, verbessert. Dennoch bleibt der endgültige Einfluß der Lebendigkeitsänderung ΔL_I auf die Beurteilung der Unähnlichkeit von verschieden inharmonischen Varianten eines Tons von den gleichzeitig hervorgerufenen Schärfe- und Offenheitsunterschieden abhängig. Für die drei Töne I, S und Y sind die Änderungen der Schärfe und der Offenheit bei veränderten Inharmonizitäten offenbar so groß, daß der Einfluß der gleichzeitig verursachten Lebendigkeitsunterschiede auf die Beurteilung der Unähnlichkeiten in erster Näherung vernachlässigt werden kann. Die in Bild 3.3 abgebildeten subjektiven Distanzen lassen sich demnach hauptsächlich durch die Schärfe- und Offenheitsunterschiede erklären, so daß für die Berechnung der Unähnlichkeiten das mit Gleichung (2.32) angegebene Verfahren verwendet werden kann. Der Korrelationskoeffizient zwischen berechneten und gemessenen Distanzen beträgt 0,92. Für den Ton B dagegen müssen die Lebendigkeitsänderungen ΔL_I für eine korrekte Berechnung der Unähnlichkeiten berücksichtigt werden, da die Veränderungen der Inharmonizitäten zu verhältnismäßig kleinen Änderungen der Schärfe und der Offenheit führen. Diese Ergebnisse bestätigen die erarbeitete Modellvorstellung.

Die Berücksichtigung der Lebendigkeitsänderungen werden erst bei dem Ton notwendig, bei dem sowohl kleine Schärfe- und Offenheitsänderungen auftreten, als auch die typischen Zeitstrukturen im Ausklingverhalten der Partialtöne fehlen. Daher wird in der Regel die bei Veränderungen des Inharmonizitätskoeffizienten hervorgerufene Lebendigkeitsänderung ΔL_I im Vergleich zu den gleichzeitigen Änderungen ΔS und ΔO einen vernachlässigbaren Einfluß auf die Bewertung der Unähnlichkeiten ausüben. Aus diesem Grund wurde darauf verzichtet, ein Modell für die Berechnung der Lebendigkeit zu entwickeln, das für die Erweiterung des in Abschnitt 2.6.2 angegebenen Verfahrens zur Berechnung von Unähnlichkeiten nötig wäre.

Zusammenfassend kann man festhalten, daß die Unähnlichkeiten, die sich bei Veränderungen des Inharmonizitätskoeffizienten ergeben, hauptsächlich durch die dabei hervorgerufenen Änderungen der Schärfe und Offenheit erklärt werden können. Deshalb reicht für die Berechnung der Unähnlichkeiten das in Abschnitt 2.6.2 mit Gleichung (2.32) angegebene Verfahren aus. Lediglich bei Tönen geringer Schärfe[2], mit einer vernachlässigbar kleinen Lebendigkeit (beispielsweise ohne typische Zeitstrukturen im Ausklingverhalten der Partialtöne), muß die durch veränderte Inharmonizitäten verursachte Änderung der Lebendigkeit berücksichtigt werden.

3.2 Das Ausklingverhalten der Partialtöne

Das typische Ausklingverhalten eines Klaviertons ist nach Martin [55] durch zwei verschieden schnelle Abklingphasen gekennzeichnet, die oft als *Sofort-* und *Nachklang* bezeichnet werden. Während der ersten Abklingphase fällt der Schalldruckpegel recht schnell ab, in der direkt anschließenden zweiten Phase sinkt der Pegel deutlich langsamer ab. Auf diese Weise ergibt sich im Ausklingverhalten eines Klaviertons ein mehr oder weniger deutlich ausgeprägter Knick. Darüber hinaus zeigen Messungen von Meyer und Melka [60], daß auch modulationsartige Feinstrukturen im Ausklingverhalten eines Klaviertons auftreten können, die dem Ton einen belebten Charakter verleihen. Der Schalldruckpegel fällt nicht linear, sondern durchläuft mehrere Maxima und zum Teil besonders scharf ausgeprägte Minima. Diese charakteristischen Eigenschaften im Ausklingverhalten von Klaviertönen führten zu Untersuchungen, die sich nicht nur mit der physikalischen Begründung [98, 46, 99] und der Simulation [63] dieser Merkmale befaßten. Auch der Einfluß beispielsweise der Anschlagstärke [65, 60] oder der Raumakustik [32] auf diese charakteristischen Merkmale wurde überprüft.

Um eine einheitliche, meßtechnische Erfassung der Ausklingverhalten bemühten sich insbesondere Meyer und Melka [60] wie auch Meyer und Lottermoser [59]. Vereinfachenden Betrachtungen von Meyer und Melka [60] zufolge sind im gesamten Tonumfang eines Klaviers drei Angaben für eine ausreichend genaue Beschreibung der verschiedenen zeitlichen Schalldruckpegelverläufe notwendig: die Anfangsnachklingzeit, die spätere Nachklingzeit und die Pegeldifferenz zwischen dem Spitzenpegel und dem Pegel an der Knickstelle im Pegelverlauf. Die genaue Vorgehensweise bei der Bestimmung dieser drei Kriterien kann der angegebenen Literatur entnommen werden.

Die Informationsverarbeitung des Schallsignals durch das Gehör bleibt bei der von Meyer und Melka angegebenen, rein physikalischen Beschreibungsform der Ausklingverhalten unberücksichtigt. Da Veränderungen im Ausklingverlauf der Partialtöne zu deutlich wahrnehmbaren Unähnlichkeiten führen können [1, 71, 96], wird im folgenden eine Modell-

2. Veränderungen der Inharmonizität führen bei Tönen kleiner Schärfe zu kleinen Änderungen der Schärfe und der Offenheit (Abschnitt 3.1.3).

vorstellung für eine gehörorientierte Beschreibung der Ausklingverhalten entwickelt (Abschnitt 3.2.2). Mit Hilfe dieser Modellvorstellung kann der Zusammenhang zwischen Ausklingverhalten und auditiver Unähnlichkeit erklärt werden. Dies wird in Abschnitt 3.2.3 an einzelnen Beispielen demonstriert. Zunächst werden einige Grundlagen zum Ausklingverhalten von Klaviertönen erläutert.

3.2.1 Grundlagen

In den nachfolgenden Abschnitten werden zuerst typische Ausklingverläufe von Partialtönen, die in den vier untersuchten Originaltönen (b, i, s, y) der drei Tonlagen C_2, C_4 und C_6 gemessen werden, mit den Meßergebnissen anderer Autoren verglichen. Außerdem werden Gemeinsamkeiten und Unterschiede in jeder Tonlage wie auch über die Tonlagen hinweg erarbeitet. Anschließend werden kurz die wesentlichen aus der Literatur bekannten Theorien wiedergegeben, die das Entstehen der typischen Ausklingverhalten physikalisch begründen.

Typische Ausklingverläufe

In Übereinstimmung mit den Meßergebnissen von Meyer und Melka [60] ergeben sich für die Ausklingverhalten der Originaltöne (b, i, s, y) je nach Tonlage typische Verläufe im Schalldruckpegel. In Bild 3.4 ist beispielhaft für jede Tonlage der Pegelverlauf eines der vier Originaltöne dargestellt.

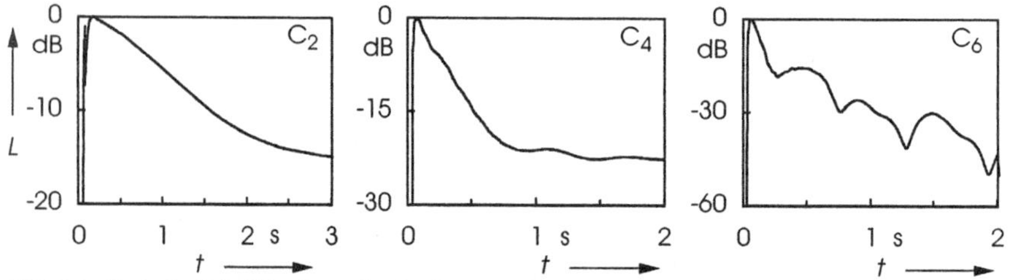

Bild 3.4: Typische Schalldruckpegelverläufe im Ausklingverhalten von Klaviertönen. Beispielhaft für die drei untersuchten Tonlagen ist jeweils der zeitliche Pegelverlauf eines der vier Originaltöne dargestellt. *Links*: Pegelverlauf des Tons b der tiefen Tonlage C_2. *Mitte*: Pegelverlauf des Tons i der mittleren Tonlage C_4. *Rechts*: Pegelverlauf des Tons i der hohen Tonlage C_6.

In allen drei Tonlagen erkennt man die Aufteilung des Ausklingverhaltens in Sofort- und Nachklang. Der Übergang zwischen der ersten, schnellen Abklingphase in die spätere, langsamere Abklingphase ist in der mittleren Tonlage am deutlichsten ausgeprägt. Nach Meyer und Melka [60] setzt das langsamere Ausklingen in der tiefen Tonlage nach etwa 1 bis 2 s auf einem relativ hohen Pegelniveau ein, so daß der Übergang dadurch etwas verschliffen wird. Die Pegeldifferenz zwischen Spitzenwert und Knickstelle beträgt in der tiefen Tonlage in der Regel etwa 10 dB. Bis zur mittleren Tonlage sinkt der Pegelwert an der Knickstelle stetig ab. Die erste Abklingphase in der mittleren Tonlage weist in der Regel einen linearen Abfall um etwa 20 dB auf. Deshalb ist der Übergang in der mittleren Tonlage meistens sehr deutlich ausgeprägt. Zu hohen Tonlagen hin steigt das Pegelniveau des langsameren Ausklingens zwar wieder an, dennoch bleibt der Übergang zwischen Sofort- und Nachklang sichtbar, da die spätere Abklingphase durch ausgeprägte Schwankungen gekennzeichnet ist. Nach Meyer [58] können modulationsartige Feinstrukturen auch schon bei Tönen der mittleren Tonlagen auftreten, wobei jedoch nur 30 bis 50% der Töne davon betroffen sind. In hohen Tonlagen sind derartige Schwankungen dagegen die Regel. Dabei ist zu bemerken, daß die zeitlichen Fluktuationen im Pegelverlauf auch bei sehr gut gestimmten Instrumenten auftreten.

In Bild 3.4 ist auch die zu hohen Tonlagen hin abnehmende Dauer der ersten Abklingphase deutlich zu erkennen. Während die nach Meyer und Melka [60] definierte Anfangsabklingzeit – sie wird aus dem Pegelabfall über die ersten 10 dB bestimmt und gemäß dieser Steilheit auf einen Abfall von 60 dB umgerechnet – in der tiefen Tonlage noch etwa 8 s beträgt, verkürzt sie sich in der hohen Tonlage auf etwa 0,7 s. Meyer [58] gibt, ausgehend von Anfangsabklingzeiten um 10 s in den tiefen Tonlagen, eine Reduzierung derselben um einen Faktor 1,7 je Oktave an, so daß in der Mittellage Werte um 3 s und in den hohen Tonlagen Werte zwischen 0,6 und 1,4 s zu erwarten sind. Dementsprechend gewinnt die spätere Abklingphase, die ebenfalls zu höheren Tonlagen hin kürzer wird, erst in hohen Tonlagen zunehmend an Bedeutung, da der Sofortklang in diesen Tonlagen auf etwa *allegro*-Achtel beschränkt bleibt [58].

Bemerkenswert ist auch die von Meyer und Melka [60] hervorgehobene Unabhängigkeit des Ausklingverhaltens eines Tons von der Anschlagstärke. Unterschiedliche Stärken des Tastenanschlags führen nur zu parallelverschobenen Pegelverläufen. Damit bleibt die Pegeldifferenz zwischen dem Spitzenwert und der Knickstelle unabhängig von der Anschlagstärke gleich. Auch Messungen von Hundley et al. [46] bestätigen die Linearität der Energieübertragung von der Saite über den Steg und den Resonanzboden an die Umgebung.

Das Ausklingverhalten eines Klaviertons ergibt sich aus der linearen Überlagerung der Pegelverläufe aller Partialtöne. Daher werden überwiegend die stärkeren Partialtöne den Gesamtpegelverlauf des Tons bestimmen, wobei auf Grund der unterschiedlichen Formen und Abklingzeiten im Pegelverlauf der einzelnen Partialtöne zu verschiedenen Zeitpunkten unterschiedliche Partialtöne das Ausklingverhalten des Tons bestimmen werden. Dennoch kann man festhalten, daß der Beitrag des untersten Partialtons zum Gesamtpegelverlauf des Klaviertons zu höheren Tonlagen hin zunehmend größer wird, bis hin zur Übereinstimmung der beiden Pegelverläufe in den obersten Tonlagen. Diese Feststellung hängt damit zusammen, daß der unterste Partialton in den tiefen Tonlagen meist nur sehr schwach ausgeprägt ist, wogegen er in den hohen Tonlagen gegenüber den anderen Partialtönen dominiert. Zudem ist die Anzahl der Partialtöne in den hohen Tonlagen deutlich geringer als in tieferen Lagen, so daß das Ausklingverhalten der Töne hoher Tonlagen maßgeblich vom Pegelverlauf des ersten Partialtons geprägt wird.

Die Untersuchung der Ausklingverhalten einzelner Partialtöne in den Originaltönen ergibt zum einen, daß die Zeitstrukturen in den Pegelverläufen verschiedener Partialtöne sehr unterschiedlich sein können. Als Beispiel hierfür sind die Pegelverläufe von drei Partialtönen unterschiedlicher Ordnungszahlen (n = 1, 6, 15) des originalen Tons s der mittleren Tonlage C_4 in Bild 3.5 dargestellt.

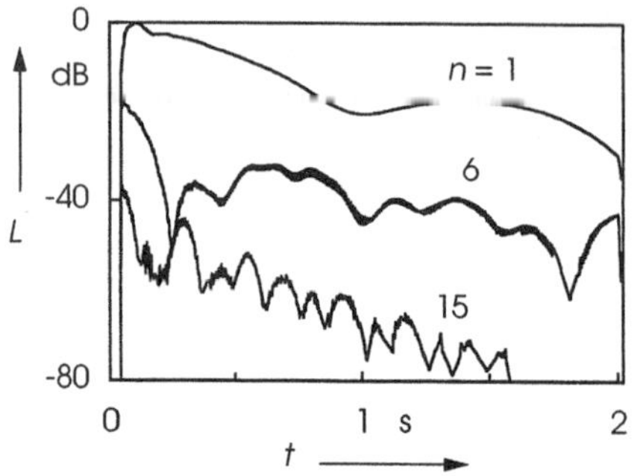

Bild 3.5: Pegelverläufe im Ausklingverhalten von drei Partialtönen unterschiedlicher Ordnungszahlen (n = 1, 6, 15 entsprechend den Frequenzen f_n = 261 Hz, 1578 Hz, 4064 Hz) des originalen Klaviertons s der mittleren Tonlage C_4.

Diese Eigenschaft der Partialtöne eines Klaviertons stellten bereits Fletcher et al. [32] fest, wobei sie darüber hinaus auch die Unabhängigkeit des zeitlichen Pegelverlaufs eines Partialtons von der Raumakustik zeigen konnten. Messungen in verschieden halligen Räumen, wie auch in einem reflexionsarmen Raum, ergaben keinen signifikanten Einfluß der jeweiligen Raumakustik auf die Ausklingverhalten der Partialtöne. Zum anderen zeigt sich bei der Untersuchung der Ausklingverhalten der Partialtöne in Übereinstimmung mit den Meßergebnissen von Meyer und Lottermoser [59], daß die Abklingzeiten der Partialtöne eines Klaviertons beliebiger Tonlage mit zunehmender Ordnungszahl kürzer werden (Bild 3.5). Insbesondere stellt sich auch heraus, daß ein Partialton gleicher Frequenz in einem tiefen Ton langsamer ausklingt als in einem Ton hoher Grundfrequenz. Die Dämpfung von Partialtönen gleicher Frequenz ist somit bei längeren Saiten geringer als bei kürzeren. Im folgenden werden weitere Resultate, die sich bei der Untersuchung des Ausklingverhaltens einzelner Partialtöne in den Originaltönen ergeben, getrennt nach Tonlagen angegeben, wobei vor allem die Gemeinsamkeiten und Unterschiede für die drei Tonlagen sowie die vier Töne jeder Lage herausgearbeitet werden.

Tiefe Tonlage

Die Pegelverläufe der Partialtöne können in der tiefen Tonlage bei allen vier Klaviertönen grob in zwei Bereiche eingeteilt werden. Bis etwa zum achten Partialton ist der Pegelabfall der Partialtöne annähernd linear. Nur beim Ton i durchlaufen einige dieser Partialtöne ein ausgeprägtes Minimum, ähnlich dem in Bild 3.10 dargestellten. Ab dem neunten Partialton treten bei allen Tönen modulationsartige Feinstrukturen in Erscheinung, lineare Pegelverläufe sind in diesem Bereich nur noch selten zu finden. Die Zeitspannen zwischen den aufeinanderfolgenden Minima nehmen dabei mit steigender Ordnungszahl der Partialtöne ab. Für die höchsten Partialtöne findet man Werte von etwa 100 bis 350 ms, entsprechend Modulationsfrequenzen von 3 bis 10 Hz. Neben diesen Zeitstrukturen findet man zum Teil weitere, noch feinere Strukturen, die den oben genannten überlagert sind. Zwei Beispiele hierfür sind in Bild 3.6 dargestellt.

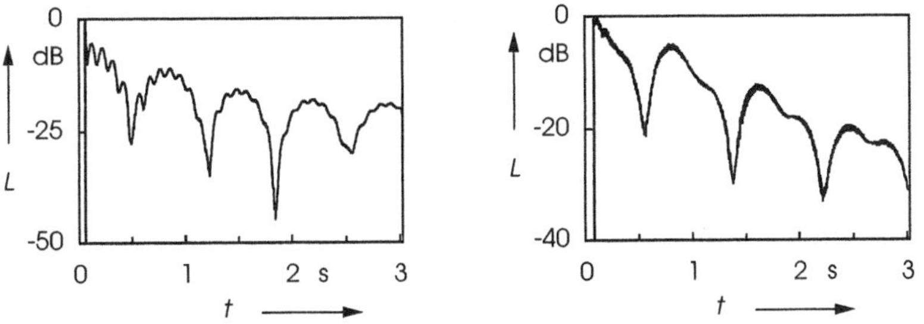

Bild 3.6: Typische Pegelverläufe im Ausklingverhalten von Partialtönen mittelgroßer Ordnungszahlen in Klaviertönen der tiefen Tonlage C_2. *Links*: 15. Partialton (997 Hz) des Tons y. *Rechts*: 31. Partialton (2138 Hz) des Tons b.

Mittlere Tonlage

Die vier Töne der mittleren Tonlage lassen sich bezüglich der Pegelverläufe ihrer Partialtöne in zwei Gruppen aufteilen. Bei den beiden Tönen b und y klingen nahezu alle Partialtöne, wie in Bild 3.7 beispielhaft dargestellt, linear oder über eine Knicklinie ab. Weitere Feinstrukturen sind selten oder nur schwach ausgebildet.

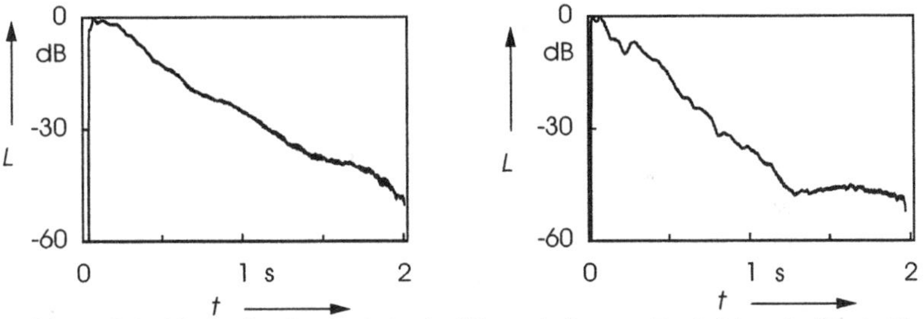

Bild 3.7: Beispiele für Pegelverläufe im Ausklingverhalten von Partialtönen in Klaviertönen der mittleren Tonlage C_4. *Links*: 3. Partialton (791 Hz) des Tons y. *Rechts*: 2. Partialton (524 Hz) des Tons b.

Ganz anders verhält es sich im Falle der beiden Töne i und s. Bis auf den ersten Partialton, der bei beiden Tönen eher entsprechend einer Knicklinie abfällt (vgl. Bild 3.5), weist jeder Partialton eine ausgeprägte, modulationsartige Feinstruktur entsprechend den beiden repräsentativen Beispielen in Bild 3.8 auf. Wie bereits in der tiefen Tonlage beobachtet man auch bei diesen beiden Tönen eine Abnahme der Zeitspannen zwischen den aufeinanderfolgenden Minima mit zunehmender Ordnungszahl der Partialtöne. Die entsprechenden Modulationsfrequenzen liegen ebenfalls im Bereich bis etwa 10 Hz. Diese Abnahme der Zeitspannen ist am Beispiel des Tons s in Bild 3.5 deutlich zu sehen.

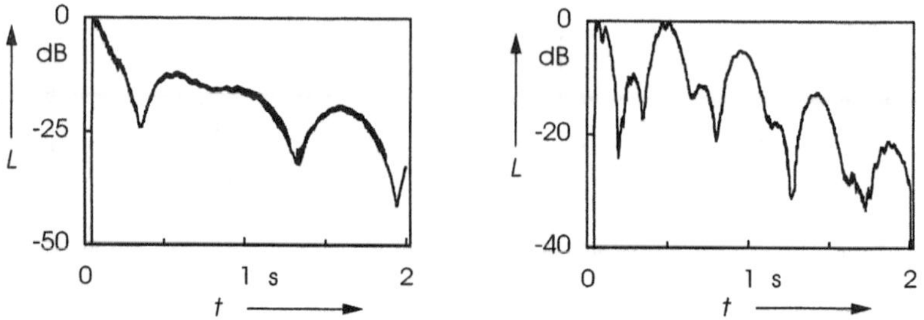

Bild 3.8: Beispiele für Pegelverläufe im Ausklingverhalten von Partialtönen in Klaviertönen der mittleren Tonlage C_4. *Links*: 8. Partialton (2123 Hz) des Tons i. *Rechts*: 9. Partialton (2385 Hz) des Tons s.

Hohe Tonlage

In der hohen Tonlage weisen die Pegelverläufe aller Partialtöne der vier Klaviertönen nur noch modulationsartige Zeitstrukturen auf. Demnach ergeben sich auch keine charakteristischen Unterschiede zwischen den Tönen, wie beispielsweise in der mittleren Tonlage. Das Ausklingverhalten eines Klaviertons der hohen Tonlage wird wie bereits erwähnt maßgeblich durch den Pegelverlauf des ersten Partialtons bestimmt. So ist beispielsweise der in Bild 3.4 rechts dargestellte Pegelverlauf des Tons i mit dem in Bild 3.9 links dargestellten Pegelverlauf seines ersten Partialtons identisch. Die Zeitspannen zwischen aufeinanderfolgenden Minima nehmen, wie in Bild 3.9 ersichtlich, auch in der hohen Tonlage mit zunehmender Ordnungszahl der Partialtöne ab. Die entsprechenden Modulationsfrequenzen können, wie in der tiefen und mittleren Tonlage bereits festgestellt, bis zu etwa 10 Hz betragen.

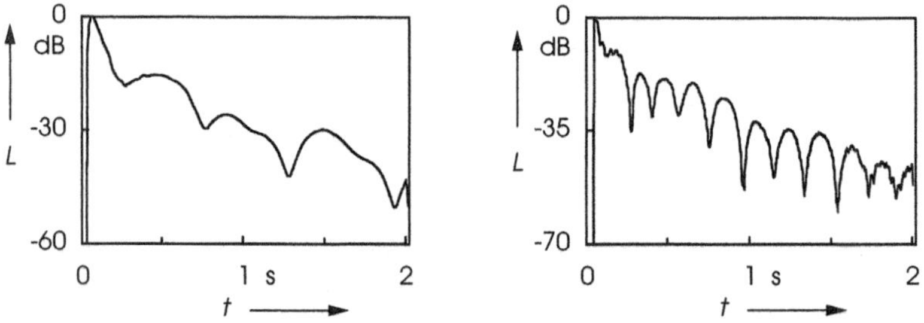

Bild 3.9: Typische Pegelverläufe im Ausklingverhalten von Partialtönen der hohen Tonlage C_6. *Links*: 1. Partialton (1050 Hz) des Tons i. *Rechts*: 3. Partialton (3194 Hz) des Tons b.

Physikalische Theorien

Für die Begründung sowohl des in zwei Abklingphasen unterschiedlicher Steilheit aufgeteilten Ausklingverhaltens wie auch der modulationsartigen Fluktuationen im Ausklingvorgang kommen entsprechend den Untersuchungsergebnissen verschiedener Autoren mehrere Faktoren in Frage. Bei der Untersuchung fünf verschiedener Einflußfaktoren stellten

Hundley et al. [46] fest, daß im wesentlichen die Verstimmung zwischen den Saiten einer Gleichklanggruppe[3] sowie ihre Kopplung über den Steg das Ausklingverhalten bestimmen. In fast allen Tonlagen eines Klaviers, mit Ausnahme der untersten Oktave von A_0 bis etwa G_1, stehen zwei oder drei Saiten für die Tonerzeugung zur Verfügung, die von guten Klavierstimmern vorzugsweise stets etwas gegeneinander verstimmt werden. Kirk [49] konnte mit Hörversuchen zeigen, daß in der Regel eine Verstimmung von etwa 1 bis 2 cent zwischen den Saiten einer Gleichklanggruppe bevorzugt wird. Auf Grund der leichten Verstimmung verändert sich die zu Beginn vorherrschende Phasenbeziehung zwischen den Saiten mit fortschreitender Zeit. Dadurch erhält man im Falle von schwach gekoppelten Saitenchören, bei denen sich die Kraftbeiträge der einzelnen Saiten am Steg ohne Rückkopplung linear überlagern, ein sich mit der Zeit periodisch veränderndes Kraftsignal am Steg, das zu Schwebungen im Ausklingverhalten führt. Die Frequenz dieser Schwebungen hängt vom Grad der Verstimmung ab. Sowohl Hundley et al. [46] als auch Nakamura [63] konnten mit Hilfe eines einfachen elektrischen Ersatzschaltbildes, das die Kopplung eines Saitenchors über den Steg mit nur einer Eigenschwingung je Saite simuliert, das Auftreten von Schwankungen im Ausklingverhalten von schwach gekoppelten Schwingkreisen zeigen.

Erst im Falle stark gekoppelter, verstimmter Saitenchöre ergeben die Simulationen einen ausgeprägten Knick im Ausklingverhalten des Systems. Durch die Kopplung der Saiten über den Steg wird der Energietransfer der einzelnen Saite an den Resonanzboden unmittelbar nach der Anregung des Saitenchors durch den Hammer, wenn also die Saiten in Phase schwingen, um ein Vielfaches größer sein als wenn die Saite alleine schwingen würde [12, S. 328 ff]. Die Simulation mit einem elektrischen Schwingkreis [46] bestätigt dieses Verhalten. Die anfänglich symmetrische Schwingung verursacht den schnell abklingenden Sofortklang. Mit fortschreitender Zeit verändert sich jedoch die Phasenbeziehung zwischen den gegeneinander leicht verstimmten Saiten, so daß die zu Beginn aufgeprägte symmetrische Schwingung gestört wird. Damit ist der spätere Nachklang im wesentlichen durch ein unsymmetrisches Schwingen der Saiten, das zu einem deutlich langsameren Energietransfer führt, gekennzeichnet.

Das Ausklingverhalten im Nachklang wird einerseits durch die Phasenrelation zwischen den leicht verstimmten Saiten geprägt, so daß in Abhängigkeit vom Grad der Verstimmung Fluktuationen zwischen schnelleren und langsameren Abklingphasen möglich sind, andererseits wird das Abklingverhalten im Mittel wesentlich langsamer als im Sofortklang, sobald die anfangs aufgeprägte Phasenbeziehung zwischen den Saiten durch ihre Verstimmung gestört wurde. Nach Weinreich [98] kann sich die Phasenbeziehung zwischen den schwingenden Saiten einer Gleichklanggruppe je nach Grad der Verstimmung einmalig oder fortwährend ändern. Durch die variablen Phasenbeziehungen innerhalb eines Saitenchors können also auch einmalige, besonders scharf ausgeprägte Minima, wie beispielsweise in Bild 3.10 dargestellt, im Ausklingverhalten auftreten.

---

3. Für die Tonerzeugung werden bei modernen Klavieren in fast allen Tonlagen drei gleichklingende Saiten durch den Hammer angeschlagen. Lediglich die 25 untersten Tasten setzen nur einzelne Saiten (einchörige Saiten von A_0 bis etwa G_1) oder Saitenpaare (zweichörige Saiten bis etwa A_2) in Schwingung.

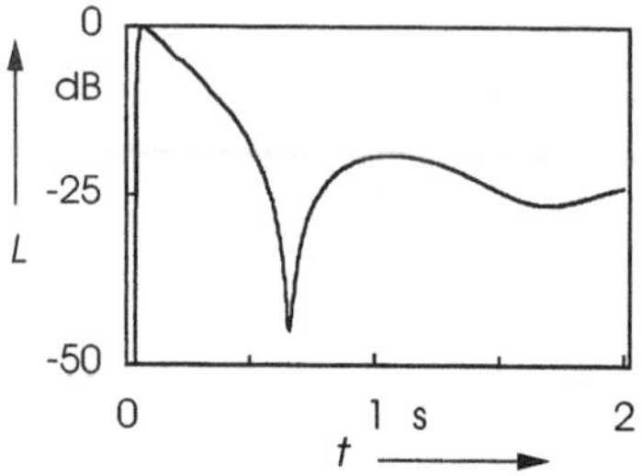

Bild 3.10: Pegelverlauf im Ausklingverhalten des 3. Partialtons (790Hz) des Tons i der mittleren Tonlage C_4. Nach [98, 46, 63] lassen sich Sofortklang, Nachklang und das einmalig auftretende, polartige Minimum auf die variablen Phasenbeziehungen innerhalb des Saitenchors zurückführen.

Neben der Verstimmung zwischen den Saiten einer Gleichklanggruppe können auch die unterschiedlichen Inharmonizitätskoeffizienten der einzelnen Saiten, die letztlich wiederum zu einer Verstimmung zwischen den Partialtönen gleicher Frequenz führen, Veränderungen der Phasenbeziehungen innerhalb der Gleichklanggruppe hervorrufen. Da die von den Inharmonizitäten herrührenden relativen Frequenzabweichungen bei tiefen Klaviertönen erst bei Partialtönen hoher Ordnungszahl zum Tragen kommen (Abschnitt 3.1.1), ergeben sich erst bei hohen Partialtönen modulationsartige Schwankungen im Ausklingverhalten. Bei Tönen hoher Tonlage sind bereits die untersten Partialtöne durch große Inharmonizitäten gekennzeichnet, so daß in hohen Tonlagen auch in den untersten Partialtönen modulationsartige Fluktuationen im Ausklingverhalten auftreten. Nach Meyer und Melka [60] sind die Schwankungen im Ausklingverhalten hoher Klaviertöne zunehmend auf die unterschiedlichen Inharmonizitäten der Saiten im Chor zurückzuführen.

Ein weiterer Faktor, der zu Veränderungen der Phasenbeziehungen innerhalb einer Gleichklanggruppe führen kann, ist die Gestalt der Hammerfläche, denn nach Weinreich [98] können Unregelmäßigkeiten im Hammer ungleiche Startamplituden der Saiten verursachen. Nakamura [63] konnte diesen Effekt mit einer Simulation nachweisen, betonte aber gleichzeitig, daß sein Einfluß auf das Ausklingverhalten nur von geringer Bedeutung ist.

Im Hinblick darauf, daß das Impedanzverhältnis von Resonanzboden zu Saite das Ausklingverhalten eines Klaviertons maßgeblich beeinflußt, führte Wogram [99] Impedanzmessungen an verschiedenen Stellen eines Resonanzbodens durch. Die gemessenen Impedanzkurven zeigen eine deutliche Frequenzabhängigkeit, wobei sie unabhängig von der Meßstelle einen stetigen Abfall von tiefen (100 Hz) zu hohen Frequenzen aufweisen. Damit erklärt sich das zunehmend schnellere Abklingen der hohen Partialtöne eines Klaviertons. Außerdem konnte Wogram zeigen, daß auch in der untersten Oktave eines Klaviers, in der jeweils nur eine Saite für die Tonerzeugung zur Verfügung steht, ein in Sofort- und Nachklang unterteiltes Abklingverhalten auftreten kann, welches auf die Abhängigkeit der Resonanzbodenimpedanz von der Angriffsrichtung der Saitenschwingung zurückzuführen ist. Nach Weinreich [98] wird eine Saite auf Grund der Unregelmäßigkeiten der Hammeroberfläche nicht nur in vertikaler, sondern auch in horizontaler Richtung relativ zum Resonanzboden angeregt. Die Eingangsimpedanz am Steg für horizontale Schwingungen ist erheblich größer als für vertikale Schwingungen. Während die senkrechten Schwingungen rasch an

Energie verlieren, bleibt die Energie der Horizontalschwingungen ungleich länger erhalten. Solange die vertikale Schwingungskomponente über die horizontale dominiert, bestimmt sie das Ausklingverhalten und führt zum schneller abklingenden Sofortklang. Erst wenn sie ihre Energie weitgehend abgegeben hat, dominiert der sehr viel langsamere Energietransfer der horizontalen Schwingungskomponente im Ausklingverhalten und bewirkt dadurch den langsamer abklingenden Nachklang. Nach Hundley et al. [46] trägt das deutlich langsamere Abklingen der horizontalen Schwingungen bei Klaviertönen mit zwei- oder dreichörigen Saiten nur unwesentlich zur Erklärung des Nachklangs bei, da die senkrechten Schwingungen über den größten Teil der Tondauer dominieren.

3.2.2 Modellvorstellung zur Wahrnehmung der Abklingvorgänge

Aus psychoakustischer Sicht führt das Ausklingen eines Klaviertons zum einen zu einer zeitvariablen Lautheit. Daher kann der Lautheitszeitverlauf eines Klaviertons als gehörgerechte Beschreibungsform herangezogen und daraus die wesentlichen Kenngrößen (Sofort- und Nachklang mit zugehörigem Übergang und modulationsartige Schwankungen entsprechend Bild 3.4) ermittelt werden. Zum anderen führen die zeitlichen Veränderungen der spektralen Hüllkurve während des Abklingens zu wahrnehmbaren Schwankungen der Klangfarbe. Die Ergebnisse in Kapitel 2 zeigen, daß Unterschiede in der spektralen Hüllkurve zu einer wahrnehmbaren Unähnlichkeit führen, die mit den beiden Hörempfindungen Schärfe und Offenheit erklärt werden kann. Daher ist es naheliegend, den Zeitverlauf der Schärfe und der Offenheit eines Klaviertons als gehörorientierte Beschreibungsform für die zeitlichen Veränderungen der spektralen Hüllkurve heranzuziehen. Für eine gehörorientierte Beschreibung des Ausklingverhaltens eines Klaviertons sind demnach die Zeitverläufe der Lautheit, der Schärfe und der Offenheit notwendig.

Die Lebendigkeit eines Klaviertons wird vermutlich durch drei Einflußgrößen verursacht. Erstens führen die Partialtoninharmonizitäten zu Schwebungsempfindungen zweiter Ordnung, die den Klavierton beleben (Abschnitt 3.1.2). Zweitens verursachen Lautheitsschwankungen (modulationsartige Schalldruckschwankungen entsprechend Bild 3.4) im Ausklingverhalten eine Lebendigkeit im Ton. Drittens führen die zeitlichen Veränderungen der spektralen Hüllkurve während des Abklingvorgangs und somit die zeitlichen Schwankungen der Schärfe und der Offenheit zu einer wahrnehmbaren Lebendigkeit im Ton.

Um die Auswirkung zeitlicher Schwankungen von Lautheit, Schärfe und Offenheit auf die Wahrnehmung abzuschätzen, muß zum einen das Zeitintervall, über das die entsprechende Änderung erfolgt, und zum anderen die Anzahl von Empfindungsstufen, um die sich die entsprechende Empfindungsgröße ändert, berücksichtigt werden. Welchen Einfluß Unterschiede in diesen drei Zeitverläufen auf die Beurteilung der Unähnlichkeit von Klaviertönen haben, hängt davon ab, ob noch weitere Unterscheidungsmerkmale vorhanden sind [40, S.222]. Ihr Einfluß wird demnach in Abhängigkeit der beiden maßgebenden Kriterien (vgl. Kapitel 2), nämlich der zeitbewerteten Empfindungsgrößen Schärfe und Offenheit, varieren. Solange die Unterschiede in den drei Zeitverläufen verhältnismäßig klein gegenüber den Unterschieden der Schärfe und der Offenheit sind, werden sie die Unähnlichkeitsbeurteilungen kaum beeinflussen. Wenn dagegen die Unähnlichkeit von Klaviertönen mit kaum wahrnehmbaren Schärfe-, Offenheits- und Lebendigkeitsunterschieden (durch Inharmonizitäten und zeitliche Schwankungen von Lautheit, Schärfe und Offenheit verursacht) beurteilt werden soll, werden auch geringfügige, aber dennoch wahrnehmbare Abweichungen im Zeitverlauf der drei Empfindungsgrößen Lautheit, Schärfe und Offenheit als Unterscheidungsmerkmal herangezogen werden[4].

3.2.3 Verifikation der Modellvorstellung

Das Fehlen zeitlicher Veränderungen in den spektralen Hüllkurven der synthetischen Töne (B, I, S, Y) führt beim Vergleich mit dem jeweils zugehörigen Originalton (b, i, s, y) zu wahrnehmbaren Unähnlichkeiten (Versuchsergebnisse in Abschnitt 2.2.1). Da sich die synthetischen und originalen Töne nur im Ausklingverhalten unterscheiden, sollten die auditiven Unähnlichkeiten mit der Modellvorstellung erklärt werden können. Als gehörorientierte Beschreibungsform für die zeitlichen Veränderungen der spektralen Hüllkurve sind in Bild 3.11 die Zeitverläufe der Schärfe und der Offenheit für jeweils einen repräsentativen Originalton jeder Tonlage dargestellt. Die entsprechenden Zeitverläufe der zugehörigen synthetischen Töne stellen sich als einfache Geraden dar.

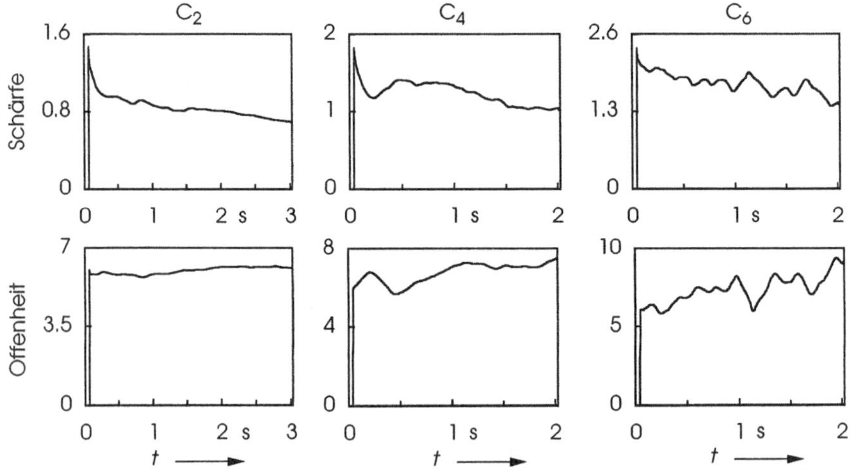

Bild 3.11: Gehörgerechte Beschreibung des Ausklingverhaltens durch die Zeitverläufe der Schärfe (oben) und Offenheit (unten) für jeweils einen repräsentativen Originalton jeder Tonlage. *Links*: Originalton b der tiefen Tonlage C_2. *Mitte*: Originalton s der mittleren Tonlage C_4. *Rechts*: Originalton b der hohen Tonlage C_6.

In Übereinstimmung mit der Modellvorstellung ergibt die wahrnehmbare Unähnlichkeit im Ausklingverhalten der Töne meßbare Unterschiede im Zeitverlauf der Schärfe und der Of-

4. Ein im Abschnitt 4.2.4 beschriebener Hörversuch bestätigt diese Annahme.

fenheit der Töne. Die dargestellten Zeitverläufe für die Schärfe und die Offenheit der originalen Töne weisen im Gegensatz zu den gleichmäßigen Zeitverläufen der synthetischen Töne Schwankungen auf. Diese sind insbesondere in der mittleren und hohen Tonlage deutlich ausgeprägt. Da die zeitlichen Fluktuationen sowohl der Schärfe als auch der Offenheit zu höheren Tonlagen hin größer werden[5], ergeben sich beim Weglassen dieser Schwankungen in den synthetischen Tönen der hohen Tonlage größere Unähnlichkeiten (vgl. Versuchsergebnisse in Abschnitt 2.2.1).

3.3 Zusammenfassung

In diesem Kapitel wurde untersucht, inwieweit die Unähnlichkeit, die durch unterschiedliche Inharmonizitäten und unterschiedliche Ausklingverhalten verursacht wird, mit den Kriterien Schärfe und Offenheit erfaßt werden kann. Dazu wurde jeweils eine Modellvorstellung entwickelt, mit deren Hilfe der Zusammenhang zwischen Veränderungen der Inharmonizität bzw. des Ausklingverhaltens und der Wahrnehmung erklärt werden kann.

Um den Einfluß unterschiedlicher Inharmonizitäten auf die Unähnlichkeit von Klaviertönen zu untersuchen, wurden die Inharmonizitätskoeffizienten von Klaviertönen gezielt verändert und die dabei hervorgerufenen, auditiven Unähnlichkeiten im Hörversuch ermittelt. Die Versuchsergebnisse zeigen, daß ein Zusammenhang zwischen der Schärfe der Töne und der Unähnlichkeitsbewertung ihrer inharmonischen Varianten besteht. Eine etwa gleich große Veränderung der Inharmonizität führt bei einem Ton kleiner Schärfe zu kleineren Unähnlichkeiten als bei einem Ton großer Schärfe. Dieses Ergebnis bestätigt die entwickelte Modellvorstellung. Die Berechnung der Unähnlichkeiten mit dem in Abschnitt 2.6 hergeleiteten Modell ergab eine gute Übereinstimmung zu den gemessenen Unähnlichkeiten (Korrelationskoeffizient 0,89). Demnach können die durch unterschiedliche Inharmonizitäten hervorgerufenen Unähnlichkeiten mit ausreichender Genauigkeit aus den damit zusammenhängenden Änderungen der Schärfe und der Offenheit erklärt werden.

Die Befragung der Versuchspersonen nach dem Hörversuch zeigte, daß bei relativen Frequenzverschiebungen ε_n von 0% bis 20% im dominanten Spektralbereich vier verschiedene Hörempfindungen wahrgenommen werden können: “Lebendigkeit oder Schwebungen”, “Schärfe”, “Verstimmung” und “Zerfallen oder Klirren”. Auditive Vergleiche zeigten in Übereinstimmung mit der Modellvorstellung, daß bei Frequenzverschiebungen von weniger als 10% am oberen Ende des dominanten Spektralbereichs (bei etwa 2 kHz) insbesondere “Lebendigkeit” und “Schärfe” auftreten. Bis zu Frequenzverschiebungen von etwa 20% dominiert die “Verstimmung”. Erst für Frequenzverschiebungen von mehr als 20% tritt das “Zerfallen” deutlich hervor. Der für die Musik interessante Bereich wird dementsprechend durch Inharmonizitätskoeffizienten bestimmt, die zu relativen Frequenzverschiebungen von maximal 10% im dominanten Spektralbereich führen.

---

5. Für diese Betrachtung wurden die äquivalenten Empfindungsgrößenänderungen berücksichtigt.

Die Verifikation der Modellvorstellung zur Wahrnehmung der Abklingvorgänge erfolgte mit dem in Abschnitt 2.2.1 erläuterten Hörversuch, bei dem die Unähnlichkeiten zwischen Tönen mit und ohne zeitlichen Veränderungen der spektralen Hüllkurven (originale und synthetische Klaviertöne) gemessen wurden. Es zeigt sich, daß wesentliche Informationen über wahrnehmbare Unähnlichkeiten im Ausklingverhalten von Klaviertönen im Zeitverlauf der Schärfe und der Offenheit der Töne enthalten sind.

Kapitel 4

Extraktion gehörrelevanter Schallsignalparameter

Eine Extraktion informationstragender Schallsignalparameter erfolgt bereits mit der in Abschnitt 1.2.2 angegebenen, gehörgerechten Spektralanalyse und der anschließenden Konturierung. Jedoch sind auch gehörirrelevante Signalparameter im TTZM der Klaviertöne enthalten, da sowohl die Mithörschwellen wie auch die Modulationsschwellen des Gehörs dabei nur unzulänglich berücksichtigt werden. Um eine weitere Reduktion gehörirrelevanter Schallsignalparameter zu erreichen, werden daher im folgenden zwei Verfahren entwikkelt und auf der Grundlage der TTZM-Repräsentation von Audiosignalen implementiert, die auf psychoakustischen Erkenntnissen basieren. Zum einen werden diejenigen Spektralkomponenten entfernt, die durch die übrigen Komponenten des Schallsignals maskiert werden und somit nicht informationstragend sein können (Abschnitt 4.1). Zum anderen werden diejenigen modulationsartigen Feinstrukturen im Ausklingverhalten der Partialtöne detektiert, die entsprechend den bekannten Modulationsschwellen des Gehörs [102, 109] wahrgenommen werden und somit informationstragend sind (Abschnitt 4.2). Die Überprüfung der beiden Extraktionsverfahren erfolgt mittels auditiver Vergleiche zwischen bearbeiteten und unbearbeiteten Klaviertönen.

Die Ermittlung der Schallsignalparameter, die für den spezifischen Klang eines Klaviertons und für dessen Qualität verantwortlich sind, ist nicht nur aus psychoakustischer Sicht von Bedeutung. Auch für die Untersuchung typischer Fragestellungen der musikalischen Akustik ist ein solches Verfahren zur Extraktion der *gehörrelevanten* Schallsignalparameter notwendig, da nur auf diese Weise gewährleistet ist, allein den Einfluß informationstragender Signalparameter in die Erklärungen einzubeziehen. Darüber hinaus kann eine solche psychoakustisch begründete Methode zur Irrelevanzreduktion des Schallsignals zur Datenreduktion bei der digitalen Klangerzeugung verwendet werden. Bei der Imitation akustischer Klaviere mittels digitaler Klangerzeugung – einen guten Überblick über die derzeitig verwendeten Verfahren geben beispielsweise Abgarjan und Linsmeier [1] – könnte durch eine gehörgerechte Extraktion der informationstragenden Schallsignalparameter der hohe Speicherbedarf bei den additiven Synthesetechniken deutlich reduziert werden [97].

4.1 Extraktion gehörrelevanter Spektralkomponenten

Bei der gehörgerechten Spektralanalyse von Schallsignalen mittels der von Terhardt [89] angegebenen FTT wird die Analysebandbreite und die Frequenzskalierung an die Eigenschaften des Gehörs angepaßt. Dabei bleiben jedoch die unterschiedlichen Steilheiten der oberen und unteren Mithörschwellenflanken, wie auch die nichtlineare Auffächerung der oberen Mithörschwellenflanken (vgl. Bild 2.9) unberücksichtigt. Deshalb kann man davon ausgehen, daß auch nach der Konturierung im TTZM der Klaviertöne noch gehörirrelevante, verdeckte Spektralkomponenten enthalten sind. Mit dem nachfolgend beschriebenen Verfahren (Abschnitt 4.1.2), das die Maskierung auf der Grundlage der TTZM-Repräsentation der Audiosignale ermittelt, können diejenigen Spektralkomponenten entfernt werden, die nicht gehörrelevant sind. Zunächst werden die hierfür notwendigen psychoakustischen Grundlagen kurz dargelegt.

4.1.1 Psychoakustische Grundlagen

Ausgehend von der Repräsentation eines stationären Schallsignals durch die Frequenzen und Amplituden seiner Teiltöne gibt Terhardt [87] ein Verfahren an, mit dem die Wahrnehmbarkeit einzelner Teiltöne ermittelt werden kann. Dabei geht er davon aus, daß die einzelnen Teiltöne gleichzeitig als Testton und Maskierer betrachtet werden müssen. Darüber hinaus muß auch die absolute Hörschwelle des Gehörs als eine Art "Maskierungseffekt" berücksichtigt werden. Jede Spektralkomponente wird also von einem Gesamtpegel verdeckt, der sich aus den Erregungen der übrigen Teiltöne und der Intensität, die der absoluten Hörschwelle des Gehörs entspricht, bei der Frequenz der betrachteten Komponente zusammensetzt. Der von Terhardt eingeführte *Pegelüberschuß* LX (von sound pressure Level eXcess) ist definitionsgemäß die Differenz zwischen dem Pegel einer betrachteten Spektralkomponente L_K (bei der Frequenz f_K) und dem Gesamtpegel, der von den Erregungen der übrigen Teiltöne und der absoluten Hörschwelle bei der Frequenz f_K verursacht wird.

Für die Berechnung der Erregung, die von allen übrigen als Maskierer wirkenden Teiltönen bei der Frequenz f_K der betrachteten Spektralkomponente hervorgerufen wird, verwendet Terhardt eine Amplitudenaddition der von den einzelnen Teiltönen erzeugten Beiträge. Die Einzelbeiträge werden mit der bereits in Abschnitt 2.3.2 erläuterten Dreiecksnäherung für die Mithörschwellen von Schmalbandrauschen (Bild 2.9) entsprechend Gleichung (2.15) bestimmt, wobei der Frequenzgang a_0 jedoch vernachlässigt wird, da er an anderer Stelle, nämlich durch die Ruhehörschwelle, berücksichtigt wird. Der Einfluß der Ruhehörschwelle L_{RHS} bei der Frequenz f_K wird mit der in Gleichung (4.16) angegebenen Näherung [87] ermittelt und die entsprechende Intensität zur berechneten Gesamterregung der maskierenden Teiltöne bei der Frequenz f_K hinzuaddiert. Der Pegelüberschuß LX einer Spektralkomponente (f_K, L_K) kann also nach [87] mit der Formel

$$LX(f_K, L_K) = L_K - 10\lg\left(A_M(f_K)^2 + 10^{L_{RHS}(f_K)/(10\mathrm{dB})}\right)\mathrm{dB} \qquad (4.1)$$

berechnet werden, wobei $A_M(f_K)$ die gemäß Gleichung (2.18) in eine Amplitude umgerechnete Gesamterregung der maskierenden Teiltöne bei der Frequenz f_K bezeichnet.

Berücksichtigt man, daß nach Zwicker [106, S.105] ein Testton bereits dann eben wahrnehmbar ist, wenn sein Pegel um das Verdeckungsmaß a_V unterhalb des Störpegels in der Frequenzgruppe liegt, so wird die Spektralkomponente (f_K, L_K) für einen Pegelüberschuß $LX = 0$ dB schon 3 bis 6 dB oberhalb seiner Mithörschwelle liegen und damit wahrnehmbar sein. Da die Spektraltonhöhe eines Teiltons, dessen Pegel einige dB oberhalb seiner Mithörschwelle liegt, deutlich ausgeprägt ist, gibt Terhardt [87] für die Hörbarkeit einer Spektraltonhöhe einen minimalen Pegelüberschuß LX von 0 bis 3 dB an. Damit kann also der Pegelüberschuß einer Spektralkomponente als Maß für die Wahrnehmbarkeit ihrer Spektraltonhöhe angesehen werden [87].

4.1.2 Extraktionsverfahren auf der Grundlage des TTZM

Das Verfahren zur Extraktion gehörrelevanter Spektralkomponenten in einem zeitvarianten TTZM besteht im wesentlichen aus drei Schritten. Im ersten Schritt wird der *Pegelüberschuß* aller Spektralkomponenten im TTZM berechnet, wobei dafür die einzelnen TTM getrennt behandelt werden. Das bedeutet, daß sukzessive in äquidistanten Zeitabständen, die entsprechend dem Auswerteintervall T_A festgelegt sind, die Pegelüberschüsse der Spektralkomponenten berechnet werden. Dazu wird, entsprechend dem im vorhergehenden Abschnitt erläuterten Prinzip, jeder Teilton zugleich als Testton und Maskierer betrachtet. Bei der Berechnung des Pegelüberschuß werden jedoch zwei wesentliche Modifikationen gegenüber der in Abschnitt 4.1.1 erläuterten Methode eingeführt:

- Um die Auswirkung von Sinustonmaskierern auf die Verdeckung von Sinustönen genauer zu berücksichtigen, wird für die Erregungsverteilung einer Spektralkomponente nicht der in Bild 2.9 dargestellte Dreiecksverlauf verwendet, der die Mithörschwellen von Schmalbandrauschen sehr gut nachbildet. Vielmehr wird eine aus gemessenen Mithörschwellen verdeckender Sinustöne hergeleitete Modellierung eingesetzt, die die Formvarianz der oberen Flanke genauer nachbildet.
- Entsprechend den Ergebnissen aus Abschnitt 2.3.2 wird für die Modellierung des Zusammenwirkens der Erregungen statt der Amplitudenaddition die nichtlineare Verknüpfung nach Gleichung (2.19) und (2.20) verwendet.

Im zweiten Schritt überprüft das Verfahren mit Hilfe einer *Maskierungsbedingung*, ob eine Spektralkomponente verdeckt wird. Im letzten Schritt wird schließlich mit Hilfe einer *Extraktionsbedingung für Partialtöne* entschieden, ob ein Partialton als vollständig verdeckt betrachtet und damit als gehörirrelevant entfernt werden kann.

Pegelüberschußberechnung

Mithörschwellenmessungen von Sinustönen [75, 76, 81, 108] haben gezeigt, daß die obere Flanke in einem Nahbereich bis etwa 1 Bark oberhalb des maskierenden Sinustons zunächst etwas steiler abfällt, um dann im Fernbereich etwas flacher auszulaufen. Außerdem konnte Sonntag [81] mit Messungen bei verschiedenen Frequenzen und Pegeln des maskierenden Sinustons zeigen, daß sich die Form der oberen Flanke ändert. So ist die Aufteilung der oberen Flanke in einen Nah- und Fernbereich von der Tonheit des maskierenden Sinustons abhängig (vgl. Bild 4.1) und beispielsweise bei hohen Sinustonfrequenzen nicht mehr vorhanden. Daher wird in Anlehnung an die Meßergebnisse der oben genannten Autoren und insbesondere unter Beachtung der von Sonntag hervorgehobenen Formvarianz der Mithörschwellen-Tonheitsmuster folgende Nachbildung für die Mithörschwellen verdeckender Sinustöne (f_M, L_M) bei der Berechnung der Pegelüberschüsse angesetzt:

- Die Steigung s_1 der unteren Flanke der Mithörschwelle wird entsprechend Gleichung (2.12) nach Terhardt [87] übernommen.

- Der Bereich der oberen Flanke wird durch zwei Geradenstücke angenähert, deren Steigungen von der Frequenz f_M und dem Pegel L_M des Sinustonmaskierers abhängen. Auf diese Weise wird die Formvarianz der Mithörschwellen-Tonheitsmuster berücksichtigt. Für die Steigungen s_2 und s_3 eines Sinustonmaskierers der Tonheit z_M ergibt sich

$$s_2 = \left[-18{,}9 - \frac{6\,\mathrm{kHz}}{f_M} + 0{,}19 \cdot \frac{L_M}{\mathrm{dB}}\right]\frac{\mathrm{dB}}{\mathrm{Bark}} \qquad \text{für } z_M < z \le z_M + 1\,\mathrm{Bark}\;, \tag{4.2}$$

$$s_3 = \left[-14 - 0{,}33 \cdot \frac{f_M}{\mathrm{kHz}} + 0{,}13 \cdot \frac{L_M}{\mathrm{dB}}\right]\frac{\mathrm{dB}}{\mathrm{Bark}} \qquad \text{für } z > z_M + 1\,\mathrm{Bark}\;. \tag{4.3}$$

Der Erregungspegel $L_{EM}(z)$, der durch eine Sinustonkomponente (f_M, L_M) bei einer beliebigen Tonheit z erzeugt wird, berechnet sich zu

$$L_{EM}(z) = \begin{cases} L_M - a_0(z_M) - s_1 \cdot (z_M - z) & \text{für } z \le z_M \\ L_M - a_0(z_M) - s_2 \cdot (z_M - z) & \text{für } z_M < z \le z_M + 1\,\mathrm{Bark}, \\ L_{EM}(z_M + 1\,\mathrm{Bark}) - s_3 \cdot (z_M - z + 1\,\mathrm{Bark}) & \text{für } z_M + 1\,\mathrm{Bark} < z \end{cases} \tag{4.4}$$

wobei a_0 den Frequenzgang des Ohres bezeichnet, der entsprechend den Ausführungen von Abschnitt 2.3.2 mit der erweiterten Gleichung (2.17) berechnet wird. In Bild 4.1 sind die auf diese Weise berechneten Erregungspegelverläufe von zwei Sinustönen unterschiedlicher Frequenz und für je zwei verschiedene Pegel als Funktion der Tonheit dargestellt, wobei der Frequenzgang a_0 für die Darstellung vernachlässigt wurde.

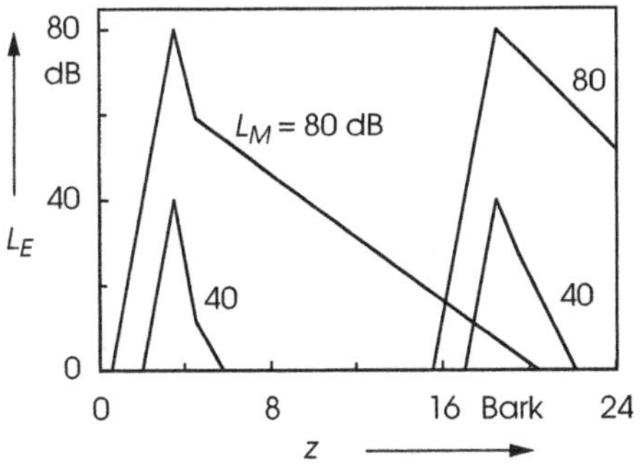

Bild 4.1: Mit Gleichung (4.4) berechnete Erregungspegelverläufe von zwei Sinustönen unterschiedlicher Frequenz (f_1 = 350 Hz, f_2 = 4,8 kHz) als Funktion der Tonheit. Parameter ist der Pegel L_M des jeweiligen Sinustons; der Frequenzgang a_0 des Ohres wurde vernachlässigt.

Das Extraktionsverfahren berechnet anhand dieser Nachbildung bei jeder Spektralkomponente die Erregungspegel der anderen Teiltöne des TTM. Dabei wird keine Unterscheidung zwischen tonalen und geräuschhaften Komponenten gemacht. Das bedeutet, daß Teiltöne, die einen Partialton repräsentieren, genauso behandelt werden wie Teiltöne, die den geräuschhaften Anteil des Klaviertons repräsentieren. Die Gesamterregung, die bei der Frequenz einer betrachteten Komponente durch die übrigen Teiltöne hervorgerufen wird, erhält man mit Hilfe der nichtlinearen Verknüpfung aller Erregungen entsprechend den Gleichungen (2.19) und (2.20).

Neben dem maskierenden Einfluß der anderen Teiltöne bei einer betrachteten Komponente der Tonheit z_K muß nach Terhardt [87] auch die absolute Hörschwelle L_{RHS} als eine Art "Maskierungseffekt" berücksichtigt werden. Geht man wie Zwicker [106, S.152] davon aus, daß die Ruhehörschwelle durch eine Grunderregung E_{GR} verursacht wird, so kann sie als Mithörschwelle des verdeckenden Grundgeräusches verstanden werden. Den Erregungspegelverlauf des Grundgeräusches L_{EGR} erhält man demnach unter Berücksichtigung des Übertragungsmaßes a_0 zu

$$L_{EGR} = L_{RHS} - a_0 - a_V \ , \tag{4.5}$$

wobei für die Ruhehörschwelle L_{RHS} die nach [87] angegebene Gleichung (4.16) und für den Frequenzgang a_0 des Ohres die entsprechend Gleichung (2.17) erweiterte Formel eingesetzt wird. Für das Verdeckungsmaß a_V, das wie in [106, S.104] angegeben über die Beziehung

$$a_V = 10 \lg(s) \ \text{dB} \tag{4.6}$$

mit dem Schwellenfaktor s zusammenhängt, wird die von Aures [8, S.15] angegebene Näherung für den Schwellenfaktor s aus Gleichung (2.21) verwendet. Da das Grundgeräusch als breitbandig angesehen werden kann, muß die Grunderregung wie eine Intensität zur Gesamterregung der anderen Teiltöne bei der Tonheit z_K addiert werden. Der Gesamterregungspegel L_{EMask} mit dem eine Komponente bei der Tonheit z_K durch andere Teiltöne (TT) und das Grundgeräusch (GR) maskiert wird, errechnet sich also zu

$$L_{EMask}(z_K) = 10\lg\left[A_{ETT}(z_K)^2 + 10^{L_{EGR}(z_K)/(10\text{dB})}\right]\text{dB}\,, \tag{4.7}$$

wobei $A_{ETT}(z_K)$ die relative Amplitude der Gesamterregung bezeichnet, die bei der Tonheit z_K der betrachteten Komponente durch die übrigen Teiltöne hervorgerufen wird. Der Pegelüberschuß LX einer Spektralkomponente (z_K, L_K) berechnet sich damit entsprechend Gleichung (4.1) zu

$$LX(z_K, L_K) = L_K - a_0(z_K) - L_{EMask}(z_K)\;, \tag{4.8}$$

wobei der Frequenzgang a_0 des Ohres mit der erweiterten Formal nach Gleichung (2.17) berücksichtigt wird.

Maskierungsbedingung

Im zweiten Schritt überprüft das Extraktionsverfahren, ob eine Spektralkomponente verdeckt wird und somit als gehörirrelevant entfernt werden kann. Nach Zwicker [106, S.105] ist ein Testton eben wahrnehmbar, wenn sein Pegel um das Verdeckungsmaß a_V unterhalb des Störpegels in der Frequenzgruppe liegt. Demnach kann folgende Maskierungsbedingung für das Extraktionsverfahren formuliert werden:

Eine Spektralkomponente (z_K, L_K) wird als gehörirrelevant entfernt, wenn ihr Erregungspegel $L_{EK} = L_K - a_0(z_K)$ bei der Tonheit z_K um mehr als das Verdeckungsmaß $a_V(z_K)$ unterhalb des Gesamterregungspegels $L_{EMask}(z_K)$ liegt, der bei der Tonheit z_K durch andere Komponenten und das Grundgeräusch hervorgerufen wird und damit die Beziehung

$$L_K - a_0(z_K) - L_{EMask}(z_K) < a_V(z_K) \tag{4.9}$$

erfüllt ist.

Da das Ausklingen der einzelnen Partialtöne von der Zeit abhängt, wird sich auch der Pegelüberschuß der einzelnen Partialtöne und damit ihre Wahrnehmbarkeit zeitlich ändern. Dementsprechend können mehrere, das Abklingverhalten eines Partialtons repräsentierende Teiltöne im TTZM eines Klaviertons die Maskierungsbedingung nach Gleichung (4.9) erfüllen. Durch das Entfernen dieser Teiltöne aus dem TTZM wird die Zeitstruktur des entsprechenden Partialtons unterbrochen, wie am Beispiel in Bild 4.2 zu sehen ist. Das dargestellte TTZM ergibt sich beim Entfernen der entsprechend Gleichung (4.9) maskierten Teiltöne im TTZM des originalen Klaviertons b der tiefen Tonlage C_2, das in Bild 1.2 dargestellt ist. Die zeitlichen Unterbrechungen einzelner Partialtöne können entsprechend den Gestaltgesetzen (vgl. beispielsweise [11, S.14ff.]), die ursächlich für die Verschmelzung von Spektralkomponenten zu einer gemeinsamen Empfindung verantwortlich sind, als eine Aufspaltung des Klaviertons in mehrere Einzelobjekte verstanden werden. Beim resynthetisierten Schallsignal eines wie in Bild 4.2 dargestellten "maskierten" TTZM, das also solche zeitlichen Unterbrechungen einzelner Partialtöne enthält, sind neben dem deutlich wahrnehmbaren Klavierton störende Einzelobjekte hörbar. Deshalb wurde eine Extraktionsbedingung für Partialtöne formuliert, die im letzten Schritt des Verfahrens überprüft, ob ein Partialton als vollständig verdeckt gelten kann oder lückenlos übernommen werden muß, um das "Zerfallen" des Klaviertons in Einzelobjekte zu verhindern.

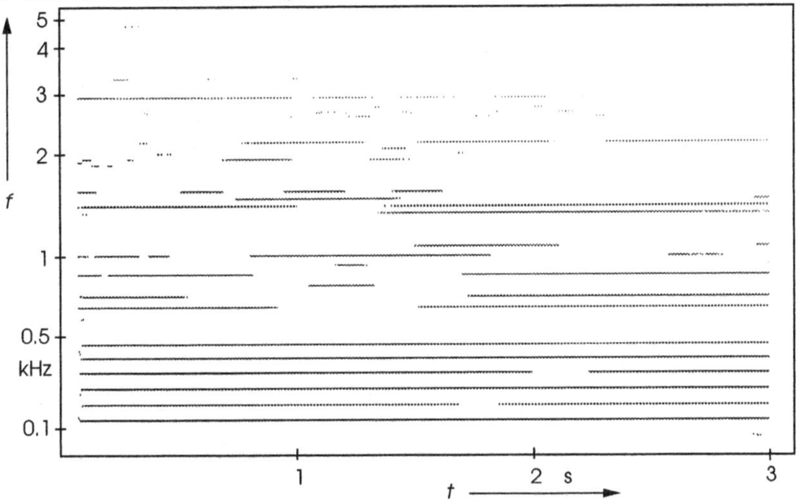

Bild 4.2: "Maskiertes" TTZM, das beim Entfernen der entsprechend Gleichung (4.9) maskierten Teiltöne im TTZM des originalen Klaviertons b der tiefen Tonlage C_2 (dargestellt in Bild 1.2) entsteht; Pegelangaben in Grauwerten.

Extraktionsbedingung für Partialtöne

Ausgehend von der Annahme, daß ein Partialton nur dann als vollständig verdeckt betrachtet werden kann, wenn er zu keinem Zeitpunkt eine Spektraltonhöhe ausbildet, kann mit Hilfe der von Terhardt [87] angegebenen Voraussetzung für die Existenz einer Spektraltonhöhe[1] die Extraktionsbedingung für Partialtöne formuliert werden:

Wird ein Partialton durch wenigstens x nicht maskierte Teiltöne (TT) repräsentiert, für die

$$L_{TT} - a_0(z_{TT}) - L_{EMask}(z_{TT}) \geq 3\text{dB} \qquad (4.10)$$

erfüllt ist, so gilt der Partialton als ***nicht*** *vollständig verdeckt und muß extrahiert werden.*

Dabei bezeichnet $L_{EMask}(z_{TT})$ den Gesamterregungspegel nach Gleichung (4.7), der durch andere Komponenten und durch das Grundgeräusch bei der Tonheit z_{TT} des betreffenden Teiltons hervorgerufen wird. Mit der frei wählbaren Anzahl nicht maskierter Teiltöne x kann die mit dem Extraktionsverfahren erreichbare prozentuale Reduktion in beschränktem Maße variiert werden. Die *prozentuale Reduktion* wird definiert als

1. Für die Hörbarkeit einer Spektraltonhöhe ist ein minimaler Pegelüberschuß von 0 bis 3 dB notwendig [87].

$$\text{prozentuale Reduktion:} = \frac{\text{Anzahl entfernter Partialtöne}}{\text{Gesamtzahl ursprünglich vorhandener Partialtöne}} \quad . \qquad (4.11)$$

Anhand der Extraktionsbedingung überprüft das Verfahren, ob ein Partialton als vollständig verdeckt betrachtet werden kann. Ist das der Fall, werden alle ihn repräsentierenden Teiltöne als gehörirrelevant entfernt. Ansonsten müssen alle zugehörigen Teiltöne erhalten bleiben, inklusive derer, die entsprechend der Maskierungsbedingung nach Gleichung (4.9) verdeckt sind. In Bild 4.3 ist als Beispiel das mit dem Extraktionsverfahren bearbeitete TTZM des originalen Klaviertons b der tiefen Tonlage C_2 dargestellt.

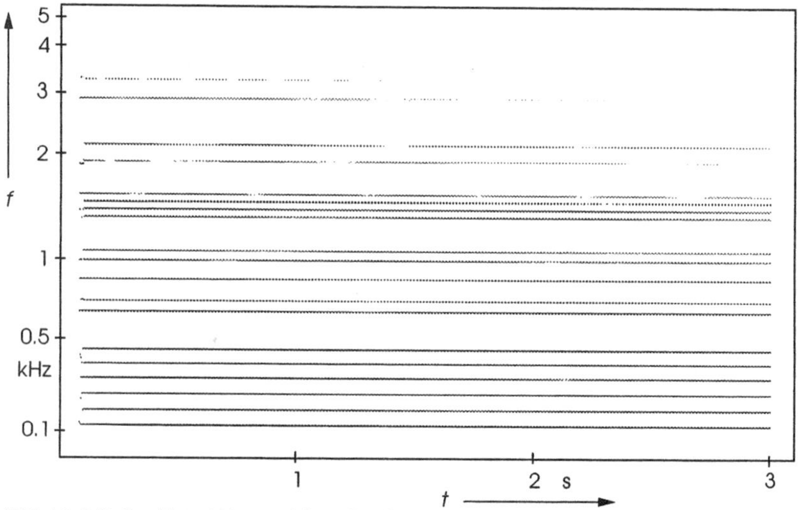

Bild 4.3: Mit dem Extraktionsverfahren bearbeitetes TTZM des originalen Klaviertons b der tiefen Tonlage C_2; Pegelangaben in Grauwerten. Das zugehörige TTZM vor der Bearbeitung ist in Bild 1.2 dargestellt.

Im Vergleich zu seinem "maskierten" TTZM, das im Bild 4.2 dargestellt ist, sind nach der Berücksichtigung der Extraktionsbedingung keine zeitlichen Unterbrechungen der Partialtöne mehr vorhanden, die entsprechend den Gestaltgesetzen zu einem "Zerfallen" des Klaviertons in Einzelobjekte führen könnten. Da jedoch eine große Anzahl von Partialtönen durch das Extraktionsverfahren entfernt wird, wie ein Vergleich zwischen dem in Bild 1.2 dargestellten TTZM vor der Bearbeitung und dem zugehörigen, entsprechend bearbeiteten TTZM in Bild 4.3 zeigt, muß überprüft werden, ob dieser deutlich sichtbare Unterschied zu hörbaren Unähnlichkeiten führt.

4.1.3 Auditive Überprüfung des Extraktionsverfahrens

Um die Brauchbarkeit des Extraktionsverfahrens zu untersuchen, wurden die vier Töne (b, i, s, y) der drei Tonlagen C_2, C_4 und C_6 mit dem Verfahren bearbeitet und im Vergleich mit dem jeweiligen unbearbeiteten Ton sieben Versuchspersonen zur Bewertung dargeboten. Die drei Tonlagen wurden dabei in getrennten Hörversuchen untersucht. Jedes Paar wurde einmal wiederholt, bevor die Versuchsperson die Unähnlichkeit zwischen den beiden Tönen mit einer Zahl entsprechend der in Tabelle 1.3 angegebenen Skala bewerten sollte. Die einzelnen Tonpaare wurden jeweils viermal in zufälliger Reihenfolge dargeboten. An den Hörversuchen nahmen normalhörende Versuchspersonen im Alter von 25 bis 40 Jahren teil, die über eine gute bis sehr umfassende musikalische Bildung verfügen.

In allen drei Tonlagen liegt der Median für die Unähnlichkeitsbeurteilungen der einzelnen Vergleiche bis auf eine Ausnahme in der hohen Tonlage (beim Ton i beträgt der Median 1,5) bei Null. Diese Ergebnisse stimmen mit den Aussagen der Versuchspersonen überein, die praktisch keine Unterschiede wahrnehmen konnten. Das bedeutet also, daß ein mit dem Extraktionsverfahren bearbeiteter Ton beim auditiven Vergleich mit dem Originalton nicht von diesem unterschieden werden kann.

Die Brauchbarkeit des Extraktionsverfahrens wurde auch für die TTZM von Glockenklängen überprüft. Die TTZM von 16 Glocken eines Glockenspiels und das einer kleinen Kirchenglocke wurden mit dem Verfahren bearbeitet. Bei auditiven Vergleichen zwischen bearbeiteten und unbearbeiteten Klängen konnten zwei Testpersonen wiederum praktisch keine Unterschiede feststellen.

4.1.4 Diskussion

Für die Bewertung des Extraktionsverfahrens wird zunächst in Tabelle 4.1 die prozentuale Reduktion angegeben, also das Verhältnis der Anzahl entfernter Partialtöne zur Gesamtzahl der ursprünglich vorhandenen Partialtöne, die durch die Bearbeitung der vier originalen Töne jeder Tonlage mit dem Verfahren erreicht wird.

Tabelle 4.1: Prozentuale Reduktion nach Gleichung (4.11) durch Bearbeitung der vier originalen Töne (b, i, s, y) der drei Tonlagen (C_2, C_4, C_6) mit dem Extraktionsverfahren, sowie das arithmetische Mittel jeder Tonlage.

	Reduktion der Partialtonanzahl in %				
	b	i	s	y	Mittel
C_2	57,8	57,1	61,5	46,2	55,7
C_4	20,0	30,0	35,3	27,8	28,3
C_6	42,9	42,9	33,3	14,3	33,4

In allen drei Tonlagen wird eine deutliche Reduktion durch das Entfernen verdeckter Spektralkomponenten mit dem Extraktionsverfahren erreicht. Trotz der hohen Reduktion können dennoch praktisch keine Unterschiede zwischen bearbeiteten und unbearbeiteten Tönen wahrgenommen werden. Die Berechnung ihrer Unähnlichkeiten mit dem im Abschnitt 2.6 beschriebenen Funktionsmodell bestätigt dieses Versuchsergebnis. Auch ein Vergleich der berechneten Lautheits-, Schärfe- und Offenheitszeitverläufe, die für die gehörgerechte Beschreibung des Ausklingverhaltens notwendig sind (Abschnitt 3.2.2), lassen keine Unterschiede zwischen originalen und bearbeiteten Tönen erkennen. Die Beobachtung, daß eine auditive Unterscheidung zwischen bearbeiteten und unbearbeiteten Tönen praktisch nicht möglich ist, bestätigt, daß das Verfahren nur gehörirrelevante Informationen entfernt.

Die Extraktion gehörrelevanter Partialtöne kann insbesondere bei der digitalen Klangerzeugung für die synthetische Nachbildung von Naturinstrumenten mittels additiver Synthese den hohen Speicherbedarf deutlich reduzieren[2]. In Tabelle 4.2 ist die im Mittel für die drei untersuchten Tonlagen notwendige Datenrate vor und nach der Bearbeitung mit dem Verfahren angegeben, wobei für die Berechnung von einer Codierung der Frequenzen mit 16 bit und der Pegel mit 8 bit in einem Zeitraster entsprechend dem Auswerteintervall von 2,5 ms ausgegangen wird. Bei dieser Betrachtung werden nur die Partialtöne berücksichtigt, da beim Verfahren die Extraktion der Partialtöne im Vordergrund steht. Außerdem wird in Tabelle 4.2 die mittlere Partialtonanzahl in den TTZM-Repräsentationen der unbearbeiteten Töne, sowie die im Mittel je Tonlage erreichte, prozentuale Reduktion (nach Tabelle 4.1) angegeben.

Tabelle 4.2: Im Mittel für die drei Tonlagen (C_2, C_4, C_6) notwendige Datenrate vor und nach der Bearbeitung mit dem Extraktionsverfahren, bei einer Codierung der Frequenzen mit 16 bit und der Pegel mit 8 bit in einem Zeitraster von 2,5 ms, wobei nur Partialtöne berücksichtigt werden. Außerdem ist die mittlere Partialtonanzahl in den TTZM-Repräsentationen der unbearbeiteten Töne sowie die im Mittel je Tonlage erreichte, prozentuale Reduktion angegeben.

	vor Bearbeitung		nach Bearbeitung	
Tonlage	Partialton-anzahl	Datenrate [kbit/s]	Reduktion [%]	Datenrate [kbit/s]
C_2	51	490	55,7	217
C_4	18	173	28,3	124
C_6	6	57,6	33,4	38,4

Insbesondere in der speicherintensiven tiefen Tonlage können also hohe Datenreduktionsraten mit dem Extraktionsverfahren erreicht werden. Aber auch in der mittleren und in der hohen Tonlage wird der Speicherbedarf bei Anwendung des Verfahrens reduziert.

Um den Einfluß der eingeführten Modifikationen bei der Berechnung des Pegelüberschusses zu untersuchen, wurde das Extraktionsverfahren so erweitert, daß der Pegelüberschuß optional auch mit der in Abschnitt 4.1.1 angegebenen Methode entsprechend Gleichung (4.1) berechnet werden kann, bei der

- die Erregungsverteilung der Sinustonkomponenten mit der nach Terhardt [87] angegebenen Dreiecksfunktion genähert werden und
- das Zusammenwirken der Erregungen durch eine Amplitudenaddition modelliert wird.

Die Maskierungs- und die Extraktionsbedingung bleiben unverändert erhalten.

2. In dieser Arbeit wird allein die Irrelevanzreduktion berücksichtigt. Redundanzreduktion durch geeignete Codierungsverfahren bleiben außer acht.

Wiederum wurden die vier originalen Töne (b, i, s, y) der drei Tonlagen (C_2, C_4, C_6) mit dem Extraktionsverfahren bearbeitet, wobei die obige optionale Pegelüberschußberechnung verwendet wurde. Im folgenden soll das Extraktionsverfahren bei Verwendung der optionalen Berechnungsmethode als *Verfahren II*, bei Verwendung der in Abschnitt 4.1.2 erläuterten Pegelüberschußberechnung als *Verfahren I* bezeichnet werden. Die mit dem Verfahren II erreichte, prozentuale Reduktion bei den einzelnen Töne stimmt, bis auf zwei kleine Abweichungen in der tiefen Tonlage, exakt mit den in Tabelle 4.1 angegebenen Werten für das Verfahren I überein. In der mittleren wie auch in der hohen Tonlage stimmen auch die extrahierten Partialtöne zwischen beiden Verfahren überein. In der tiefen Tonlage werden dagegen unterschiedliche Partialtöne im gleichen Klavierton durch die beiden Verfahren extrahiert:

- Bei tiefen Frequenzen bis etwa 400 Hz extrahieren beide Verfahren in der Regel die gleichen Partialtöne.
- Im maximal dominanten Spektralbereich, also zwischen etwa 400 und 2000 Hz, extrahiert das Verfahren II wesentlich weniger Partialtöne als das Verfahren I, wobei jedoch *alle* mit dem Verfahren II extrahierten Partialtöne auch vom Verfahren I extrahiert werden.
- Bei hohen Frequenzen oberhalb 2 kHz extrahiert das Verfahren I wesentlich weniger Partialtöne als das Verfahren II.

Um den Einfluß der in der tiefen Tonlage festgestellten Abweichungen bei der Extraktion der Partialtöne mit dem Verfahren II auf die Wahrnehmung zu untersuchen, wurden auditive Vergleiche zwischen derart bearbeiteten und unbearbeiteten Tönen der tiefen Tonlage sieben Versuchspersonen zur Bewertung der Unähnlichkeiten dargeboten. Der Ablauf des Hörversuchs war dabei identisch zu dem in Abschnitt 4.1.3 erläuterten, wobei jedoch nur die tiefe Tonlage untersucht wurde. Im Gegensatz zu den Versuchsergebnissen bei Verwendung des Verfahrens I konnten die Versuchspersonen Unterschiede zwischen den bearbeiteten und unbearbeiteten Tönen wahrnehmen. Die Unterscheidbarkeit der Töne auf Grund der wahrnehmbaren Unähnlichkeiten manifestiert sich auch bei der Berechnung ihrer Unähnlichkeiten mit dem in Abschnitt 2.6 angegebenen Funktionsschema. Hierbei zeigt sich auch, daß praktisch keine Schärfeunterschiede auftreten. Die Unähnlichkeiten werden also im wesentlichen durch wahrnehmbare Unterschiede der Offenheit und damit durch Unterschiede im Frequenzbereich zwischen etwa 400 und 2000 Hz (vgl. Bild 2.16) verursacht. Genau in diesem Frequenzbereich extrahiert das Verfahren II deutlich weniger Partialtöne als das Verfahren I, weil bei Verwendung der Dreiecksnäherung für die Erregungsverteilung insbesondere für Spektralkomponenten unterhalb etwa 700 Hz im Bereich direkt oberhalb der Komponente eine zu weitgehende Verdeckung angenommen wird. Damit erklärt sich auch, warum sich die beiden Verfahren nur für Klaviertöne tiefer Tonlagen unterscheiden.

Zusammenfassend kann man also folgende Ergebnisse festhalten:

- Mit dem in Abschnitt 4.1.2 vorgestellten Extraktionsverfahren, das für die Erregungsverteilung einer Spektralkomponente die Modellierung der Mithörschwellen maskierender Sinustöne verwendet (Verfahren I), können verdeckte Spektralkomponenten und damit gehörirrelevante Informationen in den TTZM von Klaviertönen wie auch von Glockenklängen entfernt werden.

- Die praktisch unmögliche auditive Unterscheidung zwischen bearbeiteten und unbearbeiteten Klaviertönen bzw. Glockenklängen bestätigt, daß das Verfahren tatsächlich nur gehörirrelevante Informationen entfernt. Daraus folgt, daß die Unterscheidung zwischen tonalen und geräuschhaften Komponenten in erster Näherung vernachlässigt werden kann. Bei Schallsignalen mit prägnanten Geräuschanteilen sollte das Extraktionsverfahren jedoch eine solche Unterscheidung berücksichtigen.

- Das Entfernen verdeckter Partialtöne in den Klaviertönen führt in allen drei untersuchten Tonlagen (C_2, C_4, C_6) zu hohen prozentualen Reduktionen (Verhältnis der Anzahl entfernter Partialtöne zur Gesamtzahl der ursprünglich vorhandenen Partialtöne). Daher kann insbesondere bei der digitalen Klangerzeugung zur synthetischen Nachbildung von Naturinstrumenten mit additiver Synthese, der Speicherbedarf mit diesem Verfahren deutlich reduziert werden.

- Im Gegensatz zu Verfahren I, das in allen drei Tonlagen nur verdeckte Spektralkomponenten entfernt, kann das Verfahren II – das für die Erregungsverteilung einer Spektralkomponente die Näherung für die Mithörschwellen maskierender Schmalbandrauschen verwendet – bei tiefen Tönen auch gehörrelevante Komponenten entfernen, da vor allem bei Spektralkomponenten unterhalb etwa 700 Hz im Bereich direkt oberhalb der Komponente eine zu weitgehende Verdeckung angenommen wird. Da dies lediglich bei tiefen Tönen ausschlaggebend ist, werden bei Tönen der mittleren und hohen Tonlagen auch mit dem Verfahren II nur tatsächlich verdeckte und damit gehörirrelevante Spektralkomponenten entfernt.

4.2 Bewertung der Gehörrelevanz von Partialtonzeitstrukturen

Entsprechend den Ergebnissen von Abschnitt 3.2 trägt das unterschiedliche Ausklingverhalten der Partialtöne deutlich zur Lebendigkeit eines Klaviertons bei. Die zeitlichen Veränderungen der spektralen Hüllkurve werden nicht allein durch die verschiedenen modulationsartigen Feinstrukturen im Ausklingverhalten der Partialtöne bestimmt, sondern auch durch das unterschiedlich schnelle Abklingen der einzelnen Partialtöne. Diese Aufteilung des zeitlichen Ausklingverhaltens eines Partialtons in einen "knicklinienförmigen" Pegelabfall (entsprechend Sofort- und Nachklang) und einen modulationsartigen Anteil, mit dem die Knicklinie moduliert ist, folgt direkt aus den Messungen in Abschnitt 3.2.1. Da die Zeitstruktur eines beliebigen Partialtons als modulierte Knicklinie beschrieben werden kann, wäre es denkbar, daß die von den Partialtonzeitstrukturen herrührende Lebendigkeit hauptsächlich durch einen der beiden Anteile – Knicklinie oder Modulation – aller Partialtöne bestimmt wird. Hörversuche mit hierfür geeignet modifizierten Originaltönen zeigen jedoch, daß in keiner der drei untersuchten Tonlagen (C_2, C_4, C_6) einer der beiden Anteile als dominierend betrachtet werden kann. Demnach sind sowohl die unterschiedlich schnell abfallenden, knicklinienförmigen Pegelverläufe als auch die verschiedenen, modulationsartigen Feinstrukturen im Ausklingverhalten der Partialtöne informationstragende Schallsignalparameter.

Da die gehörgerechte Spektralanalyse mittels Fourier-t-Transformation und die anschließende Konturierung gemäß Abschnitt 1.2.3 die Modulationsschwellen des Gehörs außer acht lassen, kann man davon ausgehen, daß in den TTZM der Klaviertöne noch gehörirrelevante, modulationsartige Partialtonzeitstrukturen enthalten sind. Mit dem nachfolgend beschriebenen Verfahren, das die Zeitstruktur eines beliebigen Partialtons als modulierte Knicklinie bei gleichzeitiger Verdeckung durch die übrigen Partialtöne interpretiert, können diejenigen Partialtöne detektiert werden, die eine gehörrelevante, modulationsartige Feinstruktur im Ausklingverhalten aufweisen. Bevor das auf der Grundlage der TTZM-Repräsentation von Audiosignalen implementierte Verfahren erläutert wird (Abschnitt 4.2.2), werden zunächst seine psychoakustischen Grundlagen kurz dargelegt.

4.2.1 Psychoakustische Grundlagen

Untersuchungen mit amplitudenmodulierten Sinustönen [110, S.156 ff.] haben gezeigt, daß es in Abhängigkeit der Modulationsfrequenz einen eben wahrnehmbaren Modulationsgrad gibt, bei dem die Versuchspersonen den amplitudenmodulierten Schall gerade vom unmodulierten Schall unterscheiden können. Das Gehör ist also nicht in der Lage, jede beliebig kleine Pegeländerung wahrzunehmen. Da der Pegelunterschied ΔL zwischen maximaler und minimaler Amplitude eines modulierten Sinustons über die Beziehung

$$\Delta L = 20 \lg \frac{1+m}{1-m} \text{ dB} \tag{4.12}$$

mit dem Modulationsgrad m zusammenhängt [106, S.101], kann der kleinste Pegelunterschied zwischen maximaler und minimaler Amplitude eines modulierten Sinustons, der gerade noch für die Unterscheidung zwischen moduliertem und unmoduliertem Schall notwendig ist, als der eben wahrnehmbare Modulationsgrad angesehen werden. Üblicherweise bezeichnet man den eben wahrnehmbaren Modulationsgrad als *Modulationsschwelle*.

Die bereits erwähnte Abhängigkeit der Modulationsschwellen von der Modulationsfrequenz ergibt sich zum einen auf Grund der deutlich schwierigeren Erkennbarkeit von Amplitudenänderungen bei zu langsamen Änderungsgeschwindigkeiten. Daher nehmen die Modulationsschwellen unterhalb der Modulationsfrequenz von etwa 4 Hz zu. Nach Zwicker [106, S.96] ist das Gehör bei Modulationsfrequenzen von etwa 4 Hz am empfindlichsten gegenüber Pegeländerungen, so daß in diesem Bereich ein Minimum im Verlauf des funktionalen Zusammenhangs zwischen Modulationsschwelle und Modulationsfrequenz zu finden ist. Zum anderen steigen die Modulationsschwellen oberhalb der Modulationsfrequenz von 4 Hz wieder an, weil das Gehör nicht mehr in der Lage ist, den schnellen Amplitudenschwankungen zu folgen. Auf Grund der Trägheit des Gehörs müssen die Pegeländerungen also um so ausgeprägter sein, je größer ihre Änderungsgeschwindigkeit ist.

Außerdem zeigt sich eine deutliche Abhängigkeit der Modulationsschwellen von der Frequenz und vom Schallpegel des amplitudenmodulierten Sinustons. Stellt man die für eine konstante Modulationsfrequenz bei verschiedenen Sinustönen unterschiedlicher Frequenzen und Pegel gemessenen Modulationsschwellen in der Hörfläche dar und verbindet diejenigen Meßpunkte, an denen ein bestimmter Modulationsgrad eben hörbar wird, so erhält man, wie in Bild 4.4 links näherungsweise dargestellt, Kurven für gleiche Modulationsschwellen, die in etwa parallel zur Ruhehörschwelle verlaufen [102]. Dabei zeigt sich, daß der eben wahrnehmbare Modulationsgrad mit zunehmendem Schallpegel des amplitudenmodulierten Sinustons abnimmt. Das bedeutet, daß das Gehör mit wachsendem Schallpegel immer empfindlicher gegenüber Pegeländerungen wird. Dieses Verhalten gilt näherungsweise unabhängig von der Frequenz des Sinustons in gleichem Maße, daher verlaufen die Kurven gleicher eben wahrnehmbarer Modulationsgrade in etwa parallel zueinander.

Bei gleichzeitiger Darbietung eines verdeckenden Störgeräusches verändern sich die Modulationsschwellen [102] und damit die eben wahrnehmbaren Pegeländerungen. Zwicker [109] konnte jedoch zeigen, daß die Modulationsschwellen vom maskierenden Störgeräusch unbeeinflußt bleiben, wenn der Pegel des amplitudenmodulierten Sinustons den vom Maskierer hervorgerufenen Erregungspegel um mehr als etwa 20 bis 30 dB überschreitet. Dabei spielt der Pegel des maskierenden Störschalls nur eine untergeordnete Rolle. Im Bereich zwischen der vollständigen Verdeckung des modulierten Sinustons und der oberen Einflußgrenze des Maskierers, nämlich rund 20 bis 30 dB oberhalb seines Erregungspegels, geht die Modulationsschwelle sehr schnell von großen Werten, beginnend bei einem Modulationsgrad von 100%, in die ungestörte Modulationsschwelle über.

4.2.2 Bewertungsverfahren auf der Grundlage des TTZM

Um die Gehörrelevanz modulationsartiger Feinstrukturen im Ausklingverhalten von Partialtönen mit Hilfe von Modulationsschwellen bewerten zu können, wird die Zeitstruktur im Pegelverlauf eines beliebigen Partialtons als modulierte Knicklinie interpretiert, wobei gleichzeitig die übrigen Partialtöne als Maskierer betrachtet werden. Das implementierte Verfahren beschränkt sich jedoch nicht nur auf die Beurteilung der Gehörrelevanz, sondern ersetzt eine modulierte Knicklinie, deren Modulation als nicht gehörrelevant detektiert wurde, durch die entsprechende, unmodulierte Knicklinie. Damit ist also die oben genannte Interpretation von fundamentaler Bedeutung für das Gesamtkonzept des entwickelten Verfahrens.

Das gesamte Verfahren läßt sich grob in drei Schritte einteilen. Im ersten Schritt (Bestimmung der Pegeländerungen) wird der modulationsartige Anteil eines Partialtons durch die auftretenden Pegeländerungen gekennzeichnet, wobei die Änderungsgeschwindigkeit unberücksichtigt bleibt. Außerdem wird der Einfluß der übrigen Partialtöne auf den untersuchten Partialton ermittelt, indem der Pegelüberschuß zu jedem Zeitpunkt des Partialtons berechnet wird. Im zweiten Schritt (Bewertung der Pegeländerungen) wird die Gehörrelevanz der vorher ermittelten Pegeländerungen bestimmt, wobei vereinfachend angenommen wird, daß die Pegeländerungen immer mit einer Modulationsfrequenz von 4 Hz erfolgen. Da das Gehör im Bereich dieser Modulationsfrequenz am empfindlichsten gegenüber Pegeländerungen ist, erhält man schlimmstenfalls eine zu hohe Empfindlichkeit bei anderen Änderungsgeschwindigkeiten. Im dritten Schritt (Bearbeitung der Pegeländerungen) werden schließlich die Pegelverläufe derjenigen Partialtöne, deren modulationsartige Feinstrukturen als gehörirrelevant bewertet wurden, durch die entsprechende unmodulierte Knicklinie ersetzt.

Bestimmung der Pegeländerungen

Bei der Darbietung amplitudenmodulierter Sinustöne kann das Gehör nur langsame Modulationsfrequenzen bis etwa 30 Hz [83] als Amplitudenschwankungen wahrnehmen. Daher werden die Hüllkurven der Partialtöne zuerst mit einem entsprechenden Tiefpaß geglättet, bevor die Pegeländerungen in den Ausklingverhalten bestimmt werden. Für die Kennzeichnung der modulationsartigen Feinstruktur im Ausklingverhalten des n-ten Partialtons werden diejenigen Pegeländerungen der Partialtonhüllkurve $L_n\,(t)$ bestimmt, die nicht schon durch den Pegelabfall der Knicklinie selbst erfaßt werden. Es werden also nur solche Pegeländerungen in Betracht gezogen, die der Bedingung

$$L_n(t_1) < L_n(t_2) \quad \text{für} \quad t_1 < t_2 \tag{4.13}$$

gehorchen. Demnach werden nur diejenigen Pegeländerungen ΔL_μ bestimmt, die sich zwischen lokalen Minima der Partialtonhüllkurve und den auf sie folgenden Maxima ergeben. Durch Umformung der Gleichung (4.12) kann zu jeder berechneten Pegeländerung ΔL_μ im Pegelverlauf des n-ten Partialtons der korrespondierende Modulationsgrad m_μ zu

$$m_\mu = \frac{10^{\Delta L_\mu/(20\mathrm{dB})} - 1}{10^{\Delta L_\mu/(20\mathrm{dB})} + 1} \tag{4.14}$$

bestimmt werden. Die modulationsartige Feinstruktur eines Partialtons wird also durch alle berechneten Pegeländerungen ΔL_μ, die sich zwischen den lokalen Minima und den darauffolgenden Maxima im tiefpaßgeglätteten Pegelverlauf des Partialtons ergeben, und den korrespondierenden Modulationsgraden m_μ repräsentiert. Den verdeckenden Einfluß der übrigen Partialtöne auf den n-ten Partialton gibt der für jeden Zeitpunkt des n-ten Partialtons bestimmte Pegelüberschuß $LX(t)$ an, der mit dem im Abschnitt 4.1.2 angegebenen Verfahren berechnet wird.

Bewertung der Pegeländerungen

Die modulationsartige Feinstruktur des n-ten Partialtons wird nur dann als gehörirrelevant bewertet, wenn keine der berechneten Pegeländerungen ΔL_μ im Ausklingverhalten wahrgenommen werden kann. Dementsprechend darf keiner der korrespondierenden Modulationsgrade m_μ oberhalb der jeweiligen Modulationsschwelle $m_{S,\mu}$ liegen. Für die Bestimmung der jeweiligen Modulationsschwelle $m_{S,\mu}$ muß neben der Frequenz f und dem Pegel L des n-ten Partialtons auch der Pegelüberschuß LX an der Stelle der Pegeländerung ΔL_μ berücksichtigt werden. Entsprechend den Ausführungen in Abschnitt 4.2.1 muß nämlich zwischen gestörten und ungestörten Modulationsschwellen unterschieden werden, wobei die Grenze bei einem Pegelüberschuß von etwa 20 bis 30 dB liegt. Für das Verfahren wurde die Pegelüberschußgrenze bei 20 dB festgesetzt, um in jedem Fall eine ausreichend hohe Empfindlichkeit gegenüber Pegeländerungen zu gewährleisten. Für die Modulationsschwelle $m_{S,\mu}$, die bei der Pegeländerung ΔL_μ gerade eben wahrgenommen werden kann, gilt also

$$m_{S,\mu}(f, L, LX) = \begin{cases} 1 & \text{für } LX \le 0\,\text{dB} \\ m_{SLX}(f, L, LX) & \text{für } 0\,\text{dB} < LX < 20\,\text{dB} \\ m_S(f, L) & \text{für } LX \ge 20\,\text{dB} \end{cases}, \qquad (4.15)$$

wobei m_{SLX} die gestörte und m_S die ungestörte Modulationsschwelle bezeichnet. Beim implementierten Verfahren wird für den Pegelüberschuß LX an der Stelle der Pegeländerung ΔL_μ der zum Zeitpunkt des zugehörigen lokalen Maximums berechnete Wert verwendet. Ebenso wird auch für den Pegel L der zum Zeitpunkt des lokalen Maximums gehörende Wert der unmodulierten Knicklinie gewählt. Um die gestörten wie auch ungestörten Modulationsschwellen m_{SLX} und m_S nicht aus Tabellen auslesen zu müssen, wurde jeweils ein geschlossener, mathematischer Ausdruck hergeleitet, der die von Zwicker [102, 106, 109] gemessenen Werte ausreichend genau beschreibt. Die jeweilige Herleitung wird im folgenden kurz skizziert.

Eine geeignete Näherung für die *ungestörten* Modulationsschwellen m_S ergibt sich zum einen aus der Ähnlichkeit zwischen dem Verlauf der Ruhehörschwelle und dem Verlauf der Kurven gleicher eben wahrnehmbarer Modulationsgrade ohne Verdeckung in der Hörfläche [102]. Ihr frequenzabhängiger Verlauf kann deshalb mit der von Terhardt [87] angegebenen Formel für die Ruhehörschwelle L_{RHS}

$$L_{RHS}(f) = \left\{3,64\left(\frac{f}{\text{kHz}}\right)^{-0,8} - 6,5\exp\left[-0,6\left(\frac{f}{\text{kHz}} - 3,3\right)^2\right] + 10^{-3}\left(\frac{f}{\text{kHz}}\right)^4\right\}\,\text{dB} \qquad (4.16)$$

modelliert werden. Zum anderen folgt aus dem annähernd parallelen Verlauf der Kurven gleicher eben wahrnehmbarer Modulationsgrade in der Hörfläche, daß ein für alle Frequenzen identischer Zusammenhang zwischen dem Pegel des amplitudenmodulierten Sinustons über der Ruhehörschwelle und der zugehörigen Modulationsschwelle vorhanden sein muß. Dieser Zusammenhang wurde für die von Zwicker [106, S.95] gemessenen, ungestörten Modulationsschwellen bei 1 kHz annähernd bestimmt, wobei der Ruhehörschwelle, als Grenze der Wahrnehmbarkeit, der Modulationsgrad $m_S = 1$ zugeordnet wird. Damit können die ungestörten Modulationsschwellen m_S von amplitudenmodulierten Sinustönen (Modulationsfrequenz 4 Hz) beliebiger Frequenz f und Pegel L mit der Gleichung

$$m_S(f, L) = \begin{cases} \dfrac{3,9\,\text{dB}}{[L - L_{RHS}(f) + L_{RHS}(f = 1\,\text{kHz})]^{1,2}} & \text{für } L > L_{RHS}(f) \\ 1 & \text{für } L \le L_{RHS}(f) \end{cases} \qquad (4.17)$$

ermittelt werden. In Bild 4.4 sind links die mit dieser Modellierung berechneten, ungestörten Modulationsschwellen m_S in der Hörfläche dargestellt. Rechts ist ein Schnitt bei der Frequenz 1 kHz dargestellt, wobei zum Vergleich zusätzlich die von Zwicker und Feldtkeller [106, S.95] gemessenen Werte gestrichelt eingetragen sind.

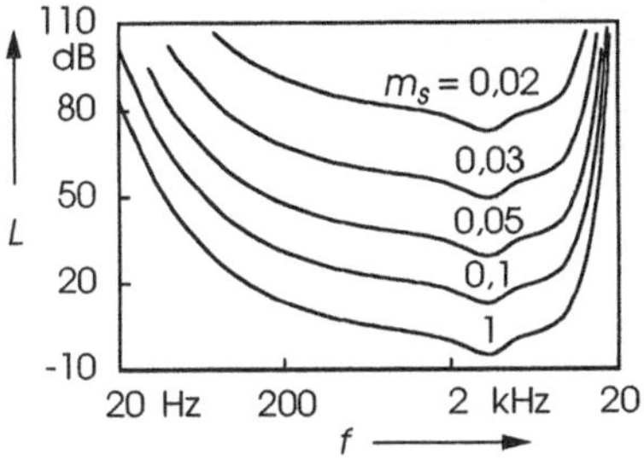

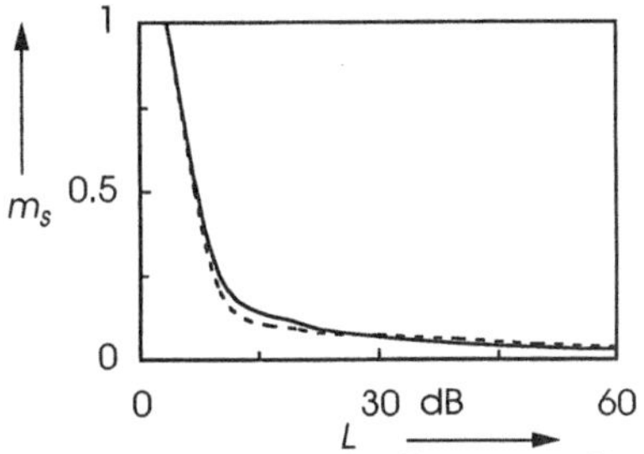

Bild 4.4: *Links*: Mit der Näherung (4.17) berechnete ungestörte Modulationsschwellen von amplitudenmodulierten Sinustönen (Modulationsfrequenz 4 Hz) beliebiger Frequenz f und Pegel L, dargestellt in der Hörfläche. Parameter ist der jeweils eben wahrnehmbare Modulationsgrad m_S, wobei der Ruhehörschwelle der Modulationsgrad $m_S = 1$ zugeordnet ist. *Rechts*: Vergleich zwischen berechneten (durchgezogen) und gemessenen (gestrichelt) [106, S.95] ungestörten Modulationsschwellen eines 1 kHz-Tons (Modulationsfrequenz 4 Hz). Die berechnete Kurve entspricht einem Schnitt im linken Bild bei der Frequenz 1 kHz.

Zur Bestimmung einer geeigneten Näherung für gestörte Modulationsschwellen m_{SLX} muß der Einfluß des Maskierers berücksichtigt werden, wobei hierfür der Pegelüberschuß LX herangezogen wird. Nach Zwicker [109] gehen die Modulationsschwellen im Einflußbereich des Maskierers von 100% bei vollständiger Verdeckung des modulierten Sinustons sehr schnell in die ungestörte Modulationsschwelle m_S an der oberen Grenze des Einflußbereichs, also etwa 20 bis 30 dB oberhalb des maskierenden Erregungspegels über. Dieser Übergang kann mit ausreichender Genauigkeit durch eine lineare Interpolation zwischen den beiden genannten Eckdaten beschrieben werden. Die Nachbildung der gestörten Modulationsschwellen m_{SLX} von amplitudenmodulierten Sinustönen mit beliebigem Pegel L und Frequenz f lautet demnach in Abhängigkeit des Pegelüberschuß LX

$$m_{SLX}(f, L, LX) = 1 - \frac{LX}{20\mathrm{dB}}[1 - m_S(f, L)] \quad \text{für } 0\mathrm{dB} < LX < 20\mathrm{dB} \ , \tag{4.18}$$

wobei die ungestörte Modulationsschwelle m_S nach Gleichung (4.17) bestimmt werden kann.

Für die Bewertung der Gehörrelevanz einer Pegeländerung ΔL_μ im Ausklingverhalten eines Partialtons überprüft das Verfahren, ob der zur Pegeländerung korrespondierende Modulationsgrad m_μ wahrgenommen werden kann, also ob die Bedingung

$$m_\mu > m_{S,\mu}(f, L, LX) \tag{4.19}$$

erfüllt ist, wobei der jeweils eben wahrnehmbare Modulationsgrad $m_{S,\mu}$ wie oben beschrieben ermittelt wird. Ist diese Bedingung für *keine* der berechneten Pegeländerungen ΔL_μ, die die modulationsartige Feinstruktur im Ausklingverhalten des n-ten Partialtons repräsentieren, erfüllt, so werden die Schwankungen in der Hüllkurve des n-ten Partialtons als *gehörirrelevant* bewertet. Ist diese Bedingung dagegen auch nur für eine Pegeländerung

ΔL_μ erfüllt, bewertet das Verfahren die gesamte Feinstruktur als gehörrelevant.

Bearbeitung der Pegeländerungen

Wird die modulationsartige Feinstruktur eines Partialtons als gehörrelevant bewertet, bleibt die gesamte Hüllkurve des Partialtons unverändert erhalten. Wird die Feinstruktur dagegen als gehörirrelevant bewertet, ersetzt das Verfahren die Hüllkurve des Partialtons durch die entsprechende, unmodulierte Knicklinie. Diese wird mit Hilfe eines iterativen Anpassungsverfahrens ermittelt.

4.2.3 Auditive Überprüfung des Verfahrens

Die Brauchbarkeit des Verfahrens zur Extraktion gehörrelevanter Schallsignalparameter wurde mit auditiven Vergleichen zwischen bearbeiteten und unbearbeiteten Klaviertönen untersucht. Dazu wurden die vier originalen Klaviertöne (b, i, s, y) der drei Tonlagen C_2, C_4 und C_6 mit dem Bewertungsverfahren bearbeitet. In drei nach Tonlagen getrennten Hörversuchen wurden den Versuchspersonen Schallgruppen zu jeweils vier Tönen in Form von zwei Paaren dargeboten, wobei eine Schallgruppe dreimal den gleichen originalen Ton und einmal den zugehörigen bearbeiteten Ton enthielt. Die Position des modifizierten Tons innerhalb der Schallgruppe wurde variiert. Auf diese Weise wurden für jeden originalen Ton vier Schallgruppen erzeugt, so daß je Tonlage sechzehn Schallgruppen, die in zufälliger Reihenfolge dargeboten wurden, zu beurteilen waren. Die Versuchspersonen hatten die Aufgabe anzugeben, ob sie in einem der beiden Paare einer Schallgruppe einen Unterschied wahrnehmen konnten. Bei Bejahung der Frage sollten sie zum einen dasjenige Paar angeben, in dem sie einen Unterschied wahrgenommen hatten, zum anderen sollten sie die wahrgenommene Unähnlichkeit mit einer Zahl entsprechend der in Tabelle 1.3 angegebenen Skala bewerten. Auf diese Weise konnte sowohl die Unterscheidbarkeit zwischen bearbeiteten und originalen Tönen, wie auch die wahrgenommene Unähnlichkeit im Falle einer Unterscheidung ermittelt werden. An den Hörversuchen nahmen zehn normalhörende Versuchspersonen im Alter von 24 bis 40 Jahren teil, die über eine gute bis sehr gute musikalische Vorbildung verfügen.

Als Maß für die Unterscheidbarkeit dient die relative Häufigkeit der richtigen Nennungen, in welchem der beiden Paare der entsprechenden Schallgruppe der Unterschied wahrgenommen wurde. Für alle drei Tonlagen liegen die ermittelten relativen Häufigkeiten richtiger Nennungen mit im Mittel 26% deutlich unterhalb der Ratewahrscheinlichkeit von 50%. Daraus kann geschlossen werden, daß in keiner der drei Tonlagen eine Unterscheidung zwischen originalen und bearbeiteten Tönen möglich ist. Die Bewertung der Unähnlichkeiten im Falle einer Unterscheidung mit nur sehr kleinen Werten von im Mittel 1,5 unterstützen das Ergebnis, daß praktisch keine Unterschiede wahrgenommen werden können. Auch die Aussagen der Versuchspersonen bestätigen, daß das Bewertungsverfahren wirklich nur gehörirrelevante Informationen vernachlässigt und die gehörrelevanten beibehält.

4.2.4 Diskussion

Für die Beurteilung der Versuchsergebnisse und damit des gesamten Verfahrens ist es notwendig, den Prozentsatz der Partialtöne zu ermitteln, deren modulationsartige Zeitstruktur als gehörrelevant eingestuft wird. In Tabelle 4.3 ist der prozentuale Anteil von Partialtönen mit gehörrelevanter Zeitstruktur, nach der Bearbeitung der vier originalen Töne jeder Tonlage mit dem Verfahren angegeben. Außerdem ist auch der mittlere prozentuale Anteil für jede Tonlage angegeben.

Tabelle 4.3: Prozentualer Anteil von Partialtönen mit gehörrelevanter Zeitstruktur nach der Bearbeitung der vier originalen Töne (b, i, s, y) der drei Tonlagen (C_2, C_4, C_6) mit dem Bewertungsverfahren, sowie das arithmetische Mittel jeder Tonlage.

	Partialtöne mit gehörrel. Zeitstruktur in %				
	b	i	s	y	Mittel
C_2	8,9	10,7	11,5	15,4	11,6
C_4	6,7	45,0	64,7	11,1	31,9
C_6	42,9	42,9	50,0	42,9	44,7

Die Zunahme des prozentualen Anteils von Partialtönen mit gehörrelevanter Zeitstruktur bei höheren Tonlagen hängt damit zusammen, daß die Gesamtzahl vorhandener Partialtöne zu höheren Tonlagen hin deutlich abnimmt (vgl. Abschnitt 1.2.3). Innerhalb einer Tonlage ist die Gesamtzahl vorhandener Partialtöne dagegen in etwa gleich. Deshalb folgt aus den ähnlichen Prozentsätzen innerhalb der tiefen Tonlage, daß für die vier Töne in etwa die gleiche Anzahl von Partialtönen eine gehörrelevante Zeitstruktur besitzen. Das gleiche gilt auch für die Töne der hohen Tonlage. In der mittleren Tonlage dagegen ist eine deutliche Aufteilung in zwei Gruppen erkennbar. Die beiden Töne b und y besitzen im Unterschied zu den beiden Tönen i und s nur sehr wenige Partialtöne mit gehörrelevanten Zeitstrukturen. Dies hängt damit zusammen, daß entsprechend den Messungen in Abschnitt 3.2.1 das Ausklingverhalten nahezu aller Partialtöne in den beiden Tönen b und y kaum modulationsartige Feinstrukturen aufweisen, wohingegen deutlich ausgeprägte Zeitstrukturen bei den Tönen i und s gefunden werden. Mit den Ergebnissen der Untersuchungen in Abschnitt 3.2.1 ist auch verständlich, daß in der tiefen Tonlage vorwiegend höhere Partialtöne eine gehörrelevante Zeitstruktur aufweisen, da in der Regel erst ab dem neunten Partialton modulationsartige Feinstrukturen auftreten. Dennoch kann man nicht davon ausgehen, daß nur wenig ausgeprägte Zeitstrukturen als gehörirrelevant bewertet werden. Die in Bild 3.6 rechts dargestellte Zeitstruktur im spektral gehörrelevanten Partialton (entsprechend dem Extraktionsverfahren nach Abschnitt 4.1) wird trotz ihrer deutlichen Ausprägung als *nicht* gehörrelevant bewertet und durch eine Knicklinie ersetzt. Dagegen wird die, dem Augenschein nach durchaus als Knicklinie denkbare, in Bild 3.5 dargestellte Zeitstruktur des ersten Partialtons im Ton s der mittleren Tonlage als gehörrelevant bewertet.

Obwohl in allen drei Tonlagen bei mehr als der Hälfte aller Partialtöne die Zeitstruktur vernachlässigt wird, können dennoch praktisch keine Unterschiede zwischen originalen und bearbeiteten Tönen wahrgenommen werden. Die Berechnung ihrer Unähnlichkeiten mit dem in Abschnitt 2.6 angegebenen Funktionsschema bestätigt dieses Ergebnis. Auch ein Vergleich der für die gehörgerechte Beschreibung des Ausklingverhaltens notwendigen Zeitverläufe $N(t)$, $S(t)$ und $O(t)$ lassen keine wahrnehmbaren Unterschiede zwischen originalen und bearbeiteten Tönen erkennen. Insbesondere in der tiefen Tonlage könnte man deshalb vermuten, daß eine Vernachlässigung der Zeitstruktur auch bei den restlichen 12% der Partialtöne mit gehörrelevanter Feinstruktur kaum zu wahrnehmbaren Unähnlichkeiten führen sollte. Ein Hörversuch dazu zeigte jedoch, daß eine Vernachlässigung auch dieser 12% zu einer sicheren Unterscheidbarkeit zwischen originalen und modifizierten Tönen führt, die jedoch nicht auf wahrnehmbare Schärfe- oder Offenheitsunterschiede zurückzuführen sind. Entsprechend der psychoakustischen Modellvorstellung zum Ausklingverhalten von Klaviertönen (vgl. Abschnitt 3.2.2) sind aber Abweichungen in den *Zeitverläufen* der beiden Empfindungsgrößen Schärfe und Offenheit erkennbar, die als Unterscheidungsmerkmale bei der Beurteilung der Unähnlichkeiten herangezogen werden können. Der Zeitverlauf des Gesamtpegels der Töne eignet sich dagegen nicht für die Erklärung wahrnehmbarer Unähnlichkeiten, wie an folgendem Beispiel deutlich wird. In der hohen Tonlage wird der Gesamtpegelverlauf eines Tons allein durch den Pegelverlauf des ersten Partialtons bestimmt, so daß sich bei einer Näherung der anderen Partialtöne durch Knicklinien der Gesamtpegelverlauf nicht ändert. Dennoch führt die Vernachlässigung der modulationsartigen Feinstruktur der anderen Partialtöne zu wahrnehmbaren Unterschieden, die mit erkennbaren Abweichungen im Zeitverlauf der Schärfe erklärt werden können.

Seit den Untersuchungen von Risset [71] zu Trompetentönen weiß man, daß für die synthetische Nachbildung von Naturinstrumenten der Zeitverlauf der einzelnen Partialtöne bekannt sein muß. Deshalb werden bei der digitalen Klangerzeugung mittels additiver Synthese neben den Frequenzen auch die zeitabhängigen Amplitudenwerte der Partialtöne berücksichtigt und abgespeichert. Dieser hohe Speicherbedarf kann mit dem entwickelten Bewertungsverfahren deutlich reduziert werden, da – wie gezeigt werden konnte – für die Beschreibung des Ausklingverhaltens eines Partialtons, dessen modulationsartige Feinstruktur als gehörirrelevant bewertet wurde, eine Knicklinie ausreicht. In den nachfolgenden Betrachtungen soll der sehr schnelle Einschwingvorgang (bei tiefen Tönen etwa 20 bis 30 ms, in hohen Tonlagen nur noch 10 bis 15 ms [56]), der durch einen steilen, linearen Pegelanstieg beschrieben werden kann, vernachlässigt und nur die mögliche Datenreduktion im wesentlich längeren Ausklingverhalten berücksichtigt werden. Die Beschreibung des Ausklingverhaltens eines Partialtons durch eine Knicklinie erfordert nur vier Kenngrößen. Diese können beispielsweise der Spitzenpegel, der Pegel an der Knickstelle und die beiden Pegelabfälle je Zeiteinheit sein, die die Steilheiten des Sofort- und des Nachklangs kennzeichnen. Bei einer Wortlänge von 8 bit für die Darstellung der Pegelwerte werden also nur 32 bit für die Codierung der Knicklinie und damit eines beliebig lang ausklingenden Partialtons benötigt. Speichert man hingegen bei einer Zeitrasterung von 2,5 ms jeden Pegelwert mit 8 bit, so benötigt man für die Darstellung des Pegelverlaufs eines Partialtons, der 1 s lang ausklingt 3,2 kbit Speicherplatz. Da in allen drei Tonlagen das Ausklingverhalten von mehr als 50% aller Partialtöne durch eine Knicklinie beschrieben werden kann, wird also in allen

Tonlagen eine deutliche Reduktion des Speicherbedarfs erreicht.

Mit den Ergebnissen der auditiven Überprüfung des Bewertungsverfahrens können folgende zusammenfassende Schlußfolgerungen gezogen werden:

- Das Bewertungsverfahren vernachlässigt nur gehörirrelevante Informationen.
- Das gleiche Verfahren führt in allen drei Tonlagen zu guten Ergebnissen.
- Das Ausklingverhalten eines Partialtons, dessen modulationsartige Feinstruktur gehörirrelevant ist, kann durch einen knicklinienförmigen Pegelverlauf ersetzt werden, ohne dabei wahrnehmbare Unterschiede zu verursachen.

4.3 Zusammenfassung

Für die Extraktion der gehörrelevanten Schallsignalparameter wurden in diesem Kapitel zwei auf psychoakustischen Erkenntnissen basierende Verfahren entwickelt und auf der Grundlage der TTZM-Repräsentation von Audiosignalen implementiert. Das eine Verfahren dient dazu, diejenigen Spektralkomponenten aus dem Schallsignal zu entfernen, die durch die übrigen Komponenten des Signals maskiert werden. Mit dem anderen Verfahren werden diejenigen modulationsartigen Feinstrukturen im Ausklingverhalten der Partialtöne detektiert, die entsprechend den Modulationsschwellen des Gehörs wahrgenommen werden und somit informationstragend sind.

Für die gehörrichtige Bestimmung verdeckter Spektralkomponenten wurde eine Beschreibung der Mithörschwellen verdeckender Sinustöne hergeleitet, mit welcher die Formvarianz[3] der oberen Flanke nachgebildet wird. Um zu prüfen, ob ein Partialton als vollständig verdeckt betrachtet werden kann, wurde eine Extraktionsbedingung für Partialtöne formuliert. Die Extraktionsbedingung geht davon aus, daß ein Partialton nur dann als vollständig verdeckt betrachtet werden kann, wenn er zu keinem Zeitpunkt eine Spektraltonhöhe ausbildet.

Das Extraktionsverfahren wurde mit bearbeiteten und unbearbeiteten Klaviertönen in einem Hörversuch überprüft. Die Versuchsergebnisse zeigen, daß ein mit dem Verfahren bearbeiteter Ton beim auditiven Vergleich mit dem Originalton nicht von diesem unterschieden werden kann. Auch die Überprüfung mit Glockenklängen bestätigte, daß das Extraktionsverfahren nur gehörirrelevante Informationen entfernt.

Das Entfernen verdeckter Partialtöne in Klaviertönen führte in allen drei untersuchten Tonlagen (C_2, C_4, C_6) zu hohen prozentualen Reduktionen (Verhältnis der Anzahl entfernter Partialtöne zur Gesamtzahl der ursprünglich vorhandenen Partialtöne). In der tiefen Tonlage wurden im Mittel 56% der Partialtöne als gehörirrelevant entfernt, in der mittleren Tonlage 28% und in der hohen Tonlage 33%. In allen drei Tonlagen kann somit eine hohe Da-

3. Die Aufteilung der oberen Flanke in einen Nah- und Fernbereich ist von der Tonheit des maskierenden Sinustons abhängig. Die Flankensteilheiten variieren mit dem Pegel und der Frequenz des Sinustonmaskierers.

tenreduktion bei der digitalen Klangerzeugung zur synthetischen Nachbildung von Naturinstrumenten mit additiver Synthese erreicht werden.

Es konnte mit einem Hörversuch gezeigt werden, daß für die Bestimmung verdeckter Spektralkomponenten die Berücksichtigung der Formvarianz in der oberen Flanke der Mithörschwellen verdeckender Sinustöne notwendig ist. Bei tiefen Tönen führte die Vernachlässigung der Formvarianz dazu, daß auch gehörrelevante Komponenten entfernt wurden. Die Versuchspersonen konnten bei Vernachlässigung der Formvarianz zwischen bearbeiteten und unbearbeiteten Tönen unterscheiden.

Im zweiten Teil wurde ein Verfahren entwickelt, mit dem die Gehörrelevanz modulationsartiger Feinstrukturen im Ausklingverhalten der Partialtöne bestimmt werden kann. Der zeitliche Pegelverlauf eines Partialtons wird als modulierte "Knicklinie" interpretiert, auf die gleichzeitig die übrigen Partialtöne als Maskierer wirken. Die Aufteilung des Ausklingverhaltens in einen "knicklinienförmigen" Pegelabfall entsprechend Sofort- und Nachklang und einen modulationsartigen Anteil ergab sich aus den Meßergebnissen in Abschnitt 3.2.1. Die Bewertung der Gehörrelevanz modulationsartiger Anteile erfolgt mit Hilfe der Modulationsschwellen des Gehörs. Daher wurde sowohl für gestörte als auch für ungestörte Modulationsschwellen eine Modellierung hergeleitet. Das implementierte Bewertungsverfahren beschränkt sich nicht allein auf die Beurteilung der Gehörrelevanz, sondern ersetzt den Pegelverlauf eines Partialtons, dessen modulationsartige Feinstruktur als nicht gehörrelevant detektiert wurde, durch den unmodulierten "knicklinienförmigen" Pegelverlauf.

Für die Überprüfung des Verfahrens wurde in einem Hörversuch die Unterscheidbarkeit und die Unähnlichkeit von bearbeiteten und unbearbeiteten Klaviertönen gemessen. Die Versuchsergebnisse zeigen, daß in keiner der drei untersuchten Tonlagen eine Unterscheidung zwischen originalen und bearbeiteten Tönen möglich ist. Somit werden in allen drei Tonlagen nur gehörirrelevante Informationen durch das Verfahren vernachlässigt. Außerdem zeigte sich, daß die Hüllkurve eines Partialtons, dessen modulationsartige Feinstruktur gehörirrelevant ist, durch einen "knicklinienförmigen" Pegelverlauf ersetzt werden kann, ohne dabei wahrnehmbare Unterschiede zu verursachen.

Mit dem Bewertungsverfahren wurden in der tiefen Tonlage im Mittel etwa 88% der Partialtöne durch einen "knicklinienförmigen" Pegelverlauf ersetzt, in der mittleren Tonlage rund 68% und in der hohen Tonlage etwa 55%. Dementsprechend kann mit diesem Verfahren der Speicherbedarf bei der Imitation von Klaviertönen mittels additiver Synthese deutlich reduziert werden. Bei einer Wortlänge von 8 bit für die Darstellung von Pegelwerten benötigt man nur 32 bit für die Codierung einer Knicklinie und damit eines beliebig lang ausklingenden Partialtons.

Kapitel 5

Untersuchungen zur Tonqualität

Für die Entwicklung eines Berechnungsmodells, mit dem die Qualitäten einzelner Klaviertöne abgeschätzt werden können, ist es erforderlich, den Einfluß wahrnehmbarer Unähnlichkeiten zwischen Klaviertönen – die entsprechend der hierarchischen Informationsverarbeitung bei Qualitätsunterschieden vorhanden sein müssen – auf Qualitätsbeurteilungen zu kennen. Dazu muß der Zusammenhang zwischen objektiv meßbaren Unterscheidungskriterien und der Qualität quantifiziert werden. Im ersten Teil dieses Kapitels werden die Auswirkungen verschiedener Kriterien auf Qualitätsbeurteilungen mit Hörversuchen gemessen. Mit Hilfe der Versuchsergebnisse wird im zweiten Teil ein Modell hergeleitet, mit dem die Qualität einzelner Klaviertöne abgeschätzt werden kann.

5.1 Kriterien der Qualitätsbeurteilung

Ausgehend von der in Abschnitt 1.1.3 formulierten Grundannahme, daß nur wahrnehmbare Unähnlichkeiten zwischen Klaviertönen zu Qualitätsunterschieden führen können, wird mit Hilfe psychoakustischer Untersuchungen der Einfluß der beiden Kriterien Schärfe und Offenheit – die entsprechend Kapitel 2 hauptsächlich bei der Beurteilung der Unähnlichkeiten maßgebend sind – auf die Qualitätsbeurteilungen bestimmt. Darüber hinaus wird auch der Einfluß der Partialtoninharmonizität auf die Qualitätsbeurteilungen in der tiefen Tonlage untersucht, da Veränderungen der Inharmonizitäten entsprechend den Ergebnissen von Abschnitt 3.1 zu deutlich wahrnehmbaren Unähnlichkeiten führen können.

Der Einfluß dieser Kriterien auf Qualitätsbeurteilungen kann entsprechend dem psychophysikalischen Ansatz (Abschnitt 1.2) durch geeignete Modifikationen der TTZM-Darstellungen der Klaviertöne ermittelt werden. Für die Hörversuche wird die in Abschnitt 1.3.2 erläuterte Versuchsmethode verwendet.

5.1.1 Einfluß der Schärfe

Um den Einfluß der Schärfe auf Qualitätsbeurteilungen zu untersuchen, wurde bei jeweils zwei der vier Klaviertöne jeder Tonlage die Schärfe durch entsprechende Veränderungen im jeweiligen TTZM variiert. Dabei wurden jeweils vier Varianten zu jedem Originalton erzeugt, so daß fünf sich in der Schärfe unterscheidende Töne für die einzelnen Untersuchungen zur Verfügung standen. Für die Erzeugung der Varianten wurde der Pegel der Spektralkomponenten unterhalb des nach Gleichung (2.5) berechneten spektralen Energieschwerpunkts f_S um einen konstanten Wert über die gesamte Darbietungszeit angehoben bzw. abgesenkt. Gleichzeitig wurde der Pegel der Spektralkomponenten oberhalb des Schwerpunkts f_S um den gleichen konstanten Wert über die gesamte Darbietungszeit entsprechend abgesenkt bzw. angehoben. Auf diese Weise konnte ohne gravierende Eingriffe in das Spektrum die Schärfe wahrnehmbar geändert werden. Dabei wurde darauf geachtet, daß die Änderungen der Schärfe zwar wahrnehmbar sind, diese aber dennoch ungefähr den Unterschieden entsprechen, die bei den originalen Tönen vorzufinden sind. Damit wurde auch gewährleistet, daß praktisch keine wahrnehmbaren Änderungen der Offenheit bei den Varianten eines Originaltons auftreten.

In sechs sowohl nach Tonlagen wie auch nach Originaltönen getrennten Hörversuchen (Versuchsmethode siehe Abschnitt 1.3.2) sollten die Versuchspersonen die Qualitäten der fünf Töne unterschiedlicher Schärfe relativ zueinander bewerten. Jeder Vergleich wurde dabei viermal von jeder Versuchsperson beurteilt. An den sechs Hörversuchen nahmen zwischen 7 und 10 Versuchspersonen im Alter von etwa 25 bis 40 Jahren teil, die über eine gute bis sehr umfassende musikalische Vorbildung verfügen.

In Bild 5.1 ist der Zusammenhang zwischen berechneter Schärfe und psychoakustisch ermittelter relativer Qualität (relative Häufigkeit der qualitativen Bevorzugung) beispielhaft für jeweils einen der untersuchten Originaltöne jeder Tonlage dargestellt.

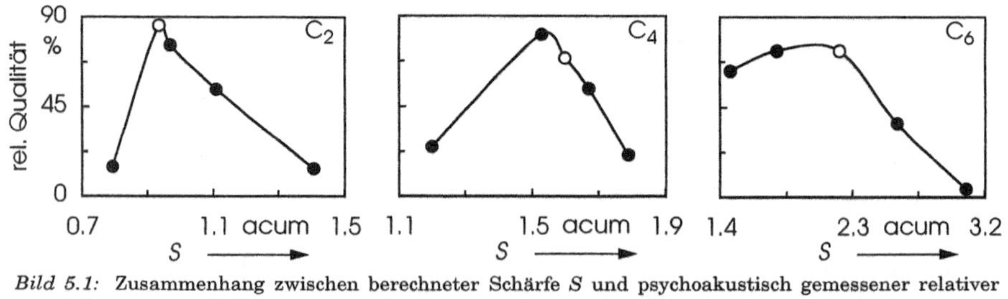

Bild 5.1: Zusammenhang zwischen berechneter Schärfe *S* und psychoakustisch gemessener relativer Qualität (relative Häufigkeit der qualitativen Bevorzugung) bei Klaviertönen, deren Schärfe variiert wurde; zwischen den Meßwerten wurde interpoliert. Offene Punkte kennzeichnen den jeweiligen unveränderten Originalton; ausgefüllte Punkte kennzeichnen die mittels Schärfeänderungen erzeugten Varianten. *Links*: Ton b der tiefen Tonlage. *Mitte*: Ton i der mittleren Tonlage. *Rechts*: Ton y der hohen Tonlage.

In allen drei Tonlagen ist eine deutliche Abhängigkeit der Qualitätsbeurteilungen von der Schärfe zu erkennen. Dieses Ergebnis steht im Einklang mit den Untersuchungen von

Aures [9] zum sensorischen Wohlklang beliebiger Schallsignale, der ebenfalls maßgeblich durch die Schärfe bestimmt wird. Jedoch wirken bei Klaviertönen sowohl zu hohe als auch zu geringe Schärfewerte qualitätsmindernd. Das in allen drei Tonlagen deutlich ausgeprägte Qualitätsmaximum liegt dabei in der Nähe, jedoch nicht unbedingt exakt beim unveränderten Originalton (durch offene Punkte gekennzeichnet). In der mittleren wie auch in der hohen Tonlage liegt das Qualitätsmaximum beispielsweise bei kleineren Schärfewerten als der zugehörige Originalton. Zusammen mit den Ergebnissen der anderen untersuchten Originaltöne erhält man für jede Tonlage einen qualitativ bevorzugten Schärfebereich, dessen Mittelwert im folgenden als die *qualitätsmäßig optimale Schärfe* S_{Qopt} bezeichnet wird.

5.1.2 Einfluß der Offenheit

Der Einfluß der nach Gleichung (2.28) definierten Offenheit konnte nur für Qualitätsbeurteilungen der tiefen und mittleren Tonlage untersucht werden, da entsprechend den Ergebnissen von Abschnitt 2.6.2 erst große Veränderungen der Offenheit in der hohen Tonlage wahrnehmbar werden. Derart große Änderungen der Offenheit führen in der hohen Tonlage jedoch gleichzeitig zu deutlich wahrnehmbaren Schärfeänderungen, so daß eine Überprüfung der Auswirkungen allein der Offenheit auf die Qualitätsbeurteilungen nicht möglich ist. Um den Einfluß der Offenheit auf die Qualitätsbeurteilungen der tiefen und mittleren Tonlage zu überprüfen, wurde bei jeweils zwei Klaviertönen jeder Tonlage die Offenheit entsprechend dem in Abschnitt 2.4.3 erläuterten Verfahren variiert. Zu jedem Originalton wurden vier Varianten erzeugt, so daß fünf sich praktisch allein in der Offenheit unterscheidende Töne für die einzelnen Untersuchungen zur Verfügung standen. Es wurde darauf geachtet, daß die Änderungen der Offenheit zum einen wahrnehmbar sind, zum anderen aber dennoch ungefähr den Unterschieden entsprechen, die bei den originalen Tönen auftreten.

In Hörversuchen für die einzelnen Originaltöne (Versuchsmethode siehe Abschnitt 1.3.2) sollten die Versuchspersonen die Qualitäten der in der Offenheit veränderten Klaviertöne (vier Varianten und ein Originalton) relativ zueinander beurteilen. Jeder Vergleich wurde viermal von jeder Versuchsperson bewertet. An den vier Hörversuchen nahmen zwischen 5 und 7 Versuchspersonen teil.

In Bild 5.2 ist der Zusammenhang zwischen berechneter Offenheit und psychoakustisch gemessener relativer Qualität beispielhaft für jeweils einen der untersuchten Originaltöne jeder Tonlage dargestellt. Wie bei der Untersuchung des Schärfeeinfluß wirken sich auch Veränderungen der Offenheit auf die Qualitätsbeurteilungen der beiden Tonlagen aus. Dabei erhält man jedoch nur in der tiefen Tonlage ein ausgeprägtes Qualitätsmaximum, das wiederum nicht direkt beim unveränderten Originalton (offener Punkt) liegen muß. In der mittleren Tonlage deutet sich dagegen ein breites, flaches Qualitätsmaximum an. Das Breiterwerden des Qualitätsmaximums zu höheren Tonlagen hin ist darauf zurückzuführen, daß entsprechend den Ergebnissen in Abschnitt 2.6.2 mit höher werdender Tonlage eine größere Änderung der Offenheit notwendig ist, um die gleiche wahrnehmbare Änderung zu verursachen. Zusammen mit den Ergebnissen der anderen untersuchten Originaltöne erhält man auch bei der Offenheit für jede Tonlage einen qualitativ bevorzugten Wertebereich. Der jeweilige Mittelwert wird im folgenden als die *qualitätsmäßig optimale Offenheit* O_{Qopt} bezeichnet.

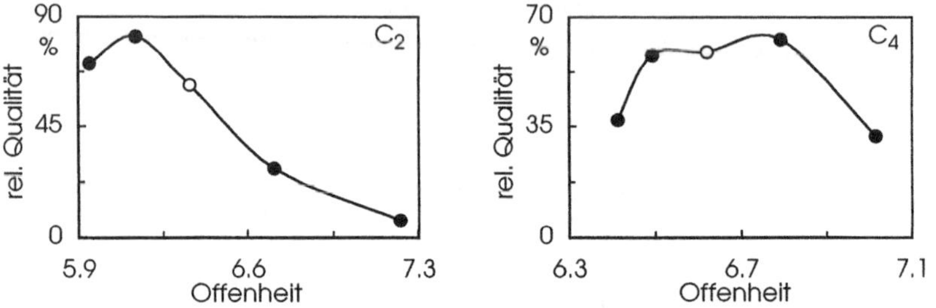

Bild 5.2: Zusammenhang zwischen berechneter Offenheit O und psychoakustisch gemessener relativer Qualität (relative Häufigkeit der qualitativen Bevorzugung) bei Klaviertönen, deren Offenheit variiert wurde; zwischen den Meßwerten wurde interpoliert. Offene Punkte kennzeichnen den jeweiligen unveränderten Originalton; ausgefüllte Punkte kennzeichnen die mittels Offenheitsänderungen erzeugten Varianten. *Links*: Ton s der tiefen Tonlage. *Rechts*: Ton s der mittleren Tonlage.

5.1.3 Einfluß der Partialtoninharmonizität

Entsprechend den Ausführungen in Abschnitt 3.1 führen Veränderungen der Partialtoninharmonizität allein in der tiefen Tonlage zu wahrnehmbaren Unähnlichkeiten. Daher wurde der Zusammenhang zwischen Inharmonizität und Qualität nur in der tiefen Tonlage untersucht. Da Veränderungen der Inharmonizitäten bei Klaviertönen unterschiedlicher Schärfe zu verschieden großen wahrnehmbaren Unähnlichkeiten führen (vgl. Bild 3.1), wurden die Untersuchungen mit zwei Klaviertönen (b, i) durchgeführt, die bei etwa gleichen Veränderungen der Inharmonizitätskoeffizienten zu deutlich unterschiedlichen Unähnlichkeiten führen. Zu jedem dieser beiden Originaltöne mit leicht unterschiedlichen, jedoch jeweils konstanten Inharmonizitätskoeffizienten b_m, wurden nach dem in Abschnitt 3.1.3 beschriebenen Verfahren vier Varianten mit konstanten, ganzzahligen Vielfachen des jeweiligen Koeffizienten b_m erzeugt. Da Veränderungen der Koeffizienten in dem für die Musik interessanten Bereich (relative Frequenzverschiebungen von maximal 10% im dominanten Spektralbereich) entsprechend den Ergebnissen in Abschnitt 3.1.3 mit ausreichender Genauigkeit durch die dabei hervorgerufenen Veränderungen der Schärfe und Offenheit erfaßt werden, kann der Zusammenhang zwischen derartigen Inharmonizitätsänderungen und der Qualität mit den in den Abschnitten 5.1.1 und 5.1.2 angegebenen Ergebnissen ermittelt werden. Deshalb wurden die Varianten der Töne so gewählt, daß insbesondere der Einfluß der typischen Wahrnehmungen (Lebendigkeit, Verstimmung, Zerfallen), die sich bei Veränderungen der Inharmonizitäten ergeben, auf die Qualitätsbeurteilungen quantitativ erfaßt werden kann. Als Versuchsschalle wurden also diejenigen Varianten der beiden Originaltöne gewählt, deren Inharmonizitätskoeffizienten $c \cdot b_m$ mit $c \in \{0;1;2;3;4\}$ betragen.

Sechs Versuchspersonen sollten in zwei für die beiden Originaltöne getrennten Hörversuchen die Qualität der unterschiedlich inharmonischen Varianten relativ zueinander bewerten (Versuchsmethode siehe Abschnitt 1.3.2). Jedes Paar wurde dabei achtmal in zufälliger Reihenfolge zur Beurteilung dargeboten.

In Bild 5.3 sind die gemessenen relativen Qualitäten für die beiden untersuchten Originaltöne in Abhängigkeit des Inharmonizitätskoeffizienten b dargestellt.

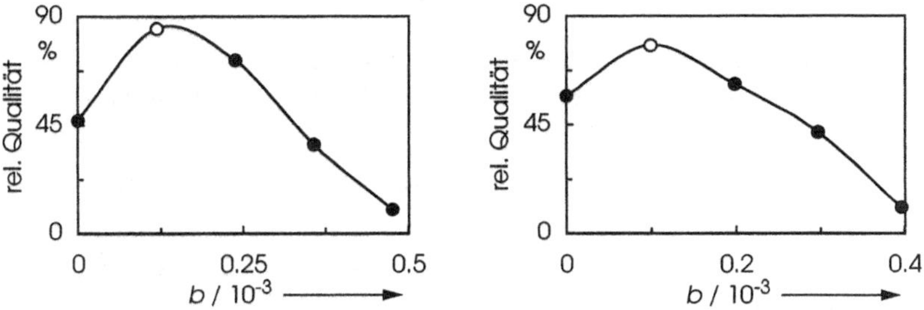

Bild 5.3: Zusammenhang zwischen Inharmonizitätskoeffizient b und psychoakustisch gemessener relativer Qualität (relative Häufigkeit der qualitativen Bevorzugung) bei zwei Klaviertönen (links b, rechts i) der tiefen Tonlage C_2, deren Inharmonizität variiert wurde; zwischen den Meßwerten wurde interpoliert. Offene Punkte kennzeichnen den jeweiligen unveränderten Originalton; ausgefüllte Punkte kennzeichnen die Varianten mit veränderten Inharmonizitäten.

Bei beiden Tönen zeigt sich ein deutlicher Zusammenhang zwischen Inharmonizitätskoeffizient und Qualität, wobei zu beachten ist, daß die Koeffizienten über den für Klaviertöne typischen Wertebereich hinaus variiert wurden. Das deutlich ausgeprägte Qualitätsmaximum liegt in beiden Fällen beim Originalton. Demnach wirken sowohl zu kleine als auch zu große Inharmonizitäten als qualitätsmindernd. Die Abnahme der Qualität mit zunehmenden Inharmonizitäten ist darauf zurückzuführen, daß bereits bei einem Koeffizienten von $b = 3b_m$ relative Frequenzabweichungen der Partialtöne von mehr als 10% im dominanten Spektralbereich auftreten, so daß also eine deutliche Verstimmung wahrnehmbar wird. Entsprechend den Untersuchungen in Abschnitt 3.1.3 beginnt der Übergang zum Bereich Verstimmung bei etwa $2b_m$. Beim Inharmonizitätskoeffizienten von $b = 4b_m$ ist die Grenze zum “Zerfallen” erreicht. Die eindeutig geringere Qualität der streng harmonischen Varianten ($b = 0$) läßt sich mit dem Fehlen der Lebendigkeit erklären, die entsprechend der psychoakustischen Modellvorstellung (vgl. Abschnitt 3.1.2) durch die Inharmonizitäten hervorgerufen wird und nach Fletcher et al. [32] charakteristisch für Klaviertöne ist. Bemerkenswert ist, daß die “leblos, konsonanten” Varianten ($b = 0$) mit etwa der gleichen Qualität wie die “lebendig, leicht dissonanten” Varianten ($b = 2b_m$) beurteilt werden.

Für den Zusammenhang zwischen Inharmonizität und Qualität kann man also festhalten, daß das Qualitätsmaximum im Bereich zwischen “Leblosigkeit” (relative Frequenzabweichung der Partialtöne $\varepsilon_n = 0\%$) und “beginnende Verstimmung” ($\varepsilon_n \approx 10\%$ am oberen Ende des dominanten Spektralbereichs, also bei etwa 2 kHz) liegt. Da die typischerweise bei Klaviertönen auftretenden Inharmonizitätskoeffizienten ohnehin in diesem qualitativ bevorzugten Wertebereich liegen, kann man davon ausgehen, daß die Inharmonizitäten allein über ihren Beitrag zur Schärfe und zur Offenheit des Klaviertons einen Einfluß auf die Qualität ausüben. Demnach kann der Inharmonizitätskoeffizient als solcher, in Übereinstimmung mit den Ergebnissen von Bork [19], in der Regel nicht als Qualitätsmerkmal herangezogen werden.

5.2 Modell zur Berechnung der Qualität

Das Berechnungsmodell für die Klangqualität eines Klaviertons gründet auf dem Konzept, das in Abschnitt 1.1.3 erläutert ist. Die wesentlichen Gesichtspunkte für das Berechnungsmodell sind:

- Nur *wahrnehmbare Unähnlichkeiten* zwischen Klaviertönen können zu Qualitätsunterschieden führen.
- Die Beurteilung der Qualität setzt die Kenntnis eines *qualitativ definierten* Referenzschalls voraus.

Die Untersuchungsergebnisse im vorhergehenden Abschnitt 5.1 bestätigen diese beiden Gesichtspunkte. Zum einen kann eine deutliche Abhängigkeit der Qualitätsbeurteilungen von den beiden hauptsächlich zur Unterscheidung verschiedener Klaviertöne verwendeten Kriterien Schärfe und Offenheit festgestellt werden. Zum anderen kristallisiert sich bei beiden Kriterien in Abhängigkeit der Tonlage jeweils ein von allen Versuchspersonen qualitativ bevorzugter Wertebereich heraus. Demnach muß ein einzelner Klavierton spezifische Grundeigenschaften erfüllen, um als qualitativ hochwertig eingestuft zu werden. Auf diesen Grundgedanken aufbauend wird im folgenden ein an variable Qualitätsmaxima anpassungsfähiges Berechnungsmodell hergeleitet, mit dem die Qualitäten einzelner Klaviertöne abgeschätzt werden können.

5.2.1 Entwicklung des Berechnungsmodells

Dem von Terhardt [91] formulierten Modell der hierarchischen Informationsverarbeitung folgend, geht die psychoakustische Modellvorstellung für die Qualitätsberechnung davon aus, daß die gehörrelevanten Grundeigenschaften des qualitativ definierten Referenzschalls, als wie auch immer angesammeltes Wissen, in den Verarbeitungsstufen abgespeichert sind. Diese Vorstellung deckt sich mit derjenigen, die Fletcher et al. [32] aus ihren Versuchsergebnissen ableiteten. Für die Bewertung der Qualität eines Klaviertons werden die wahrnehmbaren Abweichungen des zu beurteilenden Tons vom Referenzschall herangezogen. Dabei werden die Versuchspersonen, wie auch bei der Beurteilung der Unähnlichkeit zweier Klaviertöne (vgl. Abschnitt 1.1.2), ihre Aufmerksamkeit auf die höchst mögliche Hierarchieebene lenken, die die wesentlichen Informationen für die Qualitätsbewertung enthält. Die Beurteilung der *relativen* Qualität *zweier* Klaviertöne erfolgt nach der gleichen Modellvorstellung. Dabei haben die Versuchspersonen lediglich zu entscheiden, welcher der beiden dargebotenen Klaviertöne kleinere hörbare Abweichungen zum Referenzschall aufweist. Im Sinne einer Extraktion der informationstragenden Eigenschaften reicht es aus, allein die Abweichungen derjenigen Kriterien zum Referenzschall zu überprüfen, die hauptsächlich zur Unterscheidung der beiden Klaviertöne beitragen. Entsprechend den Untersuchungen zur Unähnlichkeit von Klaviertönen werden also insbesondere die wahrnehmbaren Abweichungen der Schärfe und der Offenheit vom Referenzton bei der Beurteilung der Qualität eine Rolle spielen.

Der quantitative Zusammenhang zwischen der Abweichung eines der beiden Kriterien Schärfe oder Offenheit vom jeweiligen qualitätsmäßig optimalen Wert und der zugehörigen Qualitätsbewertung kann entsprechend den Versuchsergebnissen in Abschnitt 5.1.1 und Abschnitt 5.1.2 grob durch einen parabelförmigen Verlauf angenähert werden. Dabei wird dem jeweiligen Qualitätsmaximum der Wert Null zugeordnet. In dieser Arbeit wird also als *Maß für die Qualität* die Abweichung vom jeweiligen Qualitätsmaximum verwendet. Diese Abweichung wird im folgenden als *Qualitätsabweichung* ΔQ bezeichnet. Demnach wird für einen qualitativ schlechten Klavierton ein hoher ΔQ-Wert berechnet werden. Da nur wahrnehmbare Abweichungen der beiden Kriterien von ihrem jeweiligen Optimum zur Bewertung der Qualität beitragen können, werden die Abweichungen auf äquivalent empfundene Intervalle (vgl. Abschnitt 2.6.2) normiert. Für den Zusammenhang zwischen Schärfeunterschied und zugehöriger Qualitätsabweichung ΔQ wird die Näherung

$$\Delta Q(S) = \left(\frac{S - S_{Qopt}}{\Delta S_{norm}}\right)^2 \tag{5.1}$$

angesetzt, wobei S die Schärfe des zu beurteilenden Klaviertons und S_{Qopt} die beispielsweise in Abschnitt 5.1.1 psychoakustisch ermittelte, qualitätsmäßig optimale Schärfe bezeichnet. Für die Normierung wird das in Gleichung (2.30) angegebene ΔS_{norm} verwendet. Der Zusammenhang zwischen Offenheitsunterschied und zugehöriger Qualitätsabweichung ΔQ wird mit der Beziehung

$$\Delta Q(O) = \left(\frac{O - O_{Qopt}}{\Delta O_{norm}}\right)^2 \tag{5.2}$$

angenähert, wobei wiederum O die Offenheit des zu beurteilenden Klaviertons und O_{Qopt} die beispielsweise in Abschnitt 5.1.2 ermittelte, qualitätsmäßig optimale Offenheit bezeichnet. Die Normierung mit ΔO_{norm} erfolgt nach Gleichung (2.31).

Die Qualitätsbeurteilung eines Klaviertons, der sowohl einen Schärfe- als auch einen Offenheitsunterschied zum qualitätsmäßigen Optimum aufweist, wird sich nach der größeren Qualitätsabweichung richten, da sich die dabei notwendige Unähnlichkeitsbeurteilung entsprechend Abschnitt 2.6.2 auch nach der größeren Abweichung richtet. Daher werden bei der Berechnung der Qualitätsabweichung eines Klaviertons die einzelnen Beiträge entsprechend der euklidischen Metrik zusammengefaßt. Die Qualitätsabweichung ΔQ eines Klaviertons der Schärfe S und der Offenheit O wird demnach als

$$\Delta Q(S, O) = \sqrt{\left(\frac{S - S_{Qopt}}{\Delta S_{norm}}\right)^4 + \left(\frac{O - O_{Qopt}}{\Delta O_{norm}}\right)^4} \tag{5.3}$$

definiert.

5.2.2 Anwendung und Überprüfung des Modells

Für die Überprüfung des Berechnungsmodells werden die in Abschnitt 1.3.2 gemessenen relativen Qualitäten der originalen Klaviertöne für die drei untersuchten Tonlagen berechnet. Um die Ergebnisse des Berechnungsmodells sinnvoll mit den Meßwerten vergleichen zu können, müssen die nach Gleichung (5.3) berechneten Qualitätsabweichungen ΔQ in entsprechende relative Qualitäten Q_{rel} umgerechnet werden. Dazu wird der Qualitätsabweichung $\Delta Q = 0$ die relative Qualität $Q_{rel} = 1$ zugeordnet. Der größten berechneten Qualitätsabweichung ΔQ_{max} wird die kleinste gemessene relative Häufigkeit H_{min} der Qualitätsbeurteilungen zugeordnet. Damit ergibt sich für die Umrechnung der berechneten Qualitätsabweichung ΔQ in die entsprechende relative Qualität Q_{rel} die Transformationsvorschrift

$$Q_{rel} = 1 - (1 - H_{min}) \frac{\Delta Q}{\Delta Q_{max}} \quad . \tag{5.4}$$

Die auf diese Weise berechneten relativen Qualitäten Q_{rel} der originalen Klaviertöne (b, i, s, y) sind in Bild 5.4 rechts für die drei Tonlagen dargestellt. Zum Vergleich sind links die gemessenen relativen Qualitäten inklusive Meßgenauigkeit dargestellt.

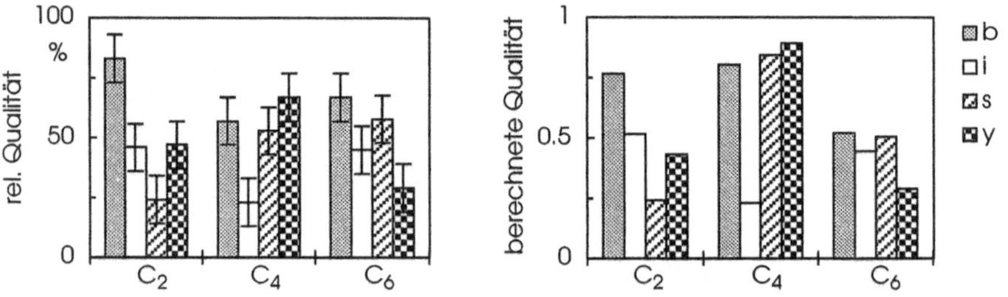

Bild 5.4: Links: Psychoakustisch ermittelte relative Qualitäten (relative Häufigkeiten der qualitativen Bevorzugung) der einzelnen, originalen Klaviertöne (b, i, s, y) in der tiefen (C_2), mittleren (C_4) und hohen (C_6) Tonlage entsprechend Abschnitt 1.3.2. Die Balken kennzeichen den Meßfehler von ±10 %. *Rechts*: Mit dem Berechnungsmodell der Qualität nach Gleichung (5.3) berechnete Qualitätsabweichungen der originalen Klaviertöne (b, i, s, y), die mittels der Transformationsvorschrift (5.4) in berechnete relative Qualitäten Q_{rel} umgerechnet wurden.

Der Vergleich zwischen gemessenen und berechneten Qualitätsrangfolgen zeigt bei Berücksichtigung der psychoakustischen Meßgenauigkeit für alle drei Tonlagen eine brauchbare Übereinstimmung.

In der tiefen Tonlage wird sowohl bei der Messung als auch bei der Berechnung dem Ton b die höchste und dem Ton s die geringste Qualität zugeordnet. Die berechnete Qualität der beiden Töne i und y liegt im Bereich der Meßgenauigkeit und deutet wie die gemessenen Daten eine ähnliche Qualität für diese beiden Töne an.

In der mittleren Tonlage wird die eindeutig schlechtere Qualitätsbeurteilung des Tons i mit dem Berechnungsmodell richtig wiedergegeben. Mit Berücksichtigung der Meßgenauigkeit zeigen die anderen drei Töne sowohl bei der Messung als auch bei der Berechnung eine ähnliche Qualitätsrangfolge. Die höhere Qualitätsbeurteilung beim Ton y zeigt sich bei den gemessenen und bei den berechneten Werten.

In der hohen Tonlage deuten die Überlappungen der Balken bei den Tönen b und s in den gemessenen Daten auf ein ähnliches Qualitätsurteil. Auch die berechneten Werte weisen auf eine ähnliche Qualität hin. Der Balken des Tons i in den gemessenen Daten deutet darauf hin, daß die Qualität dieses Tons derjenigen des Tons s näher kommt, als derjenigen des Tons y. Die berechneten Daten geben diese Beobachtung wieder. Die geringste Qualität in der hohen Tonlage wird sowohl bei der Messung als auch bei der Berechnung dem Ton y zugeordnet.

Da die berechneten Qualitäten der Einzeltöne eine gute Übereinstimmung zu den gemessenen Werten im Bereich der Meßgenauigkeit aufweisen, kann (entsprechend den Abschnitten 1.1.3 und 1.3.2) aus den Mittelwerten der berechneten Daten die Qualitätsrangfolge der vier untersuchten Instrumente abgeschätzt werden. In Bild 5.5 ist die aus den gemessenen Qualitäten der Einzeltöne (nach Bild 5.4 links) bestimmte Qualitätsrangfolge der vier untersuchten Instrumente im Vergleich zu der aus den berechneten Qualitäten (nach Bild 5.4 rechts) bestimmten Rangfolge dargestellt.

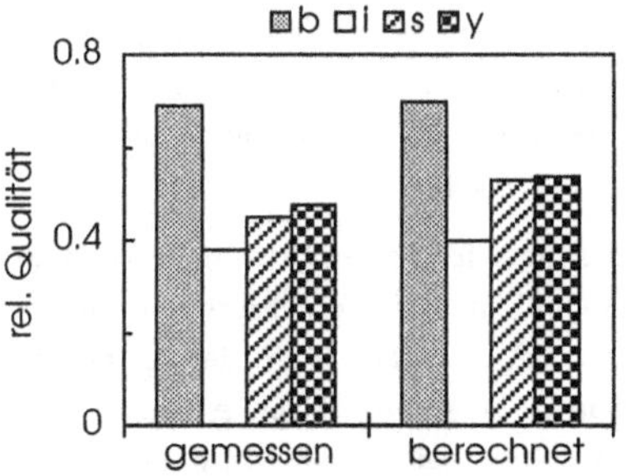

Bild 5.5: Aus den *gemessenen* und den *berechneten* Qualitäten der einzelnen Töne aus Bild 5.4 bestimmte Qualitätsrangfolgen der vier untersuchten Instrumente. Die dargestellten Rangfolgen ergeben sich aus den über die drei untersuchten Tonlagen berechneten Mittelwerten der gemessenen bzw. berechneten Qualitäten der originalen Einzeltöne.

Die berechnete Qualitätsrangfolge der vier untersuchten Instrumente stimmt recht gut mit der aus den gemessenen Einzeltonqualitäten bestimmten Rangfolge überein. Das Berechnungsmodell für die Qualität liefert somit sowohl für einzelne Töne wie auch für die aus den Einzeltonqualitäten bestimmte Rangfolge verschiedener Instrumente gute Ergebnisse.

Entsprechend den Versuchsergebnissen von Abschnitt 1.3.2 kann die Qualitätsrangfolge unterschiedlicher Instrumente aus den Qualitätsbeurteilungen von Einzeltönen verschiedener Tonlagen abgeschätzt werden. Da benachbarte Töne eines Klaviers in der Regel ähnliche Klangeigenschaften aufweisen [60, 1], kann man davon ausgehen, daß die Qualität eines Instruments bereits mit den berechneten Qualitäten weniger Einzeltöne aus verschiedenen Tonlagen abgeschätzt werden kann. Je mehr Einzeltöne aus verschiedenen Tonlagen bei der Berechnung der gemittelten Qualität des Instruments eingehen, desto genauer wird die Abschätzung erfolgen.

5.2.3 Diskussion des Berechnungsmodells

Trotz der Einfachheit des Berechnungsmodells können die Qualitäten einzelner Klaviertöne und mittels der Einzeltonqualitäten die Rangfolge verschiedener Instrumente recht gut abgeschätzt werden. Das Modell kann keine größere Genauigkeit aufweisen, als sie auch bei den Versuchspersonen beobachtet wird. Dementsprechend sind insbesondere bei kleinen Qualitätsunterschieden Abweichungen zwischen gemessenen und berechneten relativen Qualitäten zu erwarten (vgl. Bild 5.4). Größere Qualitätsunterschiede werden hingegen gut durch das Modell wiedergegeben. Daher könnte das Berechnungsmodell als automatische Qualitätskontrolle für die erste grobe Selektion von einzelnen Klaviertönen und damit von Instrumenten eingesetzt werden. Ein wesentlicher Vorteil des Berechnungsmodells ist dabei die *Anpassungsfähigkeit* an beliebige Optimalwerte für die Qualität. Die detaillierte Qualitätsprüfung der Selektion könnte anschließend durch einen Experten bewerkstelligt werden.

5.3 Zusammenfassung

Ausgehend von der Grundannahme, daß nur wahrnehmbare Unähnlichkeiten von Klaviertönen zu Qualitätsunterschieden führen können, wurde in diesem Kapitel ein Modell entwickelt, mit dem die Qualitäten einzelner Klaviertöne abgeschätzt werden können. Dazu wurde zuerst mit Hörversuchen der Einfluß der Schärfe, der Offenheit und der Partialtoninharmonizität auf die Beurteilung der Tonqualitäten gezielt untersucht.

Um den Zusammenhang zwischen Schärfe und Tonqualität zu ermitteln, wurden zu den originalen Klaviertönen Varianten mit unterschiedlichen Schärfen durch entsprechende Veränderungen in den TTZM-Darstellungen erzeugt. Im Hörversuch wurden jeweils die relativen Qualitäten der Varianten und des zugehörigen Originaltons gemessen. In den drei untersuchten Tonlagen zeigt sich eine deutliche Abhängigkeit der Qualitätsbeurteilungen von der Schärfe der Töne. Die Versuchsergebnisse zeigen außerdem, daß sich für jede Tonlage ein von der jeweiligen Tonlage abhängiges Qualitätsmaximum ergibt.

Der Zusammenhang zwischen Offenheit und Tonqualität wurde ebenfalls mit geeignet modifizierten Klaviertönen in einem Hörversuch ermittelt. Die Ergebnisse der beiden untersuchten Tonlagen C_2 und C_4 zeigen, daß auch bei der Offenheit ein von der Tonlage abhängiger Wertebereich qualitativ bevorzugt wird. Daraus kann geschlossen werden, daß ein einzelner Klavierton spezifische Grundeigenschaften hinsichtlich der Schärfe und der Offenheit erfüllen muß, um als qualitativ hochwertig eingestuft zu werden.

Mit unterschiedlich inharmonischen Varianten von Klaviertönen wurde in einem Hörversuch untersucht, welche Auswirkungen die typischen Wahrnehmungen “Lebendigkeit”, “Verstimmung” und “Zerfallen”, die sich bei Veränderungen der Inharmonizität ergeben (Abschnitt 3.1.2), auf die Qualitätsbeurteilungen haben. Die Versuchsergebnisse zeigen, daß sich sowohl zu kleine als auch zu große Inharmonizitäten qualitätsmindernd auswirken. Dementsprechend führt nicht nur die “Verstimmung” und das “Zerfallen” der Klaviertöne zu geringeren Qualitätsurteilen, sondern auch das Fehlen der "Lebendigkeit" bei der streng harmonischen Variante. Der qualitativ bevorzugte Wertebereich für Inharmonizitäten liegt somit bei relativen Frequenzverschiebungen von $0 < \varepsilon_n < 10\,\%$ am oberen Ende des dominanten Spektralbereichs (bei etwa 2 kHz). Die Unähnlichkeiten, die bei Variation der Inharmonizitäten in diesem Wertebereich hervorgerufen werden, können nach Abschnitt 3.1.3 mit ausreichender Genauigkeit aus den damit zusammenhängenden Änderungen der Schärfe und der Offenheit erklärt werden. Daher kann man davon ausgehen, daß der Einfluß von Inharmonizitäten dieses Wertebereichs auf die Tonqualität über ihren Beitrag zur Schärfe und zur Offenheit des Klaviertons erklärt werden kann.

Mit Hilfe der Versuchsergebnisse wurde ein Modell für die Berechnung der Qualität von Klaviertönen hergeleitet. Als Maß für die Qualität eines Klaviertons berechnet das Modell die wahrnehmbare Abweichung der Schärfe und der Offenheit des Tons von den mit den Hörversuchen ermittelten Optimalwerten und verknüpft diese mit Hilfe einer euklidischen Metrik. Eine wesentliche Eigenschaft des Berechnungsmodells ist die Anpassungsfähigkeit an beliebige Optimalwerte für die Qualität.

Die Überprüfung des Modells mit den originalen Tönen der vier untersuchten Instrumente ergab eine gute Übereinstimmung zwischen den gemessenen und den berechneten Qualitäten der Einzeltöne wie auch der daraus bestimmten Qualitätsrangfolge der vier Instrumente. Da entsprechend den Ergebnissen im Abschnitt 1.3.2 die Qualitätsrangfolge unterschiedlicher Instrumente aus den Qualitätsbeurteilungen von Einzeltönen verschiedener Tonlagen abgeschätzt werden kann, könnte das Berechnungsmodell als automatische Qualitätskontrolle für die erste grobe Selektion sowohl von Einzeltönen wie auch von Instrumenten eingesetzt werden. Je mehr Einzeltöne aus verschiedenen Tonlagen bei der Berechnung der gemittelten Qualität eines Instruments eingehen, desto genauer wird die Abschätzung der Qualitätsrangfolge für die Instrumente erfolgen. Die abschließende detaillierte Qualitätsprüfung müßte durch eine fachkundige, erfahrene Person bewerkstelligt werden.

Zusammenfassung

Die vorliegende Arbeit hatte das Ziel, diejenigen Schallsignalparameter zu ermitteln, die für den spezifischen Klang eines Klaviertons und dessen Qualität charakteristisch sind. Folgende Modelle und Verfahren wurden entwickelt und implementiert, anhand derer die gesuchten Signalparameter ermittelt werden können:

1. ein Modell zur Berechnung der auditiven Unähnlichkeit von Klaviertönen;
2. zwei auf psychoakustischen Erkenntnissen basierende Verfahren, mit denen die Schallsignalparameter, die für einen spezifischen Klavierklang und dessen Qualität charakteristisch sind, extrahiert werden können;
3. ein Modell, mit dem die Qualität einzelner Klaviertöne abgeschätzt werden kann.

Ausgehend von der hierarchischen Signalverarbeitung im Gehör wurde im ersten Kapitel jeweils ein Konzept für die Unähnlichkeit und für die Qualität von Klaviertönen erarbeitet. In Hörversuchen konnte gezeigt werden, daß sowohl die Unähnlichkeit als auch die Qualität von Klaviertönen mit hoher Urteilssicherheit bewertet werden kann. Die Grundannahme dieser Arbeit ist, daß nur hörbare Unähnlichkeiten zu Qualitätsunterschieden führen können.

Aus dem Konzept der Qualität folgt, daß die klangliche Qualität eines Instruments maßgeblich durch die Klangqualität der Einzeltöne bestimmt wird. Diese Schlußfolgerung wurde durch Untersuchungen an vier Instrumenten bestätigt, die allesamt von hoher Güte sind. Die Ergebnisse zeigen, daß bereits mit drei Tönen je Instrument aus verschiedenen Tonlagen die Qualitätsrangfolge der Instrumente abgeschätzt werden kann. Für die vier untersuchten Instrumente ergab sich folgende Rangfolge: Das Instrument b wurde im Vergleich zu den drei anderen untersuchten Instrumenten als das qualitativ hochwertigste beurteilt. Für die beiden Instrumente s und y ergab sich über alle Tonlagen gemittelt eine recht ähnliche, mittlere Qualität. Die geringste Qualität wurde dem Instrument i zugeordnet.

In Kapitel 2 wurde mit Hilfe von Hörversuchen die Anzahl und die Interpretation der Kriterien ermittelt, die bei der Beurteilung der Unähnlichkeit von Klaviertönen eine Rolle spielen. Die Versuchsergebnisse zeigen, daß hauptsächlich zwei Kriterien maßgebend sind. Beide Kriterien hängen mit der spektralen Hüllkurve der Klaviertöne zusammen.

Für das eine Kriterium konnte durch einen Hörversuch ein Zusammenhang zur psychoakustischen Empfindungsgröße Schärfe festgestellt werden. Um die Schärfe eines Klaviertons aus dem zeitvarianten Schallsignal berechnen zu können, wurde das aus der Psychoakustik bekannte Modell auf der Grundlage einer gehörorientierten Schallsignalrepräsentation implementiert (Abschnitt 2.3.2). Es wurden unter anderem zwei Modifikationen eingeführt. Zum einen wurde der Einfluß der räumlichen Begrenzung der Basilarmembran wie des Cortischen Organs und die Auswirkung des Stapediusreflex auf den Frequenzgang des Ohres überdacht und die Gleichung des Frequenzgangs entsprechend erweitert. Zum anderen wurde für die Modellierung des Zusammenwirkens der Erregungen eine nichtlineare Verknüpfungsvorschrift hergeleitet, die in Abhängigkeit des Frequenzabstands der beiden zugehörigen Spektralkomponenten einen allmählichen Übergang von intensitätsmäßiger zu amplitudenmäßiger Addition vorschreibt. Mit Hilfe des derart modifizierten Berechnungsverfahrens können die psychoakustisch gemessenen Schärfen von Klaviertönen mit einem relativen Fehler von ±13% berechnet werden. Die Überprüfung des Verfahrens mit instationären Umweltschallen ergab eine gute Übereinstimmung zwischen gemessenen und berechneten Schärfen (Korrelationskoeffizient 0,92).

Für das andere Kriterium, das in dieser Arbeit als Offenheit bezeichnet wird, konnte durch einen Hörversuch ein Zusammenhang mit dem dominanten Spektralbereich nachgewiesen werden. Die Bezeichnung “Offenheit” ergab sich aus der gezielten Befragung der Versuchspersonen. Um die Offenheit aus dem Schallsignal berechnen zu können, wurde eine Formel hergeleitet, die den Zusammenhang zwischen dem zweiten Kriterium und dem akustischen Schallsignal angibt (Abschnitt 2.5). Es konnte nachgewiesen werden, daß dieser Zusammenhang mit einem gewichteten Schwerpunkt der Spezifischen Lautheitsverteilung beschrieben werden kann. Die spektrale Lage der ermittelten Gewichtsfunktion hängt mit dem dominanten Spektralbereich zusammen. Demnach werden bei der Beurteilung der Unähnlichkeit von Klaviertönen die im dominanten Spektralbereich vermittelten Informationen bevorzugt ausgewertet. Dieses Ergebnis bestätigt die Existenz des dominanten Spektralbereichs.

Mit Hilfe der objektiven Meßbarkeit beider Kriterien, die hauptsächlich bei der Beurteilung der Unähnlichkeit maßgebend sind, konnte in Abschnitt 2.6 ein Modell zur Berechnung der Unähnlichkeit von Klaviertönen entwickelt werden. Die Überprüfung des Modells in den beiden untersuchten Tonlagen C_2 und C_4 ergab eine gute Übereinstimmung zwischen berechneten und gemessenen Unähnlichkeiten (Korrelationskoeffizient 0,90). Es ist anzunehmen, daß die geringere Übereinstimmung in der hohen Tonlage C_6 (Korrelationskoeffizient zwischen 0,8 und 0,85) mit der etwas geringeren Unterscheidbarkeit hoher Töne zusammenhängt.

Im dritten Kapitel konnte nachgewiesen werden, daß die Unähnlichkeit, die zum einen durch unterschiedliche Inharmonizitäten und zum anderen durch unterschiedliche Ausklingverhalten verursacht wird, zum überwiegenden Teil mit den Kriterien Schärfe und Offenheit erfaßt werden kann. Es wurde jeweils eine Modellvorstellung entwickelt, mit deren Hilfe der Zusammenhang zwischen Veränderungen der Inharmonizität bzw. des Ausklingverhaltens und der Wahrnehmung erklärt wird (Abschnitt 3.1.2 und 3.2.2). Beide Modellvorstellungen konnten mit psychoakustischen Experimenten bestätigt werden.

Die psychoakustisch gemessenen Unähnlichkeiten, die durch unterschiedliche Inharmonizitäten hervorgerufen werden, können gut mit dem in Abschnitt 2.6 entwickelten Modell berechnet werden (Abschnitt 3.1.3). Die Korrelation zwischen berechneten und gemessenen Unähnlichkeiten ergab einen Koeffizienten von 0,89. Demnach können die durch unterschiedliche Inharmonizitäten hervorgerufenen Unähnlichkeiten mit ausreichender Genauigkeit aus den daraus resultierenden Änderungen der Schärfe und der Offenheit erklärt werden. Die Verifikation der Modellvorstellung zur Wahrnehmung der Abklingvorgänge zeigt, daß hörbare Unähnlichkeiten im Ausklingen von Klaviertönen mit Unterschieden im Zeitverlauf der Schärfe und der Offenheit der Töne zusammenhängen (Abschnitt 3.2.3).

Im vierten Kapitel wurden zwei auf psychoakustischen Erkenntnissen basierende Verfahren entwickelt und implementiert, mit denen die gehörrelevanten Schallsignalparameter, die für den Klang eines spezifischen Klaviertons verantwortlich sind, extrahiert werden können. Mit dem einen Verfahren werden diejenigen Partialtöne entfernt, die durch die übrigen Komponenten des Schallsignals verdeckt werden (Abschnitt 4.1). Das andere Verfahren dient zur Bewertung der Gehörrelevanz von modulationsartigen Feinstrukturen im Ausklingverhalten der Partialtöne (Abschnitt 4.2).

Für die gehörrichtige Bestimmung verdeckter Spektralkomponenten wurde eine Nachbildung für Mithörschwellen verdeckender Sinustöne hergeleitet (Abschnitt 4.1.2). Diese berücksichtigt, daß sich die Form der oberen Flanke in Abhängigkeit der Frequenz und des Pegels des maskierenden Sinustons ändert. Die auditive Überprüfung des Extraktionsverfahrens mit bearbeiteten und unbearbeiteten Klaviertönen und Glockenklängen bestätigte, daß das Verfahren nur gehörirrelevante Informationen entfernt. Bei den Klaviertönen der drei untersuchten Tonlagen (C_2, C_4, C_6) konnten hohe prozentuale Reduktionen (Verhältnis der Anzahl entfernter Partialtöne zur Gesamtzahl der ursprünglich vorhandenen Partialtöne) erreicht werden. In der tiefen Tonlage wurden im Mittel 56% der Partialtöne als gehörirrelevant entfernt, in der mittleren Tonlage 28% und in der hohen Tonlage 33%. Mit diesem Verfahren kann somit der hohe Speicherbedarf bei der digitalen Klangerzeugung für die synthetische Nachbildung von Naturinstrumenten mittels additiver Synthese deutlich reduziert werden.

Mit dem zweiten Verfahren werden diejenigen modulationsartigen Feinstrukturen im Ausklingverhalten der Partialtöne detektiert, die entsprechend den Modulationsschwellen des Gehörs wahrgenommen werden und somit informationstragend sind. Für gestörte und ungestörte Modulationsschwellen wurden Nachbildungen hergeleitet (Abschnitt 4.2.2). Das Verfahren teilt den Abklingverlauf eines Partialtons in einen "knicklinienförmigen" Pegelabfall (entsprechend Sofort- und Nachklang) und einen modulationsartigen Anteil auf. Mit Hilfe der ermittelten Nachbildungen für die Modulationsschwellen bestimmt das Verfahren die Gehörrelevanz des modulationsartigen Anteils aller Partialtöne. Dabei wird die wechselseitige Maskierung der Partialtöne berücksichtigt. Wird die modulationsartige Feinstruktur eines Partialtons als gehörirrelevant bewertet, ersetzt das Verfahren die Hüllkurve des Partialtons durch den unmodulierten "knicklinienförmigen" Pegelverlauf. Die auditive Überprüfung des Verfahrens bestätigte zum einen, daß nur gehörirrelevante Informationen vernachlässigt werden. Zum anderen konnte gezeigt werden, daß das Ausklingverhalten eines Partialtons, dessen modulationsartige Feinstruktur gehörirrelevant ist, durch einen "knicklinienförmigen" Pegelverlauf ersetzt werden kann, ohne wahrnehmbare Unterschiede zu verursachen. Bei den untersuchten Klaviertönen tiefer, mittlerer und hoher Tonlage wurden mehr als 50% aller Partialtöne durch einen "knicklinienförmigen" Pegelverlauf ersetzt. Somit kann auch dieses Verfahren für eine deutliche Reduktion des Speicherbedarfs bei der Imitation von Klaviertönen mittels additiver Synthese eingesetzt werden. Bei einer Wortlänge von 8 bit für die Darstellung von Pegelwerten benötigt man nur 32 bit für die Codierung eines "knicklinienförmigen" Pegelverlaufs eines beliebig lang ausklingenden Partialtons.

Im fünften Kapitel wurde ein Modell entwickelt, mit dem die Qualität einzelner Klaviertöne abgeschätzt werden kann. Ausgehend von der Grundannahme, daß nur wahrnehmbare Unähnlichkeiten zwischen Klaviertönen zu Qualitätsunterschieden führen können, wurden Hörversuche zum Einfluß der Schärfe, der Offenheit und der Partialtoninharmonizität auf Qualitätsbeurteilungen durchgeführt (Abschnitt 5.1). Mit Hilfe der Versuchsergebnisse und der objektiven Meßbarkeit auditiver Unähnlichkeiten (mit dem im Abschnitt 2.6 entwickelten Modell) wurde in Abschnitt 5.2 das Modell für die Berechnung der Qualität einzelner Klaviertöne hergeleitet. Die Überprüfung des Modells mit einzelnen Tönen von vier Instrumenten ergab eine gute Übereinstimmung zwischen den gemessenen und den berechneten Qualitäten der Einzeltöne wie auch der daraus bestimmten Qualitätsrangfolge der vier Instrumente. Eine wesentliche Eigenschaft des Berechnungsmodells ist die Anpassungsfähigkeit an beliebige Optimalwerte für die Qualität. Das entwickelte Modell könnte als automatische Klangqualitätskontrolle für die erste grobe Selektion sowohl von Einzeltönen wie auch von Instrumenten eingesetzt werden, ohne die detaillierte Qualitätsprüfung durch eine fachkundige, erfahrene Person ersetzen zu wollen.

Mit der vorliegenden Arbeit konnte zum einen nachgewiesen werden, daß die klangliche Qualität eines Klaviers maßgeblich durch die Klangqualität der Einzeltöne bestimmt wird. Daher ist es möglich, die Qualitätsrangfolge unterschiedlicher Instrumente aus den Qualitätsbeurteilungen von Einzeltönen verschiedener Tonlagen abzuschätzen. Zum anderen wurde gezeigt, daß die Qualitätsbeurteilung eng mit den Grundparametern des Gehörs zusammenhängt. Das entwickelte Modell zur Berechnung der Qualität isolierter Klaviertöne bestätigt, daß für eine objektive Messung der Qualität eines Instruments eine Vorgehensweise nach gehöradäquaten Gesichtspunkten unbedingt notwendig ist.

Literaturverzeichnis

[1] **Abgarjan, T., Linsmeier K.-D. (1997).** *Digitale Klangerzeugung.* Spektrum der Wissenschaft, November 1997: 74–84.

[2] **Ackermann, P. (1991).** *Computer und Musik. Eine Einführung in die digitale Klang- und Musikverarbeitung.* Springers Angewandte Informatik, Wien.

[3] **Alfredson, R. J., Steinke, S. (1978).** *Fourier transform methods for analysing the sounds of a piano.* Acustica, 39: 130–132.

[4] **Askenfelt, A. (1990).** *The Acoustics of the Piano.* Royal Swedish Academy of Music No 64, Stockholm.

[5] **Askenfelt, A. (1993).** *Observations on the transient components of the piano tone.* In: Proc. of the Stockholm Music Acoustics Conference – SMAC 93: 297–301, Ed. Royal Swedish Academy of Music.

[6] **Askenfelt, A., Jansson, E. V. (1991).** *From touch to string vibrations. II: The motion of the key and hammer.* J. Acoust. Soc. Am., 90 (5): 2383–2393.

[7] **Askenfelt, A., Jansson, E. V. (1993).** *From touch to string vibrations. III: String motion and spectra.* J. Acoust. Soc. Am., 93: 2182–2196.

[8] **Aures, W. (1984).** *Berechnungsverfahren für den Wohlklang beliebiger Schallsignale, ein Beitrag zur gehörbezogenen Schallanalyse.* Dissertation, Technische Universität München.

[9] **Aures, W. (1985).** *Der sensorische Wohlklang als Funktion psychoakustischer Empfindungsgrößen.* Acustica, 58: 282–290.

[10] **Bachmann, W., Bücker, H., Kohl, B. (1989).** *Feinstrukturanalyse des Einschwingens eines Pianoklanges.* Acustica, 68: 123–130.

[11] **Baumann, U. (1995).** *Ein Verfahren zur Erkennung und Trennung multipler akustischer Objekte.* Herbert Utz Verlag Wissenschaft, München.

[12] **Benade, A. H. (1976).** *Fundamentals of Musical Acoustics.* Oxford University Press, Oxford.

[13] **Benedini, K. (1978).** *Psychoakustische Messung der Klangfarben-Ähnlichkeit harmonischer Klänge und Beschreibung der Zusammenhänge zwischen Amplitudenspektrum und Klangfarbe durch ein Modell.* Dissertation, Technische Universität München.

[14] **Benedini, K. (1979).** *Ein Funktionsschema zur Beschreibung von Klangfarbenunterschieden.* Biol. Cybernetics, 34: 111–117.

[15] **von Bismarck, G. (1972).** *Extraktion und Messung von Merkmalen der Klangfarbenwahrnehmung stationärer Schalle.* Dissertation, Technische Universität München.

[16] **von Bismarck, G. (1974).** *Timbre of steady sounds: A factorial investigation of its verbal attributes.* Acustica, 30: 146–159.

[17] **von Bismarck, G. (1974).** *Sharpness as an attribute of the timbre of steady sounds.* Acustica, 30: 159–172.

[18] **Björk, E. A. (1985).** *The perceived quality of natural sounds.* Acustica, 57 (3): 185–188.

[19] **Bork, I. (1992).** *Akustische Untersuchungen an Klavieren und Flügeln.* 17. Tonmeistertagung Karlsruhe, Bildungswerk des Verbandes Deutscher Tonmeister (VDT), Verlag K. G. Saur: 751–764.

[20] **Bork, I., Marshall, H., Meyer, J. (1995).** *Zur Abstrahlung des Anschlaggeräusches beim Flügel.* Acustica, 81: 300–308.

[21] **Bortz, J. (1993).** *Statistik für Sozialwissenschaftler.* Springer, Berlin.

[22] **Böhme, G., Welzl-Müller, K. (1993).** *Audiometrie*. Hans Huber Verlag: 183–187, Bern.

[23] **Chaigne, A., Askenfelt, A. (1994).** *Numerical simulations of piano strings. II: Comparisons with measurements and systematic exploration of some hammer – string parameters.* J. Acoust. Soc. Am., 95 (3): 1631–1640.

[24] **Conklin, H. A. Jr. (1996).** *Design and tone in the mechanoacoustic piano. Part I. Piano hammers and tonal effects.* J. Acoust. Soc. Am., 99 (6): 3286–3296.

[25] **Conklin, H. A. Jr. (1996).** *Design and tone in the mechanoacoustic piano. Part II. Piano structure.* J. Acoust. Soc. Am., 100 (2): 695–708.

[26] **Conklin, H. A. Jr. (1996).** *Design and tone in the mechanoacoustic piano. Part III. Piano strings and scale design.* J. Acoust. Soc. Am., 100 (3): 1286–1298.

[27] **Dünnwald, H. (1988).** *Ableitung objektiver Qualitätsmerkmale aus Messungen an alten und neuen Violinen.* In: Meyer, J., Herausgeber, Qualitätsaspekte bei Musikinstrumenten: 77–85. Moeck, Celle.

[28] **Dieroff, H.-G.(1994).** *Lärmschwerhörigkeit*. Gustav Fischer Verlag, 3. Auflage: 73–81, Stuttgart.

[29] **Fastl, H. (1991).** *Beurteilung und Messung der wahrgenommenen äquivalenten Dauerlautheit.* Zeitschrift für Lärmbekämpfung, 38: 98–103.

[30] **Fletcher, H., Galt, R.H. (1950).** *The perception of speech and its relation to telephony.* J. Acoust. Soc. Am., 22: 89–151.

[31] **Fletcher, N. H., Rossing, T. D. (1991).** *The physics of musical instruments.* Springer, Berlin: 305–344.

[32] **Fletcher, H., Blackham, D., Stratton, R. (1962).** *Quality of piano tones.* J. Acoust. Soc. Am., 6: 749–761.

[33] **Galembo, A., Askenfelt, A. (1994).** *Signal representation and estimation of spectral parameters by inharmonic comb filters* . Speech Transmission Labs- STL-QPSR 4: 85–93, Royal Institute of Technology, Stockholm.

[34] **Goad, P. J. (1992).** *Loudness and sharpness measurements relevant to musical instrument timbres.* Systematic musicology program, Technical Report Series No. 9202: 1–10.

[35] **Grey, J. M. (1977).** *Multidimensional perceptual scaling of musical timbres.* J. Acoust. Soc. Am., 61 (5): 1270–1277.

[36] **Grey, J. M., Moorer, J. A. (1977).** *Perceptual evaluations of synthesized musical instrument tones.* J. Acoust. Soc. Am., 62 (2): 454–462.

[37] **Grey, J. M., Gordon, J. W. (1978).** *Perceptual effects of spectral modifications on musical timbres.* J. Acoust. Soc. Am., 63 (5): 1493–1500.

[38] **Hall, D. E., Clark, P. (1987).** *Piano string excitation IV: The question of missing modes.* J. Acoust. Soc. Am., 82 (6): 1913–1918.

[39] **Hall, D. E., Clark, P. (1988).** *Piano string excitation V: Spectra for real hammers and strings.* J. Acoust. Soc. Am., 83 (4): 1627 –1638.

[40] **Handel, S. (1989).** *Listening*. Bradford Book, MIT Press, Massachusetts.

[41] **Heinbach, W. (1988).** *Aurally adequate signal representation: The Part-Tone-Time-Pattern.* Acustica, 67: 113–121.

[42] **Heinbach, W. (1988).** *Gehörgerechte Repräsentation von Audiosignalen durch das Teiltonzeitmuster.* Dissertation, Technische Universität München.

[43] **Heldmann, K. (1994).** *Wahrnehmung, gehörgerechte Analyse und Merkmalsextraktion technischer Schalle.* Fortschr.- Ber. VDI Reihe 17, Nr. 109, VDI-Verlag, Düsseldorf.

[44] **von Helmholtz, H. (1962).** *Die Lehre von den Tonempfindungen.* Nachdruck von 1968. Verlagsbuchhandlung Georg Olms. Hildesheim: 126–137.

[45] **Hotelling, H. (1933).** *Analysis of a complex of statistical variables into principal components.* J. educ. psychol., 24: 417–441, 498–520.

[46] **Hundley, T. C., Benioff, H., Martin, D. W. (1978).** *Factors contributing to the multiple rate of piano tone decay*. J. Acust. Soc. Am., 64 (5): 1303–1309.

[47] **Junghans, H. (1991).** *Der Piano- und Flügelbau.* Erwin Bochinsky, Frankfurt am Main, 7. Auflage.

[48] **Karp, C. (1986).** *The inharmonicity of strung keyboard instruments.* Acustica, 60: 295–299.

[49] **Kirk, R. E. (1959).** *Tuning preferences for piano unison groups.* J. Acoust. Soc. Am., 31: 1644–1648.

[50] **Kruskal, J. B. (1964).** *Multidimensional scaling by optimizing goodness of fit to a nonmetric hypothesis.* Psychometrika, 29: 1–28.

[51] **Kruskal, J. B. (1964).** *Nonmetric multidimensional scaling: a numerical method.* Psychometrika, 29: 115–129.

[52] **Lehnhardt, E. (1996).** *Praktische Audiometrie.* Georg Thieme, Stuttgart: 48–60.

[53] **Lieber, E. (1975).** *Moderne Theorien über die Physik der schwingenden Saite und ihre Bedeutung für die musikalische Akustik.* Acustica, 33: 324–335.

[54] **Lumer, G. (1984).** *"Addition" von Mithörschwellen.* In: Fortschritte der Akustik-DAGA '84: 753–756. DPG-GmbH. Bad Honnef.

[55] **Martin, D. W. (1947).** *Decay rates of piano tones.* J. Acoust. Soc. Am., 19: 535–541.

[56] **Melka, A. (1970).** *Messungen der Klangeinsatzdauer bei Musikinstrumenten.* Acustica, 23: 108–117.

[57] **Meyer, A. F. (1980).** *Akustische Untersuchungen an Klavieren. Teil II: Qualitätsbestimmung durch Hörtests.* Das Musikinstrument, 29: 1432–1441.

[58] **Meyer, J. (1995).** *Akustik und musikalische Aufführungspraxis.* Erwin Bochinsky Verlag, Fankfurt am Main.

[59] **Meyer, J., Lottermoser, W. (1961).** *Über die Möglichkeiten einer klanglichen Beurteilung von Flügeln.* Acustica, 11: 291–297.

[60] **Meyer, J., Melka, A. (1983).** *Messung und Darstellung des Ausklingverhaltens von Klavieren.* Das Musikinstrument, 32: 1049–1064.

[61] **Mummert, M. (1990).** *Trennung von tonalen und geräuschhaften Anteilen im Sprachsignal.* In: Fortschritte der Akustik -DAGA '90: 1047–1050, Bad Honnef. DPG - GmbH.

[62] **Mummert, M. (1997).** *Sprachkodierung durch Konturierung eines gehörangepaßten Spektrogramms und ihre Anwendung zur Datenreduktion.* Dissertation, Technische Universität München.

[63] **Nakamura, I. (1989).** *Fundamental theory and computer simulation of the decay characteristics of piano sounds.* J. Acoust. Soc. Jpn., E 10 (5): 289–297.

[64] **Nakamura, I., Naganuma, D. (1993).** *Characteristics of piano sound spectra.* In: Proc. of the Stockholm Music Acoustics Conference – SMAC 93: 325–330, Ed. Royal Swedish Academy of Music.

[65] **Palmer, C., Brown, J. C. (1991).** *Investigations in the amplitude of sounded piano tones.* J. Acoust. Soc. Am., 90 (1): 60–66.

[66] **Pickles, J. O. (1982).** *An introduction to the physiology of hearing.* Academic, London.

[67] **Plomp, R. (1965).** *Tonal consonance and critical bandwidth.* J. Acoust. Soc. Am., 38: 548–560.

[68] **Plomp, R. (1967).** *Pitch of complex tones.* J. Acoust. Soc. Am., 41: 1526–1533.

[69] **Plomp, R. (1967).** *Beats of mistuned consonances.* J. Acoust. Soc. Am., 42: 462–474.

[70] **Plomp, R. (1976).** *Aspects of tone sensation.* Academic Press Series in cognition and perception, London.

[71] **Risset, J. C. (1965).** *Computer study of trumpet tones.* J. Acoust. Soc. Am., 38: 912.

[72] **Ritsma, R. J. (1967).** *Frequencies dominant in the perception of the pitch of complex sounds.* J. Acoust. Soc. Am., 42: 191–198.

[73] **Sachs, L. (1992).** *Angewandte Statistik.* 7. Auflage. Springer, Berlin.

[74] **Schlang, M., Mummert, M. (1990).** *Die Bedeutung der Fensterfunktion für die Fourier-t-Transformation als gehörgerechte Spektralanalyse.* In: Fortschritte der Akustik- DAGA '90: 1043–1046, DPG - GmbH. Bad Honnef.

[75] **Schöne, P. (1977).** *Über den Zusammenhang zwischen Erregungsmuster und Schwankungsstärke eines Sinustons.* Dissertation, Technische Universität München.

[76] **Schöne, P. (1979).** *Mithörschwellen-Tonheitsmuster maskierender Sinustöne.* Acustica, 43 (3): 197–204.

[77] **Shepard, R. N. (1962).** *The analysis of proximities: Multidimensional scaling with an unknown distance function.* Psychometrika, 27: 125–139.

[78] **Shepard, R. N. (1962).** *The analysis of proximities: Multidimensional scaling with an unknown distance function.* Psychometrika, 27: 219–246.

[79] **Sixtl, F. (1967).** *Meßmethoden der Psychologie.* Julius Beltz, Weinheim.

[80] **Slaymaker, F. H. (1970).** *Chords from tones having stretched partials.* J. Acoust. Soc. Am., 47: 1569–1571.

[81] **Sonntag, B. (1982 /83).** *Zur Abhängigkeit der Mithörschwellen-Tonheitsmuster maskierender Sinustöne von deren Tonheit.* Acustica, 52: 95–97.

[82] **Suzuki, H., Nakamura, I. (1990).** *Acoustics of pianos.* Applied Acoustics, 30: 147–205.

[83] **Terhardt, E. (1968).** *Über die durch amplitudenmodulierte Sinustöne hervorgerufene Hörempfindung*. Acustica, 20: 210–214.

[84] **Terhardt, E. (1968).** *Untersuchungen über die Datenreduktion durch das menschliche Gehör.* In: Kybernetik 1968, H. Marko und G. Färber, Hrsg., H. Oldenbourg-Verlag, München: 383–395.

[85] **Terhardt, E. (1968).** *Über ein Äquivalenzgesetz für Intervalle akustischer Empfindungsgrößen.* Kybernetik, 5: 127–133.

[86] **Terhardt, E. (1976).** *Ein psychoakustisch begründetes Konzept der Musikalischen Konsonanz.* Acustica, 36 (3): 121–137.

[87] **Terhardt, E. (1979).** *Calculating virtual pitch.* Hearing Research, 1: 155–182.

[88] **Terhardt, E. (1983).** *Musikwahrnehmung und elementare Hörempfindungen.* Audiologische Akustik, 22: 52–96.

[89] **Terhardt, E. (1985).** *Fourier transformation of time signals*. Acustica, 57: 242–256.

[90] **Terhardt, E. (1988).** *Psychophysikalische Grundlagen der Beurteilung musikalischer Klänge.* In Meyer, J., Herausgeber, Qualitätsaspekte bei Musikinstrumenten: 9–22. Moeck, Celle.

[91] **Terhardt, E. (1992).** *From speech to language: On auditory information processing.* In: Schouten, M. E. H., Editor, The Auditory processing of Speech: from Sounds to Words: 363–380. Mouton de Gruyter, Berlin.

[92] **Terhardt, E., Stoll, G. (1981).** *Skalierung des Wohlklangs (der sensorischen Konsonanz) von 17 Umweltschallen und Untersuchung der beteiligten Hörparameter.* Acustica, 48 (4): 247–253.

[93] **Terhardt, E., Stoll, G., Seewann, M. (1982).** *Pitch of complex signals according to virtual-pitch theory: Tests, examples, and predictions* . J. Acoust. Soc. Am., 71 (3): 671–677.

[94] **Terhardt, E., Stoll, G., Seewann, M. (1982).** *Algorithm for extraction of pitch and pitch salience from complex tonal signals.* J. Acoust. Soc. Am., 71 (3): 679–688.

[95] **Valenzuela, M. N. (1995).** *Subjektive Beurteilung der Qualität und Ähnlichkeit von Flügelklängen.* Fortschritte der Akustik, DAGA '95: 587–590.

[96] **Valenzuela, M. N. (1996).** *Einfluß der spektralen Energieverteilung auf die subjektive Beurteilung von Flügelklängen.* Fortschritte der Akustik, DAGA '96: 316–317.

[97] **Valenzuela, M. N. (1997).** *Extraktion gehörrelevanter Schallsignalparameter aus Flügelklängen.* Fortschritte der Akustik, DAGA '97: 321–322.

[98] **Weinreich, G. (1977).** *Coupled piano strings.* J. Acoust. Soc. Am., 62 (6): 1474–1484.

[99] **Wogram, K. (1980).** *Akustische Untersuchungen an Klavieren. Teil I: Schwingungseigenschaften des Resonanzbodens.* Das Musikinstrument, 29: 380–404.

[100] **Young, R. W. (1952).** *Inharmonicity of plain wire piano strings.* J. Acoust. Soc. Am., 24 (3): 267–273.

[101] **Young, R. W. (1954).** *Inharmonicity of piano strings.* Acustica, 4: 259–262.

[102] **Zwicker, E. (1953).** *Die Veränderung der Modulationsschwellen durch verdeckende Töne und Geräusche.* Acustica, 3: 274–278.

[103] **Zwicker, E. (1974).** *Die Zeitkonstanten (Grenzdauern) des Gehörs.* Zeitschrift für Hörgeräte-Akustik, 13: 82–102.

[104] **Zwicker, E. (1977).** *Procedure for calculating loudness of temporally variable sounds.* J. Acoust. Soc. Am., 62 (3): 675–682.

[105] **Zwicker, E. (1982).** *Psychoakustik* . Springer, Berlin.

[106] **Zwicker, E., Feldtkeller, R. (1967).** *Das Ohr als Nachrichtenempfänger.* Hirzel, Stuttgart, 2. Edition.

[107] **Zwicker, E., Herla, S. (1975)** *Über die Addition von Verdeckungseffekten* . Acustica, 34: 89–97.

[108] **Zwicker, E., Jaroszewski, A. (1982).** *Inverse frequency dependence of simultaneous tone-on-tone masking patterns at low levels* . J. Acoust. Soc. Am., 71 (6): 1508–1512.

[109] **Zwicker, E., Graf, L. (1987).** *Modulationsschwellen bei Verdeckung.* Acustica, 64: 148–154.

[110] **Zwicker, E., Fastl, H. (1990).** *Psychoacoustics.* Springer, Berlin.

Formelzeichen und Abkürzungen

FM	Frequenzmodulation
FTT	Fourier-t-Transformation
TTM	Teiltonmuster
TTZM	Teiltonzeitmuster
A, B, C, D	Bezeichnungen für die vier Spektralbereiche nach Tabelle 2.2
a_0	Frequenzgang des Ohres
a_V	Verdeckungsmaß
b	Inharmonizitätskoeffizient
b_m	mittlere Inharmonizitätskoeffizient eines Klaviertons
d_{ij}	euklidische Distanz zwischen zwei Schallreize i und j
E_{GR}	Grunderregung im Gehör verursacht durch Grundgeräusche
E'_n	flächenbezogene Gesamtenergie eines Partialtons
f	Frequenz
f_M	Maskiererfrequenz
f_n	Frequenz des n-ten Partialtons
f_S	spektrale Energieschwerpunkt
g, g'	Gewichtsfunktionen
H_{AB}	relative Häufigkeit des im Vergleich AB qualitativ bevorzugten Tons
i, j	symbolische Bezeichnung für zwei verschiedene Schallreize
k	allgemeine Bezeichnung für eine Dimension des Distanzmodells
K_{AB}	Konstanz der Versuchspersonen bei der Beurteilung der Qualität der beiden Klaviertöne A und B

L	Schallpegel
L_E	Erregungspegel
L_{EGR}	Erregungspegel des Grundgeräusches im Gehör
L_{HS}	tieffrequenter Teil der Ruhehörschwelle L_{RHS}
L_M	Maskiererpegel
LQ	Lautheitsverhältnis zwischen den beiden Bereichslautheiten $N_{B4}\,(B)$ und $N_{B4}\,(C)$
L_{RHS}	Ruhehörschwelle
LX	Pegelüberschuß
m	Amplitudenmodulationsgrad
m_S	ungestörte Amplitudenmodulationsschwelle
m_{SLX}	gestörte Amplitudenmodulationsschwelle
m_μ	zur Pegeländerung ΔL_μ korrespondierende Modulationsgrad
n	Partialtonnummer
N	Lautheit
$N_{B4}\,(B)$	zeitbewertete Bereichslautheit im Spekralbereich B
N'	Spezifische Lautheit
N_{VP}	Anzahl der Versuchspersonen
O	Offenheit
O_{Qopt}	optimale Offenheit für die Qualität
p	Dimenisonalität des Distanzmodells
q	Anzahl von Schallobjekten im Distanzmodell
Q	Qualität
$s(z)$	Schwellenfaktor
S	Schärfe
S_{Qopt}	optimale Schärfe für die Qualität
t	Zeit
T_A	Auswerteintervall
T_G	Glättungszeitkonstante

v	Verknüpfungsexponent für die nichtlineare Addition von Erregungen
x_{ik}, x_{jk}	Koordinaten der Punkte i bzw. j in der Dimension k des Distanzmodells
z	Tonheit
z_b	nominelle Tonheit eines musikalischen Tons (Tonheit der Grundfrequenz)
ΔL_μ	μ-te positive Pegeländerung im Ausklingverhalten des n-ten Partialtons
ΔO	Offenheitsabweichung
ΔQ	Qualitätsabweichung
ΔS	Schärfeabweichung
δ	subjektive Distanz (Unähnlichkeit)
δ_n	Inharmonizität des n-ten Partialtons in cent
ε_n	relative Frequenzverschiebung des n-ten Partialtons